KB132995

이렇게 인간이 되었습니다

거꾸로 본 인간의 진화

이렇게
인간이 되었습니다

부록❶

호모(Homo)의 계통 발생

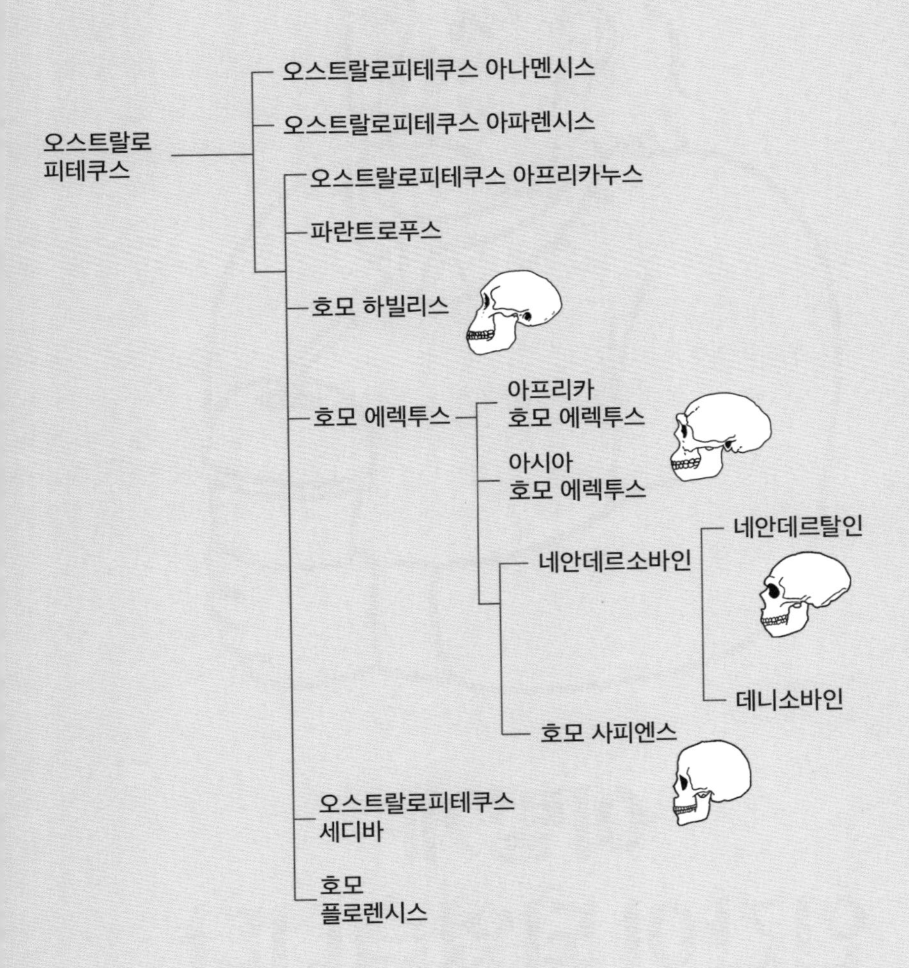

부록❷

영장류 계통 분류

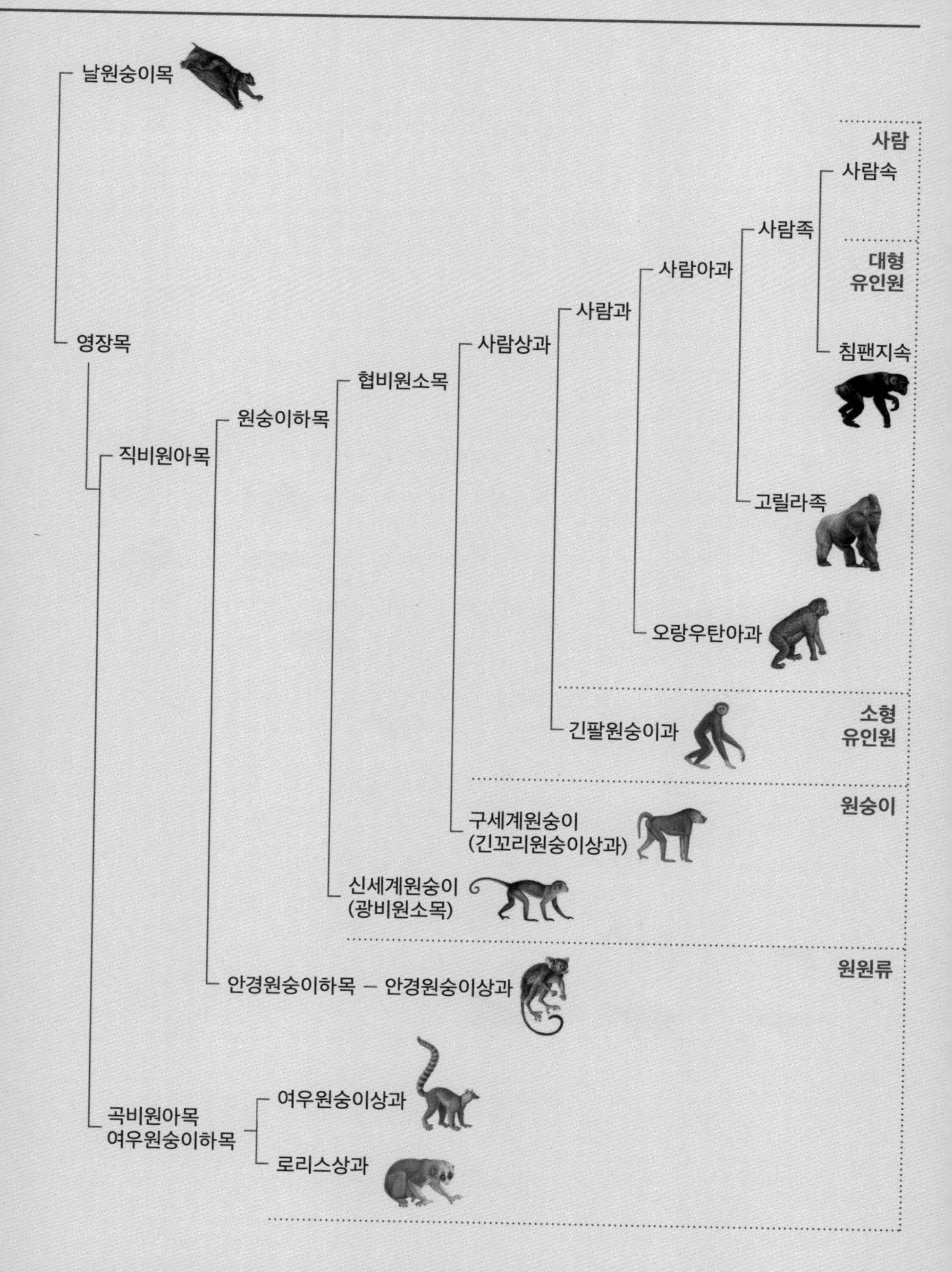
날원숭이목
영장목
직비원아목
원숭이하목
협비원소목
사람상과
사람과
사람아과
사람족
사람속
침팬지속
고릴라족
오랑우탄아과
긴팔원숭이과
구세계원숭이
(긴꼬리원숭이상과)
신세계원숭이
(광비원소목)
안경원숭이하목 – 안경원숭이상과
곡비원아목
여우원숭이하목
여우원숭이상과
로리스상과
사람
대형
유인원
소형
유인원
원숭이
원원류

부록❸

포유류 계통 분류

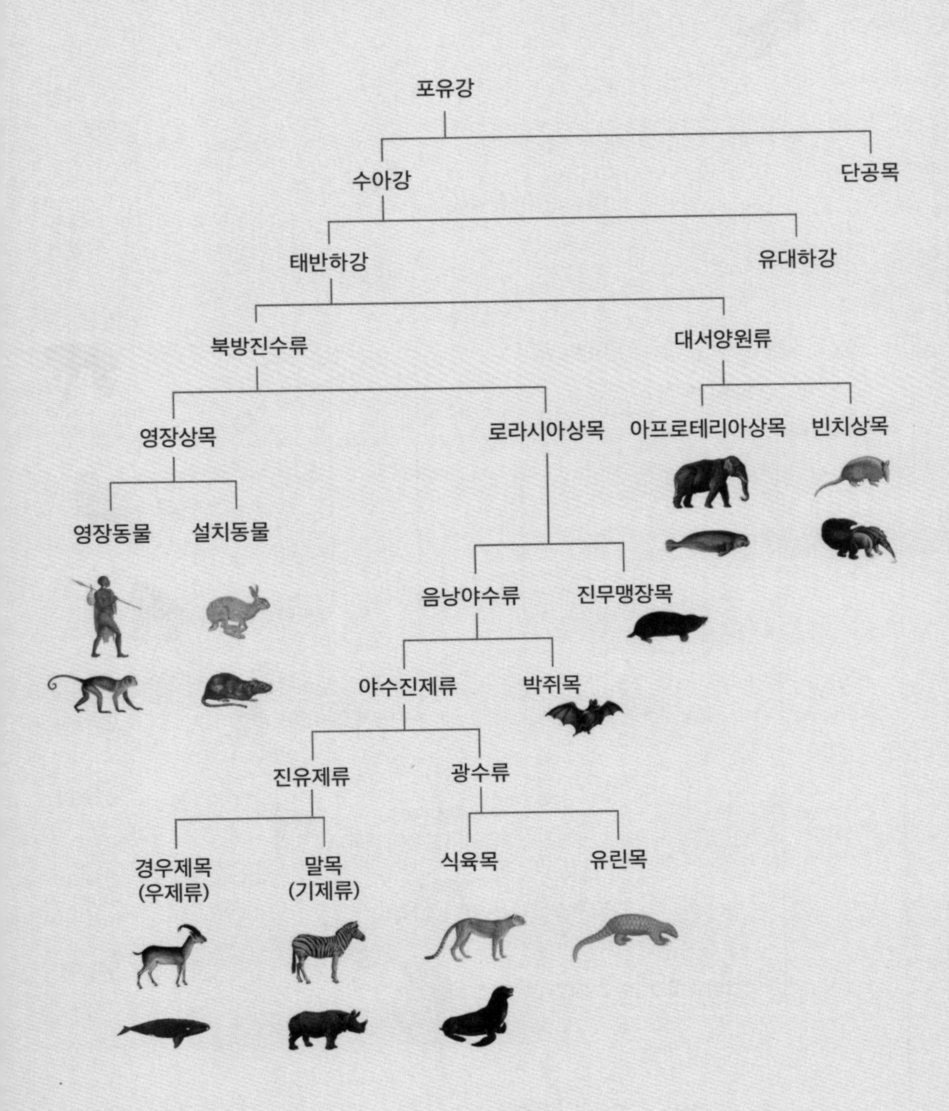

포유강
수아강
단공목
태반하강
유대하강
북방진수류
대서양원류
영장상목
로라시아상목
아프로테리아상목
빈치상목
영장동물
설치동물
음낭야수류
진무맹장목
야수진제류
박쥐목
진유제류
광수류
경우제목
(우제류)
말목
(기제류)
식육목
유린목

척삭동물의 분기도

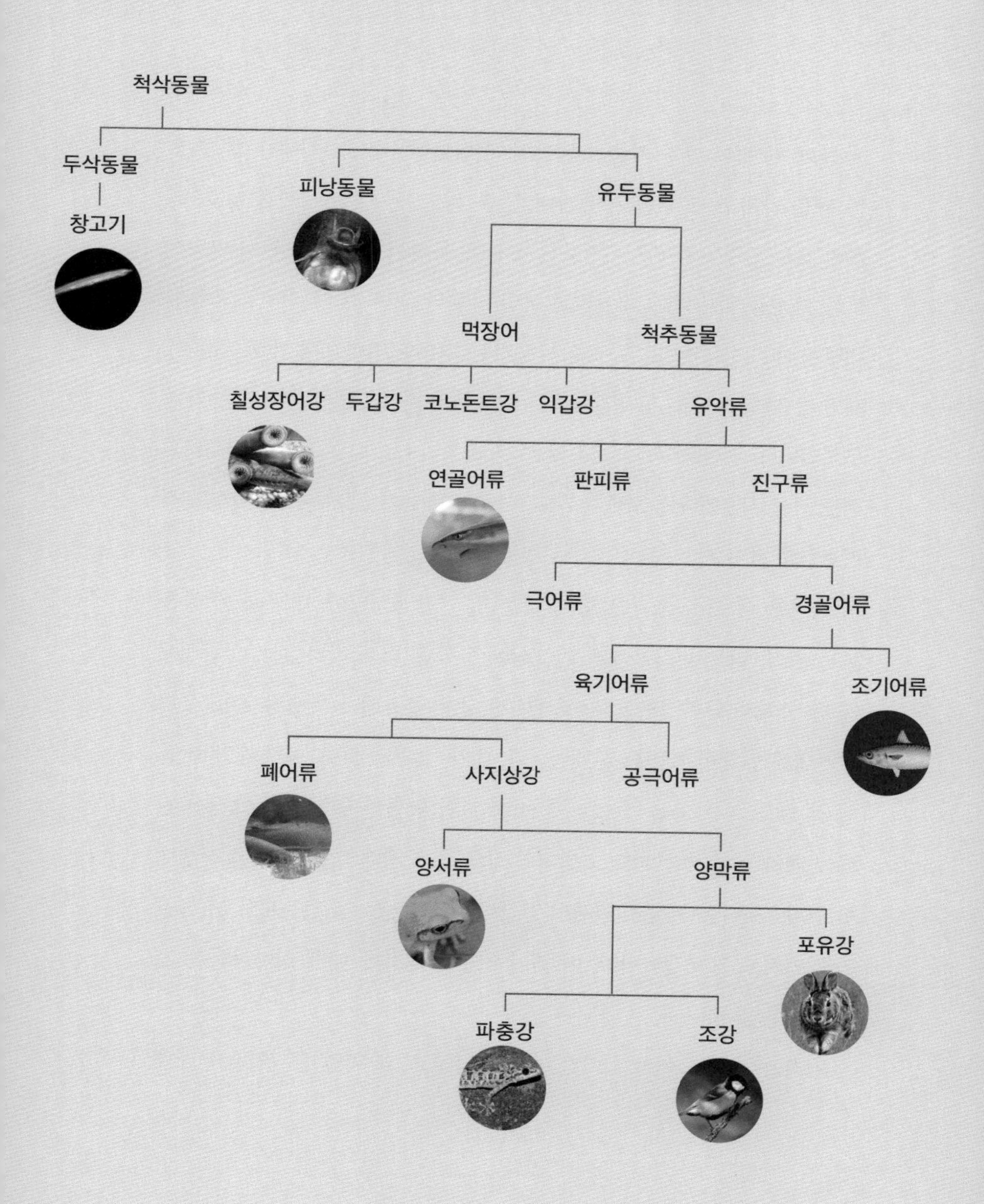
척삭동물
두삭동물
창고기
피낭동물
유두동물
먹장어
척추동물
칠성장어강
두갑강
코노돈트강
익갑강
유악류
연골어류
판피류
진구류
극어류
경골어류
육기어류
조기어류
폐어류
사지상강
공극어류
양서류
양막류
포유강
파충강
조강

책을 시작하며

몸에 난 털이 아주 가늘고 짧으며, 직립보행을 하고, 거리를 잴 수 있는 눈을 가지고, 도구를 사용하며, 말을 하고, 알 대신 새끼를 낳고, 꽤 많은 경우 일부일처제를 유지하는 동물은 사람이 유일합니다. 하지만 이 모든 특징을 하나하나 떼어놓고 보면 사람만 그런 건 아닙니다. 포유류 대부분이 새끼를 낳고, 도구를 사용하는 경우도 까마귀며 개미, 침팬지, 해달 등 다양하지요. 일부일처제는 대부분의 바닷새들이 좋아하는 가족 구성입니다. 털이 아주 가늘고 짧은 건 코끼리도 그렇고, 벌거숭이두더지쥐도 그렇고 고래나 돌고래 종류도 마찬가지입니다. 캥거루도 미어캣도 직립보행을 하지요.

하지만 이 모든 조건을 함께 갖춘 건 인간뿐입니다. 더구나 이 글을 쓰는 저나, 읽는 여러분에게 인간이란 동물은 더 특별하겠지요. 참새에겐 같은 참새가 특별하고, 돌고래에겐 같은 돌고래가 특별하듯이, 우리 인간에겐 인간이 특별한 존재입니다. 내가 소속된 존재, 인간에 대해 좀 더 잘 알고 싶은 마음이 드는 건 어찌 보면 당연한 일입니다. 그래서 진화에 대해 이야기할 때도 고생대의 삼엽충, 중생대의 공룡 혹은 신생대의 검치호보다는 어떻게 현재의 인간이 이런 모습이 되었는지가 더 궁금한 것인지도 모르겠습니다. 이 책이 인간의 진화에 대해 이야기하는 첫 번째 이유입니다.

진화는 우리가 어떻게 이런 존재가 되었고, 왜 이런 존재인지에 대해 많은 것을 규명해줍니다. 그런데, 우리의 많은 부분이 진화와 유전으로 설명 가능하다는 사실에 아직도 많은 사람들이 약간의 거부감을 가지고 있습니다. 사랑을 예로 들어보죠. 사랑에 대한 유전자가 존재하는 이유는 진화의 원리에 따른 것이기도 합니다. 번식을 위해 짝짓기를 하고, 새끼를 낳고, 이들을 보듬어 키웠던 선조들이 더 오래 살아남고 더 많이 번식하게 되면서 우리 사랑의 생물학적 기초가 완성되었습니다.

하지만 어머니의 사랑이 진화론에 의한 결과라고 이야기하면 벌컥 화를 내거나 그 숭고한 사랑이 한갓 유전에 의한 것이라는 데에 실망하는 이들도 있습니다. 어머니의 사랑뿐이겠습니까? 연인과의 사랑도, 타인을 위한 희생에도 그 저변에는 유전적 요인이 있습니다. 서정주 시인이 자신을 키운 건 8할이 바람이라고 했지만 제가 생각하기에 우리가 타인에 대해 느끼는 사랑의 최소한 3할에서 5할은 유전에 의한 것이죠.

사랑이 진화와 유전에 의한 결과라는 것에 실망할 필요가 있을까요? 유전이 아닌 학습에 의한 것이라면 덜 실망할까요? 그렇지 않을 겁니다. '내가 당신을 사랑하게 된 건 유전에 의한 것이다'라고 하는 대신 '내가 당신을 사랑하게 된 건 그 동안의 학습에 의한 것이다'라고 이야기해도 뭔가 실망스러운 건 마찬가지지요. 사랑이 어떠한 외부 요인이나 누군가의 설계에 따라 생기는 결과라기보다는 영혼의 울림이나 교감 등에 의한 것이길 바라는 우리의 마음 때문일지도 모르겠습니다. 미안하게도 사실은 그렇지 않습니다. 지금의 우리 모습은 선조로부터 내려온 유전과 지금껏 사회에서 학습한 결과로서의 우리입니다.

하지만 우리는 또한 유전과 학습만으로 존재하지 않습니다. 유전과 학습으로 조금씩 자라온 우리는 일생을 거쳐 많은 사건을 만나고 또 만들면서 각기 독자적 존재로서의 자신이 되며, 그 결과로 우리는 각각 단순한 생물학적 개체 이상의 의미를 갖게 됩니다. 우리가 누군가의 자식이자 친구이며 애인이고, 납세자면서 유권자이고 시민인 것처럼 말이죠. 우리는 한편으로 유전자를 보존하고 전달하는 기계이기도 하지만 다른 한편으로는 내 사랑을 내가 선택한 사람을 향해 투사할 수 있는 독립적인 인간입니다.

그런 각자가 누군가를 사랑하는 일 또한 그래서 유전 이상이고 진화 이상이며 학습 이상입니다. 당신의 눈에 사랑스럽게 보이는 그, 당신을 사랑하는 그 또한 마찬가지로 생물학적 개체 이상입니다. 지구상 수많은 사람 중에, 당신이 만나온 그 많은 사람 중에 당신이 유독 그를 사랑하는 건 유전과 진화 그 이상이겠지요. 하다 못해 상대가 일란성 쌍둥이라고 하더라도 당신은 둘 중 하나를 선택한 것이니까요. 또 다른 어떤 시간이 아니라 바로 이 시간에 사랑이 찾아오고, 만들어지고, 꾸며지는 것 또한 유전과 진화, 학습으로만 설명할 순 없는 일이지요.

그렇다고 하더라도 지금의 우리가 어떠한 기반 위에 이렇게 서 있는지를 알아보는 건 퍽 흥미로운 일입니다. 당신과 나, 우리 인간은 최초의 생명으로부터 지금껏 이어져 온 수많은 시행착오와 우연 그리고 진화의 결과이니까요. 우리 안에 유전과 진화로 모여 있는 그 모든 모습을 풀어보는 두 번째 이유입니다.

인간을 다른 동물과 비교할 때 우리는 가장 먼저 침팬지나 고릴라 같은 영장류를 떠올립니다. 가장 비슷하니까요. 비슷한 동물끼리 비교할 때 차이점이 가장 확연히 드러나고 또 공통점도 확인할 수 있지요. 이 책도 그러합니다. 현재와 가장 가까운 시간대에서 시작해서 인간과 가장 비슷한 영장류와는 어떤 차이가 있는지, 어떻게 그 차이가 생겼는지를 살펴보는 일이 우리를 되돌아보는 가장 좋은 방법이라 여겼습니다. 그리고 영장류로서의 인간의 정체성은 무엇인지도 파악해봅니다.

다시 책은 더 먼 과거로 여행을 떠나면서 조금씩 그 범위를 넓힙니다. 우리는 영장류로서의 정체성도 가지고 있지만 포유류로의 정체성도 가지고 있지요. 포유류로서의 인간을 돌아봅니다. 이 책의 여행은 육상 척추동물로서의 정체성과 척수동물로서의 정체성을 확인하는 더 먼 과거 중생대와 고생대를 향합니다. 5억 6천만 년을 지나면 이제 생물로서의 정체성을 확인하는 단계입니다. 세균과 다른 진핵생물로서의 우리는 누구인지, 이 지구상에 존재하는 모든 생물의 일원으로서 우리는 누구인지를 살펴보는 지구 역사 가장 먼 시간대로까지 여행은 계속됩니다.

하지만 대부분의 여행은 떠난 곳으로 다시 돌아오는 것으로 완성됩니다. 이 책도 마찬가지여서 지금 여기에 서 있는 우리, 인간에게서 끝나게 됩니다. 책 앞에는 긴 여행의 지도가 될 간략한 계통도와 분기표를, 책 뒤에는 연대표를 실었으니 참고하며 읽으시길 권합니다. 이제 우리를 좀 더 잘 알아가게 될 여행을 시작하시죠.

2022년 겨울

박재용

목차

3장 / 육지로 올라서다

4장 / 등뼈를 가진 동물

5장 / 감각의 진화

6장 / 생명의 시작

7장 / 인간을 다시 생각하다

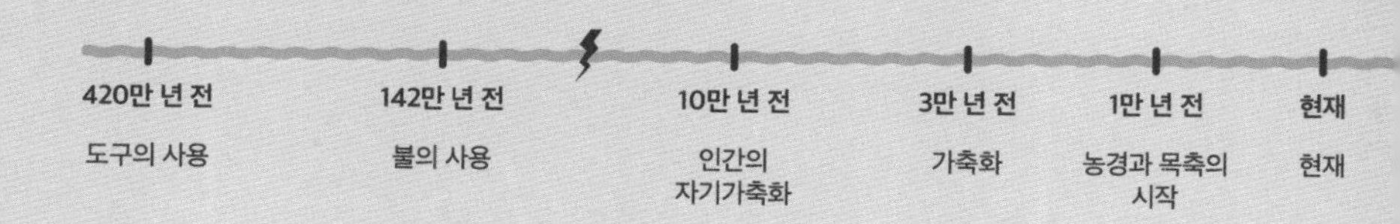
420만 년 전
도구의 사용
142만 년 전
불의 사용
10만 년 전
인간의
자기가축화
3만 년 전
가축화
1만 년 전
농경과 목축의
시작
현재
현재

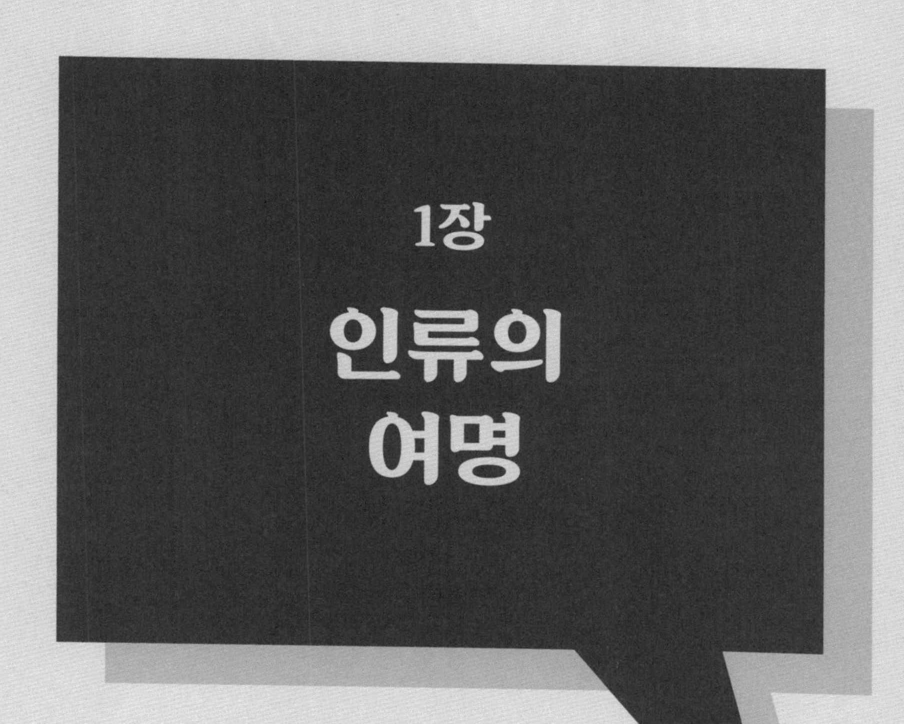

1장 인류의 여명

지구의 눈으로 보았을 때, 몇만 년은 그리 길지 않은 시간일 것입니다. 그런데 인간에게 있어서는 많은 것을 이룩할 수 있는 귀중한 시간이었습니다. 인간이 도구를 처음으로 만들었을 때부터 문명을 이룩하는 데는 그리 많은 시간이 걸리지 않았지요. 이 짧지만 소중한 시간을 이번 장에서 다뤄보고자 합니다.

가장 먼저 다룰 시간대는 1만 년 전입니다. 우리에겐 아득히 먼 시간처럼 보이지만 진화의 역사에선 가장 최근이라고 할 수 있지요. 우리가 이 1만 년이라는 시간에 아득함을 느끼는 또 다른 이유는 1만 년 전의 우리와 지금의 우리는 정말 다른 삶을 영위하고 있기 때문이기도 하지요. 1만 년 전 우리는 신석기를 쓰게 되었고, 10만 년 정도 지속되던 빙하기가 끝나 농경과 목축을 통해 생태계 바깥에서 먹을 것을 확보하게 되었고 마침내 문명이라는 것을 건설하게 됩니다. 그래서 우리는 지금으로부터 1만 년 정도를 따로 떼어내어 '문명 시대'라고 이야기합니다. 문명이란 '고도로 발달한 인간의 문화와 사회'라고 사전에선 설명하지요. 즉 나름의 문화를 가진 사회가 구축된 것이 지금으로부터 1만 년 정도 되었다는 뜻입니다. 인류 전체의 역사로 보면 굉장히 짧은 이 1만 년 동안 우리는 꽤 많은 것을 이루어냈습니다. 수렵과 채집에 의존했던 단순한 군집이었던 인간 무리는 아주 복잡한 사회로 발전했고, 스스로를 만물의 영장이라 칭하며 최소한 지구에서는 가장 우월한 존재라는 자부심을 가지고 있기도 합니다.

최근 1만 년 동안 인류에게 있어 획기적인 변곡점들이 많았습니다만, 눈에 띄는 생물학적 변화를 만들어내기에는 아주 짧습니다. 당연히 생물학적 진화는 원래 많은 시간을 소요하기 때문이지요. 그래서 장 후반부로 갈수록, 그리고 책 뒤로 갈수록 시간 단위의 보폭은 커질 것입니다. 이 장의 제목이 인류의 여명인데, 해는 한 번에 불쑥 떠오르지 않지요. 서서히 떠오릅니다. 인류의 여명도 그렇게 긴 시간에 걸쳐 시작되었습니다. 불을 사용하기 시작한 시대가 142만 년 전이고, 도구를 사용하기 시작한 시기는 지금으로부터 420만 년까지 거슬러 갑니다. 이 여명의 시기에 어떤 진화적 요소와 차이가 있었는지, 그리고 이 변화가 가져온 진화적 영향은 어떤 것이 있었는지를 살펴 보도록 하겠습니다.

문명의 시작

현재 발굴된 가장 오래된 문명의 흔적은 기원전 1만 년경에 형성된 것으로 보이는 터키 동남 아나톨리아 지역의 괴베클리 테페Göbekli Tepe입니다. 수렵채집을 하던 당시 사람들이 세운 원형의 구조물이지요. 지금으로부터 약 12,000년 전 일입니다.

그 뒤 중동의 메소포타미아를 중심으로 농경에 기반한 문명이 처음으로 들어섭니다. 이후 이집트, 인도, 중국, 마야 등 다양한 곳에서 문명이 시작되었죠. 인간이 문명을 이룬 것이 꼭 농업 때문만은 아니지만 최초의 문명들 대부분은 농업을 배경으로 합니다. 메소포타미아, 이집트, 황하, 인더스, 마야와 잉카에 이르기까지 주요한 문명들은 모두 농업, 특히 농경을 기반으로 형성되었으니까요.

농업은 인간이 생태계를 떠나 독자적인 삶을 사는 전제가 됩니다. 가축을 기르고 작물을 재배해 오던 인간이 생태계로부터 독립할 수 있었던 것은 주식主食으로 삼는 작물이 등장했기 때문입니다. 지금은 주식 취급을 거의 받지 못하는 기장이나 수수 외에도 쌀, 보리, 밀, 옥수수, 감자 등이 인류의 주식이었습니다. 열대 지역에서는 주식 취급받는 식물들이 조금 다릅니다만, 대부분의 지역에서는 저들이 대표적이죠. 그런데 안데스가 원산지인 감자를 빼고 나머지는 모두 공통점이 있습니다. 벼과Poaceae 식물이라는 거죠. 줄기 끝에 다수의 이삭이 열리는 모습이 서로 비슷해 과연 친척은 되겠다는 생각이 듭니다.

소중한 낟알

이들 식물이 주식이 된 이유는 녹말로 된 낟알을 대량으로 만들 수 있기 때문이지요. 최초의 농업이 시작된 1만 년 전의 과거로 떠나보지요. 농업은 적어도 11곳에서 독립적으로 시작되었습니다. 가장 먼저는 약 11,500년 전부터 에머밀, 아인콘밀, 보리, 완두콩, 렌즈콩 등이 레반트 지역*에서 재배되었던 흔적이 발굴되었습니다. 레반트 지역 같은 온대지방은 열대지방과는 달리 계절에 따라 먹을 것이 달라집니다. 과일이 풍부하고 동물도 많은 여름철에는 수렵과 채집으로 먹을 것을 구할 수 있었겠지요. 하지만 겨울에는 사정이 다릅니다. 춥고 메마른 계절에 먹을 것을 구하기가 쉽지 않습니다. 열매들은 사라졌고, 녹말 성분이 많은 땅속줄기를 캐려 해도 땅이 얼어붙어 여간 힘든 일이 아닙니다. 동물들도 겨울잠을 자러 들어갔고, 간혹 눈에 띄는 녀석들이 있다 해도 눈밭에서의 사냥은 다른 시절보다 더 어렵지요. 그러니 온대지방에서는 다른 계절에 겨울을 날 수 있도록 식량을 비축해야 했지요. 과일도 잘라서 볕 좋은 곳에 잘 말리면 꽤 오래 보관할 수 있고, 고기도 훈연을 시키고 잘 말리면 오래 두고 먹을 수 있습니다. 하지만 인구가 늘어나면서 이렇게 채집한 과일과 사냥한 고기를 말려서 두고 먹는 것만으로는 부족해졌지요.

그러다 주목한 것이 바로 벼과 식물의 낟알입니다. 사실 야생 벼나 야생 밀의 낟알을 보면 지금 우리가 먹는 것보다 크기도 작고 또 많이 열리

---

* 레반트 지역은 시리아와 요르단, 레바논, 팔레스타인, 이스라엘 등이 위치한 지중해 동부 연안을 이릅니다.

<그림1> 수확을 앞둔 밀 이삭

지도 않습니다. 더군다나 껍질이 단단해서 쉽게 까지지도 않지요. 다른 먹을 것이 풍부할 때는 쳐다보지도 않을 터였습니다. 하지만 먹을 것이 부족해지자 이런 낟알에도 눈길이 갑니다. 어린애들이 호기심으로 낟알을 훑다가 입에 대기도 했을테고, 아니면 너무 배가 고파서 먹어보기도 했겠지요. 우리 조상들도 봄이 되어 곡식이 다 떨어지면 나무껍질도 벗겨 먹었다고 하니 낟알이야 당연한 일일 수도 있겠습니다. 그리 먹어봤더니 괜찮더란 거죠. 낟알 하나는 너무 작고 또 까기도 힘들지만 대충 돌곽에다 넣고 돌로 문질러 낟알을 모아 먹으니 요기가 됩니다.

더구나 이 낟알에는 큰 장점이 하나 있습니다. 따로 말리거나 처리를 하지 않아도 벌레가 꿇는 것만 막아주면 아주 오래 보관이 가능한 거죠. 그러니 겨울철을 날 식량으로 안성맞춤이었습니다. 다만 한 가지 문제가 있었습니다. 그때까지의 인류는 이런 고분자 탄수화물, 즉 녹말을 분해하기 쉬운 소화기관을 가지고 있지 않았던 거지요. 하지만 인간에게는 대신 불이 있었죠. 곱게 가루를 낸 뒤 물과 섞고 끓이면 녹말이 분해되면서 먹기 알맞게 변합니다. 커다란 옹기 등에 낟알 채로 저장해두었다가 먹을 때 껍질을 까고 돌절구에 문대어 가루로 만들어 물로 반죽을 하고 불에다 익힙니다. 그러다 문명이 발달하면서 다양한 방식의 요리가 개발됩니다. 우리나라에서도 쌀을 밥으로 지어 먹은 것은 한참 뒤의 일이었습니다. 삼국 시대 중반까지만 하더라도 대부분 가루를 내어 쪄서 먹었다고 문헌에는 전해져 오지요. 밀도 처음부터 가루를 내어 쪄서 먹었고요. 반죽을 한 것까지는 같지만 이를 발효시켜 조금 더 소화시키기도 좋고 풍미도 좋게 만들지요. 모양을 잡아 빵을 만들기도 하고, 길게 가락을 내어 면을 만들어 먹기도 합니다.

가장 중요한 에너지원인 탄수화물을 이렇게 자체적으로 조달할 수 있게 되자 인구가 폭발적으로 늘기 시작합니다. 농사를 짓게 되니 노동력이 이만저만 들어가는 게 아니었던 거지요. 자식을 많이 낳는 것이 길게 보면 새로운 노동력을 수급하는 데 도움이 되기도 했고, 또 먹을 것이 있으니 식량 걱정을 할 필요가 없었지요. 그리고 한 지역에 많은 사람들이 모여 살기 시작합니다. 농사도 짓기 편하고 소출이 많은 곳은 정해져 있으니까요. 비도 적당히 오고, 옆에 강이 흐르고 토질도 좋은 곳에 경쟁적으로 밭을 일구고 모여 삽니다. 모이면 좋은 점이 또 있습니다. 예나 지금이나 농사에는 물 관리가 필수적인데 이게 개인이나 가족만 가지고 되는 게 아니니까요. 홍수가 날 때 피해를 덜기 위해서도, 가뭄에 대비하기 위해서도 많은 노동력이 필요합니다. 강에서 농경지로 물길을 내고, 둑도 쌓습니다.

또한 먹을 것을 노리고 덤비는 주위의 다른 집단으로부터 땅과 사람 그리고 재물을 지키기 위해서도 여럿이 함께인 편이 좋았습니다. 그렇게 사람들은 문명을 이루게 됩니다. 수메르 문명이 대표적이죠. 메소포타미

<그림2> 세계 최초의 도시 중 하나인 우르의 오늘날 모습

아 강과 티그리스 강 하류 사이에 건설된 수메르인의 도시 문명은 기원전 6,000년 전부터 시작되었습니다. 수메르 문명이 위치한 지역은 강우량이 적어 티그리스 강과 유프라테스 강에 제방을 쌓고, 물길을 내어 운하와 저수지를 만들었습니다. 그래서 수메르어에는 운하, 제방, 저수지 등과 관련된 단어가 많이 등장합니다. 이때 세워진 우르, 에리두, 우루크 등은 세계 최초의 도시들 중 하나로 알려져 있지요.

이런 일을 지휘하는 건 친족집단의 우두머리가 맡습니다. 이전 수렵채집 생활을 할 때도 친족 집단을 형성해서 다녔을 터, 자연스레 집단의 우두머리는 존재했을 것입니다. 수렵채집 시기에는 우두머리라고 다른 구성원과 다를 게 없습니다. 모두 같이 사냥을 다니고, 채집을 다녔지요. 모두 각자 먹을 것 정도만 생산하는 조건에서 우두머리라고 놀고 있지는 않았고, 또 집단의 구성원들이 그런 이를 지배자로 그대로 두진 않았겠죠. 그러나 농경생활을 하면서 사람들이 늘어나니 우두머리에게 주어진 역할은 이전보다 더욱 늘어나고 또 집단 전체의 재물(물론 대부분 식량)도 늘어나니 우두머리는 이제 집단 전체의 관리에만 힘을 써도 시간이 모자랍니다. 자연히 우두머리는 농사로부터 멀어지게 되지요. 그리고 생산량이 늘어나니 그 중 일부는 공동으로 관리를 하게 되고, 우두머리가 이 일을 맡게 되었지요.

인구가 늘수록 관리할 일이 많아지니 우두머리는 자신을 보좌할 이들을 찾게 되고 이제 이들은 지배층이 됩니다. 다른 집단과의 다툼이 잦아지자, 싸움에서 전략을 잘 짜고 또 잘 싸우는 이들도 우두머리를 보좌하게 됩니다. 그리고 집단 규모가 커지니 필요한 장비(농사 기구나 무기) 등을 생산하는 이들도 점차 전문직으로 자리를 잡지요. 규모가 커지면서 마을은 도시가 되고, 적들로부터 도시를 지키기 위해 성을 쌓습니다. 필요한 물건을 구하기 위해 상업이 번성하지요. 도시국가의 예산 규모가 커지니 회계 관리를 전적으로 도맡는 사람도 생깁니다. 공동체의 단결을 위해 종교 행사도 이전보다 더 크게 이루어집니다. 문자가 생기고 문서를 기록하는 이와 이를 보관하는 이들도 늘어납니다.

이 모든 것은 농사를 짓기 시작하면서, 자신과 가족이 먹을 것 이상을 생산하기 시작해 잉여생산이 만들어지면서 비롯된 일입니다. 그러나 이런 분업화는 시간이 지나면서 계급을 형성하게 됩니다. 지배층과 피지배층이 나뉘지요. 물론 수렵채집 시기처럼 잉여소득이 크지 않을 때는 모두가 자신과 가족이 먹을 양식을 구하는 일을 벗어날 수 없었고, 분업도 거의 일어나지 않았습니다. 그러나 이제 지배층은 스스로 농사를 짓지 않아도, 사냥을 하고 채집을 하지 않아도 피지배층이 내는 세금으로 풍족한 삶을 누릴 수 있게 되었지요. 또 전쟁에서 진 집단을 노예로 삼기도 합니다. 또는 이들의 농경지를 흡수하고 부를 늘려가지요.

이렇게 인간 문명이 시작되면서 인간은 생태계에서 아주 특별한 존재가 됩니다. 이제 더 이상 생태계에만 의존하지 않게 된 거지요. 다른 생물들은 모두 생태계 내에서 어떻게든 살아가야 합니다. 먹이를 구하는 것도 생태계 내에서의 일이지요. 먹이가 부족해서 이전과 다른 먹잇감을 찾더라도 새로운 먹이 역시 생태계 내의 존재일 뿐입니다. 그래서 모든 생물은 생태계가 정해 놓은 한계 안에서만 존재할 수 있습니다. 호랑이는 산 하나에 한 마리 정도만, 늑대나 여우는 겨우 열댓 마리 정도만 존재할 수 있지요. 하지만 인간은 생태계의 바깥에서 먹이를 구할 수 있게 되었습니다. 그리고 거칠 것 없이 개체수를 늘려나가게 되었지요. 우리가 우리를 특별하게 여기는 이유 중 하나일 것입니다.

이 이후의 이야기들은 여기서 더 다루지 않겠습니다. 우리도 익히 잘 알고 있는 '역사'라는 영역에서 다루고 있기 때문입니다. 우리는 이제 여기서부터 한 걸음씩 물러서면서 시계를 반대로 돌려볼까 합니다.

젖을 먹게 된 어른

앞에서부터 1장에서 다루는 역사는 꽤나 짧다고 말씀드렸습니다. 그래서 이 짧은 기간에 진화의 흔적이 많이 있진 않습니다. 대표적으로 어른이 되어서도 우유를 먹어도 큰 탈이 없는 경우가 있는데, 이를 진화의 흔적 중 하나로 볼 수 있죠. 좀 더 자세히 들여다 봅시다.

어린 시절에는 배달 온 우유를 아침에 한 잔 씩 마시곤 했는데 별 탈이 없었습니다. 그런데 언제부터인가 우유를 먹으면 탈이 납니다. 커피에 우유를 탄 라떼를 마셔도 마찬가지입니다. 이런 증상을 유당불내증이라고 합니다. 유당이 소장에서 분해가 되질 않으면 대장으로 그냥 넘어갑니다. 대장에는 이 유당을 분해할 수 있는 세균이 삽니다. 그런데 이게 분해되는 과정에서 수소, 이산화탄소, 메테인 등이 마구 만들어지고, 대장 안에는 난리가 납니다. 결국 설사, 방귀 등의 현상이 나타나고 심하면 구역질과 복통을 하게 되지요. 물론 왜 그런지는 압니다. 우유의 주성분 중 하나인 유당을 분해하는 효소가 더 이상 나오지 않기 때문이지요. 그런데 왜 어릴 때는 갖췄던 효소가 어른이 되면 사라지는 것일까요?

우선 왜 우리에게 유당 분해 효소가 필요한지 봅시다. 포유류는 갓 태어나선 어미의 젖을 먹으며 자랍니다. 젖에는 기본적으로 에너지로 전환할 수 있는 탄수화물과 지방이 풍부하죠. 우리 몸의 에너지가 되는 탄수화물은 크게 녹말이나 셀룰로오스 같은 고분자 탄수화물과 포도당, 설탕, 젖당, 과당과 같은 저분자 탄수화물로 나눌 수 있습니다. 우리의 주식

<그림3> 아기에겐 유당분해요소가 있어 젖을 잘 소화할 수 있다

인 밥, 빵, 국수, 떡 등은 모두 고분자 탄수화물이죠. 에너지양에 비해 부피가 작고, 잘 상하지 않아 보관이 쉽고 재배하기도 수월하다는 여러 이유로 주식으로 삼고 있습니다. 하지만 한 가지 단점은 저분자 탄수화물에 비해 소화하기가 어렵다는 점이죠. 더구나 아직 소화기관이 발달하지 않은 새끼들에게는 더욱 그렇습니다.

그럼 이런 의문이 듭니다. "아니, 소화기관을 완성시켜 태어나면 편하잖아?" 맞습니다. 편했겠지요. 그러나 어미 입장에서는 뱃속에 아기를 계속 넣고 있을 수만은 없습니다. 몸이 무거워지면 천적으로부터 도망치기도 힘들고 건강에도 문제가 생기지요. 아기는 최대한 늦게 나가려고 하고 어미는 최대한 빨리 내보내려 하지요. 물론 이는 의식적으로 벌이는 줄다리기는 아니고, 어미의 생존율과 아기의 생존율이 만들어내는 일종의 진화적 줄다리기입니다. 그래서 완전히는 아니어도 아기의 생존율도 적절히 보장되고, 어미의 생존율도 어느 정도 만족할 만한 시기에 출산이 이루어집니다. 이런 이유로 뱃속에서 신체의 모든 기관이 완전히 발달해서 나올 순 없고 이때 우선순위에서 소화기관은 한참 밀립니다.

그래서 새끼들은 소화하기 쉬운 저분자 탄수화물 위주의 젖을 먹게 되는 거죠. 저분자 탄수화물은 하나가 아니라 여러 종류(포도당, 과당, 설탕 등)입니다. 그런데 이 녀석들의 공통적인 특징이 쉽게 상한다는 겁니다. 즉 세균이 들러붙어 번식하기 쉬운 거지요. 그래서 포유류의 젖은 세균이 번식하기 힘든 유당을 주성분으로 나옵니다. 세균도 분해하기 힘든데, 새끼들이라고 쉬울 리가 없지요. 그래서 새끼들은 태어날 때 모두 유당을 분해하는 효소를 소화기관에서 분비한 상태로 나옵니다. 유당분해효소는 지속적으로 나와서 열심히 젖을 분해합니다. 송아지든, 망아지든, 사람의 갓난아이든 모두 같습니다.

하지만 시간이 지나면 젖을 떼고 어른들이 먹는 먹이를 먹어야 할 시기가 다가옵니다. 새끼들의 몸에서도 변화가 일어나지요. 이제 필요도 없는 유당분해효소를 만든다고 에너지를 소비하지 않도록 말이지요. 젖을 떼는 시기나 혹은 조금 늦게부터 유당분해효소가 줄어들기 시작해서 개체별로 차이는 있어도 대부분의 경우 성체가 되기 전에 완전히 멈춥니다. 이 또한 대부분의 포유류에서 공통적으로 일어나는 일입니다. 그러

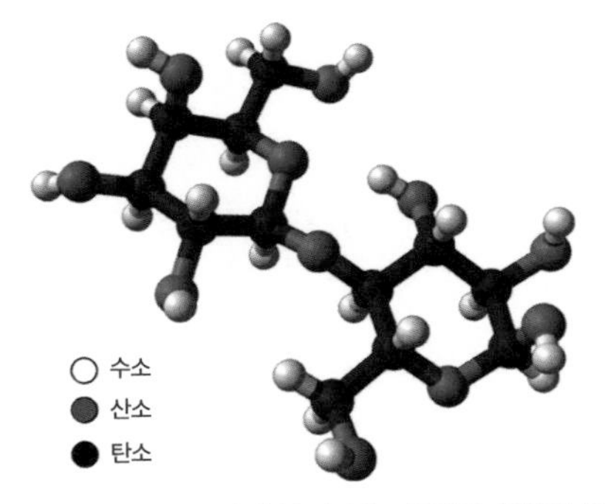

<그림4> 젖에 풍부하게 들어 있는 유당의 화학적 모델

니 유당불내증이 있는 건 병이 아니라 아주 자연스러운 현상인 거지요.

하지만 진화의 과정 그 어디에나 돌연변이는 있기 마련이라서, 성체가 되고 나면 더 이상 분비되지 말아야 할 유당분해효소가 다 크고 나서도 계속 나오는 경우가 있습니다. 자연에서 이런 녀석들은 쉽게 도태되기 마련입니다. 이제 풀을 뜯어 먹든지 아니면 고기를 먹어야 하는데 유당분해효소가 나오면 어미젖을 계속 찾게 되고 결국 어른이 되는 과정이 늦춰지게 되니까요. 뭐 그렇다고 해도 다 죽는 건 아니고 전체적으로 보면 소수지만, 이렇게 유당분해효소가 계속 나오는 녀석들이 있게 마련입니다. 이는 사람도 마찬가지지요.

그런데 인간은 여기서 새로운 반전을 만들어냅니다. 목축을 시작한 것이죠. 최초의 목축은 메소포타미아 지방에서 약 10,000~11,000년 전 야생 염소나 야생 양을 길들이면서 시작된 것으로 알려져 있습니다. 그 뒤 말이나 소 등도 가축에 합류합니다. 중국이나 동남아에선 닭을 길들이게 됩니다. 목축으로 얻을 수 있는 건 꽤 많습니다. 가죽과 털은 옷감과 각종 도구의 소재로 활용되지요. 분변은 비료가 되고, 마소의 경우 노동력도 제공합니다. 그리고 고기와 젖을 주기도 하지요. 그러나 이들의 생젖을 바로 먹을 수는 없습니다. 앞서 이야기한 것처럼, 자라면서 유당은 분해가 되질 않으니까요. 하지만 아직 어린아이가 있는 집에선 요긴하게 쓰였겠지요. 엄마의 젖이 부족할 때 대신할 수 있었을 터니까요. 이 아까운 생젖을 발효라는 방법으로 활용하게 됩니다. 요거트를 만들면 그 과정에서 유당이 분해되어 설사를 하지 않고 먹을 수 있습니다. 또 지방으로 버터를 만들 수도 있고, 단백질 성분으론 치즈도 만들지요. 그러니 굳이 유당불내증이 있다고 젖을 소홀히 할 이유는 없었습니다.

그러나 북유럽처럼 추운 곳에선 발효가 쉽지 않은 일이었지요. 발효를 시키려면 일정 시간 따뜻하게 유지시켜야 되는데 북유럽의 추운 목초지를 떠도는 유목민으로선 쉬운 일이 아니었지요. 그러니 앞서 이야기한 것처럼 나이가 들어서도 유당분해효소가 계속 나오는 변이 유전자를 가진 사람은 생젖을 마실 수 있으니 생존에 더 유리했겠지요. 더구나 추운 겨울 먹을 거라곤 자신이 기르는 소나 순록 밖에 없을 때, 이들을 죽여 고기를 먹는 것보단 그 젖을 먹는 것이 집단의 생존에 훨씬 유리했을 겁니다. 그래서 현재도 북유럽 사람들은 전 세계 다른 어느 지역의 사람들보다 유당분해효소를 훨씬 더 많이 가진, 즉 유당불내증이 없는 이들의 비율이 아주 높습니다.

미국 드라마 〈빅뱅이론〉의 주인공 레너드 호프스태더는 다른 사람들과 달리 유당불내증이 있어서, 이를 굉장히 멋쩍어 하는 장면이 나옵니다. 미국인이라고 다 유당불내증이 없기야 하겠습니까? 북유럽 계통의 미국인들이 주로 나오는 드라마라 생긴 장면이지요. 만약 드라마에 아시아계나 아프라카계, 라틴계가 같이 나온다면 저런 장면이 나올리가 없습니다. 우유를 소화시키는 건 북유럽이라는 우유를 먹을 수밖에 없는 특별한 환경에 적응한 이들이 보여준 진화라 할 수 있겠습니다. 굳이 우유를 먹을 필요가 없었던 선조들의 후손이 우유를 소화시키지 못하는 것이 무슨 흠이 되겠습니까?

가축화와 자기가축화

문명이 시작되려는 이 시기에서 이뤄진 진화의 흔적은 많지 않습니다. 유당불내증이 인류집단의 일부에서 사라진 것 이외에는 겉으로 드러나는 변화로 피부색이 다양해졌다는 것 정도가 있겠지요. 하지만 이 시기에 인간에게 있어서 중요한 진화가 일어납니다. 인간이 다른 종을 진화시키게 된 것이죠. 인간은 다른 종을 이제 길들이게 됩니다. 보다 인간에게 친숙하게, 인간이 좋아하는 방향으로 말이죠.

『어린 왕자』에서 여우는 길들이기를 이렇게 표현합니다. "가령 오후 4시에 네가 온다면 나는 3시부터 행복해지기 시작할 거야. 시간이 갈수록 난 더 행복해질 거야. 4시가 되면, 벌써, 나는 안달이 나서 안절부절하게 될 거야."

그렇다면 우리가 어떤 동물을 길들였을 때, 가축화하였다고 말할 수 있을까요? 전문용어로 말하자면 길들이기taming와 가축화domestication는 전혀 다릅니다. 길들이기라면 길고양이에게 먹이를 주는 캣맘과 길고양이의 관계라고 볼 수 있을까요? 길들이기는 인간에 대한 회피가 줄어들고 인간의 존재를 받아들이는 변화입니다. 즉, 유전적이지 않고 개체에서 일어나는 일종의 행동 변화입니다. 어미 고양이가 캣맘과 친해졌다고 그의 후손들이 마냥 인간과 친하지는 않다는 거지요. 하지만 가축화는 유전적으로 이어지는 변화입니다. 개는 원래 늑대의 후손입니다. 인간의 가장 오래된 친구죠. 고고학적 증거에 따르면 회색 늑대가 가축화되면서 인간과 같이 살게 되었습니다. 지금도 개와 늑대는 교배가 가능하고 그 자식도 후손을 만들 수 있는 엄연히 같은 종species입니다. 하지만 유전적으로 보면 상당한 차이가 있고 그 차이는 각자의 후손들에게 영구히 물려지는 일종의 유산입니다.

인간이 문명을 일구는 과정에서 나타난 대표적인 현상이 야생 짐승을 길들여 가축화시킨 것이죠. 소나 양, 염소 등 노동력을 이용하거나 털과 젖 그리고 고기를 안정적으로 확보하기 위해서 가축화시킨 경우도 있고, 개처럼 인간과 함께 특정한 역할을 수행하도록 가축화시킨 경우도 있습니다. 이 과정에서 이들은 야생의 같은 무리에 비해 외모와 행동양식이 많이 변화되었지요. 개는 가장 먼저 가축화된 동물로, 약 3만 년 전에서 1만 년 전에 가축화가 이루어졌다고 합니다. 이 개를 야생종인 늑대와 비교해 보면 가축화가 만든 변화를 확실하게 알 수 있습니다. 우선 행동 패턴이 바뀝니다. 온순하고, 같이 놀고 장난치기를 좋아하며 길들이기가 쉽습니다. 외모도 바뀌지요. 바짝 섰던 귀 끝이 슬쩍 내려오고, 뇌

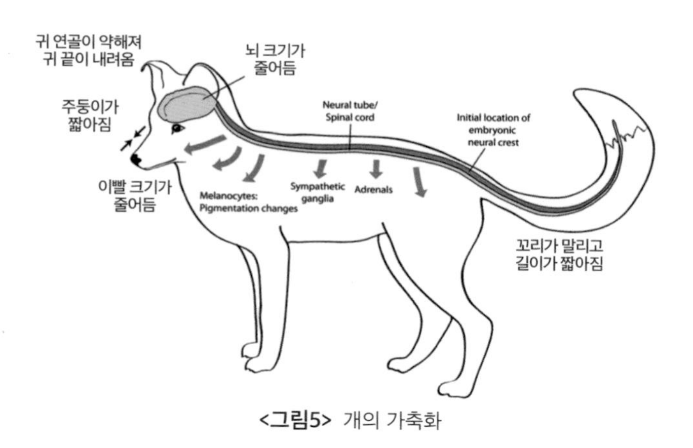

<그림5> 개의 가축화

용량이 작아짐에 따라 두개골도 작아집니다. 주둥이도 이전보다 짧아집니다. 이빨의 크기도 줄어듭니다. 몸집도 줄어들고 꼬리도 뭉툭해지지요. 내부적으로는 호르몬 분비량도 변하고 암컷의 발정 주기에도 변화가 있습니다. 이런 결과는 유전자의 비교에서도 확실히 나타납니다. 일종의 진화와 비슷하지만 이 경우는 인간의 선택적 품종개량이지요. 인간이 이런 형태의 개를 좋아했고, 선택받은 개체만이 인간과 같이 살다 보니 이런 유전적 변화가 비교적 단시간에 나타난 겁니다.

그럼 어떤 동물들이 가축이 된 걸까요? 가축이 된 동물을 보면 일반적인 특징이 있습니다. 먼저 무리를 지어 사는 사회적 성향을 보인다는 점이죠. 늑대, 소, 양, 염소 등도 마찬가지입니다. 그래야 인간을 무리의 우두머리로 인정하고 따르게 되지요. 또 집단생활에 익숙해야 같이 모아 기르기도 가능하니까요. 예외로는 고양이 정도가 있는데 그래서 고양이는 가축이 아니라는 주장도 있습니다. 그저 같이 살 뿐이라는 거죠.

또 인간이 기르는 것이니 먹이를 구하기 쉬운 동물이 선택되었습니다. 주로 초식 동물을 기르는 이유가 이거지요. 푸른 초원 전부가 먹잇감이니까요. 겨울에도 풀을 베어 말린 건초를 먹이면 되고요. 돼지는 예외적인데 잡식성이라 풀은 아니라도 어떤 먹이든지 먹일 수 있는 장점이 있지요. 세 번째로는 짝짓기에 인간이 개입하기 쉬운 동물이 선택이 되었습니다. 그래야 품종 개량, 즉 가축화가 쉬웠을 터이니까요. 물론 이외에도 비단을 생산하는 누에나방이라든가 양봉의 꿀벌이라든가 몇몇 조류들도 있긴 하지만 이들의 경우는 상황이 좀 다르지요.

자기가축화

그런데 자기가축화Self-Domestication란 개념이 있습니다. 누군가에 의해 길들여진 것이 아닌데도 가축화에서 나타나는 현상이 일어날 때 자기가축화란 개념을 씁니다. 자기가축화의 대표적인 동물로는 보노보와 인간을 꼽습니다. 자기가축화에서도 일반적인 가축화와 마찬가지로 다른 이들에게 친밀하게 굴거나, 인내심이 늘어나고, 공격성이 줄어드는 등의 행동이 나타납니다. 두개골이 작아지고, 이빨 크기도 줄고, 수컷의 외양이 암컷처럼 혹은 어린 개체처럼 변하는 등의 외모의 변화도 나타납니다.

보노보를 보면 이런 특징이 여실히 드러납니다. 보노보는 침팬지와 아주 유사하지요. 외모도 그렇지만 유전적으로도 둘이 가장 가깝습니다. 그런데 보노보와 침팬지를 비교해 보면 지킬과 하이드 정도로 둘은 달라 보입니다. 침팬지들은 낯선 침팬지들을 만나면 먼저 이빨을 드러내고 위협을 가하고, 싸우기가 다반사지요. 하지만 보노보는 폭력성이 많이 사라졌습니다. 낯선 보노보를 봐도 위협을 하기보다는 서로 성기를 접촉하면서 우호를 쌓는 걸 즐겨합니다. 같은 집단 안에서도 침팬지는 싸움이 그치질 않지만, 보노보는 웬만하면 싸움이 없습니다. 외모도 조금 변했습니다. 이빨도 작고 두개골도 작지요. 피부색도 덜 진합니다.

보노보 사이에서 이런 자기가축화가 나타난 건 암컷 위주의 사회가 큰 역할을 한 것으로 보여집니다. 암컷이 덜 공격적인 수컷을 선호해서 짝짓기를 하면서 점차 수컷의 공격성이 줄어들었다는 거지요. 그리고 이런 자기가축화는 인간에게서도 보여진다는 주장이 힘을 얻고 있습니다. 이를 인간자기가축화가설Human Self-domestication Hypothesis이라고 합니다. 독

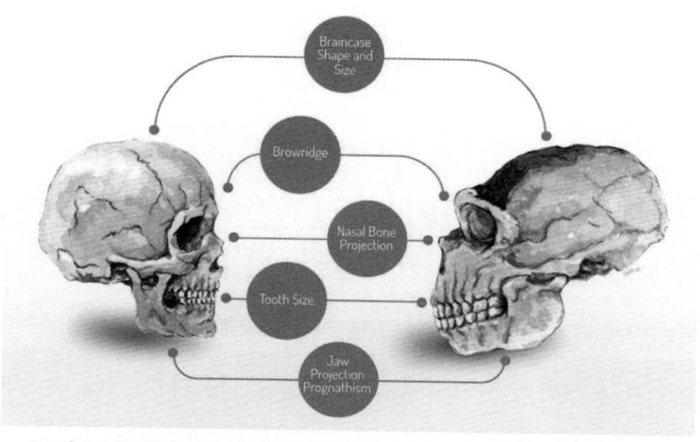

<그림6> 네안데르탈인과 인간 두개골 비교에서 나타나는 자기가축화

일 보훔대학 정신의학과에서 먼저 주장을 했고, 보노보의 자기가축화를 연구한 미국 듀크대학교 진화인류학과 브라이언 헤어Brian Hare 교수도 이 가설을 지지하고 있지요.

〈그림6〉에서 보이듯이 네안데르탈인과 현생 인류의 두개골을 비교해 보면 앞서 이야기한 것처럼 자기가축화의 특징이 여실히 나타납니다. 두개골이 줄어들고 이빨이 작아졌습니다. 그 외에도 코뼈 모양도 변하고 아래턱도 들어갔지요. 코뼈와 아래턱의 이런 모양은 여성에게서 주로 나타납니다. 즉 성인 남성의 외모가 여성을 따라간 것이죠.

브라이언 헤어 교수는 인간의 경우 자기가축화의 동인으로 협동적 의사소통 능력을 꼽습니다. 즉 불같이 화내고 맨날 싸우는 사람보다 말이 통하고 인내심이 강하고 같이 일하기 편한 사람이 집단 내에서 인정받고 이런 사람들이 번식의 대상으로 선호되었다는 거지요. 어찌 보면 당연한 일이기도 합니다. 우리도 집단 내에서 사사건건 말썽만 일으키는 이보다는 어려운 상황에서도 묵묵히 일을 하고 또 동료들과 잘 지내는 이를 좋아하는 건 매한가지니까요. 이런 일이 반복되다 보니 사람도 그렇게 변했다는 겁니다. 이 과정에서 남성 호르몬 즉 안드로겐이나 테스토스테론 수치도 줄면서 얼굴이 여성화되었다는 거지요. 그리고 하나 더 이렇게 집단 내에서 협동적인 모습이 발견되는 건 사실 언어의 힘이 큽니다. 말을 하기 시작하면서 의사소통이 이전보다 더 활발해졌고, 공동 작업에서 의사소통이 더 중요하게 작용하게 되었으니까요.

그런데 이런 인간의 자기가축화는 문명이 일어나기 전에 이미 벌어진 일입니다. 개를 가축화한 것은 길게 봐도 3만 년 전이지만 인간이 자기가축화를 시작한 것은 아무리 짧게 잡아도 10만 년은 거뜬히 넘어가니까요. 인간이 가장 먼저 가축화한 건 자기 자신이란 이야기지요. 이 또한 우리 선조들에게 고마워 할 일이라 여겨집니다. 우리 선조는 싸움 대신 대화를, 배제보다는 협동을 하는 방향으로 진화했던 것입니다.

불이 만든 변화

불의 사용은 도구를 위한 도구의 사용, 언어의 사용과 함께 오직 인간만이 가진 특징으로 오랫동안 알려졌습니다. 그러나 불을 사용하는 다른 동물도 있습니다. 오스트레일리아에 사는 독수리 중 하나는 불씨를 입에 물고 날아가 엄한 곳에 떨어뜨려 부러 불을 낸다고 합니다. 화들짝 놀란 작은 짐승들이 불을 피해 달아날 때 사냥하기 위해서죠. 아프리카의 원숭이 한 종류도 마찬가지로 불을 이용해서 작은 동물들을 사냥하는 모습을 보입니다. 따라서 불을 이용하는 '유일한' 동물이라는 호칭은 인류가 가질 수 없게 되었지만, 크게 의미를 둘 건 아니라고 봅니다. 인간만큼 다양하게 불을 사용하는 동물은 보기 드물뿐더러 인간은 불을 사용함으로써 스스로의 모습을 완전히 바꾼 유일한 동물이기도 하기 때문이죠.

최초로 불을 사용한 인류는 호모 에렉투스Homo erectus라고 하죠. 좀 더 정확히 말하자면 불을 가지고 다니면서 자신의 목적에 맞게 사용한 최초의 인간이라고 할 수 있겠습니다. 앞서의 독수리나 원숭이처럼 초기 인류도 우연히 발견한 불을 사용하기는 했을 겁니다. 그러다 호모 에렉투스에 와서는 다른 동물과 달리 항상 불을 사용할 수 있도록 보관하고, 불을 이용해서 다양한 작업을 하기도 했다는 거지요.

그럼 인간은 어쩌다 불을 잘 사용하게 되었을까요? 언뜻 똑똑해서라고 생각하기 쉽겠지만 사실 무언가를 쥘 수 있는 손이 있다는 게 가장 중

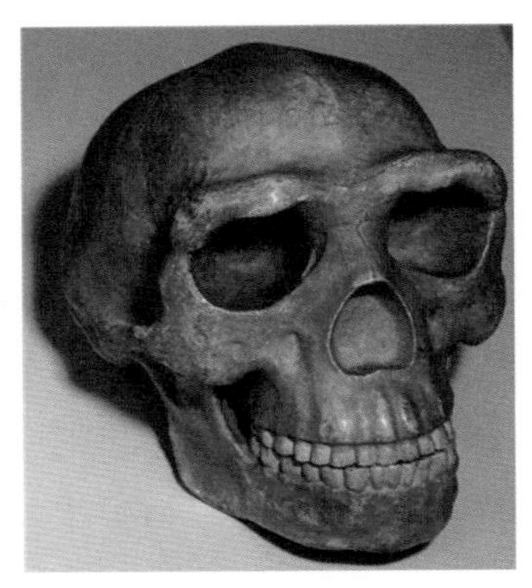

<그림7> 최초로 불을 사용한 호모 에렉투스, 베이징원인 두개골

요합니다. 개나 고양이가 불을 가지고 다니는 걸 상상해 보세요. 네발로 걷는 짐승이니 사용할 수 있는 건 꼬리뿐입니다. 하지만 꼬리는 눈의 반대쪽에 있어서 쉽게 가지고 다니기가 어렵지요. 결국 앞발이 손이 되어 무언가를 쥘 수 있는 경우가 불을 사용하기 좋은 조건이 되는 거지요.

인간이 불을 피우게 된 이유

그렇다면, 인간과 마찬가지로 무언가를 쥘 수 있게 진화한 다른 유인원이나 원숭이들은 왜 불을 사용하지 않았을까요? 여기에는 두 가지 이유가 있을 것으로 생각합니다. '먼저 불을 사용할 필요가 있었는가'의 문제입니다. 인간이 처음 불을 사용하게 된 건 주변의 천적으로부터 자신을 지키기 위해서 그리고 고기를 불에 익혀 먹기 위해서였을 겁니다. 그런데 숲에 사는 영장류들의 주식은 고기가 아니니 굳이 익혀 먹기 위해

불이 필요하지 않았을 거고요. 둥지가 나무 위에 있어 천적으로부터 보호를 받는 중이니 방어용으로도 별 필요 없었을 겁니다. 즉, 불의 효용가치가 인간보다 훨씬 떨어졌던 거지요. 그리고 또 다른 이유는 숲에 산다는 사실 자체입니다. 초원과는 달리 바로 주변에 나뭇잎들이 지천인 곳에서 불을 가지고 있다는 건 화재를 내기 딱 좋은 조건이지요. 따라서 불의 효용보다는 위험성이 더 컸다고 볼 수 있습니다.

두 손으로 뭔가를 쥘 수 있다는 것은 다른 영장류들도 마찬가지였지만 이들은 이족보행이 아니라 사족보행을 하는 동물이라는 점도 중요합니다. 고릴라나 침팬지 같은 경우 가까운 곳을 갈 때는 가끔 이족보행을 하기도 합니다만 기본적으로 앞발(손등)로 땅을 짚는 손등보행을 하지요. 결국 네발로 걷는다면 불을 쥘 손이 없기는 마찬가지입니다. 그리고 나무 사이를 다닐 때도 두 손으로 나뭇가지를 잡아야 하니 불을 쥘 수 없었겠지요.

여기에 인간의 선조는 불이 필요한 아주 절실한 이유가 있었습니다. 열대우림에 살 때야 나뭇가지 위에 둥지를 지으면 천적을 별로 걱정할 일이 없습니다. 그런데 초원에서는 사정이 다르지요. 건강한 수컷들은 낮시간 내내 먹이를 구하러 다녀야 하고, 이는 암컷도 마찬가지였습니다. 수컷들이 남이 사냥한 것을 취하거나, 스스로 사냥을 해서 단백질이 풍부한 고기를 확보하는 동안 암컷들도 마찬가지로 채집을 통해 먹을 걸 구해야 했습니다. 이들의 본거지에는 어린애들과 늙은이들이 주로 머무르고 있었지요. 천적으로부터 이들을 보호하기 위해서는 젊고 싸울 줄 아는 이들이 몇몇 남아 있어야 했을 겁니다. 밤에도 마찬가지지요. 사자나 들개, 하이에나 무리들이 이들이 잠드는 곳 주변을 어슬렁거립니다.

누군가는 깨어서 보초를 서야 했고, 젊은이들은 어린애들과 노인들을 가운데 두고 선잠을 잘 수밖에 없습니다.

그런 이들에게 가장 좋은 주거지는 동굴이었습니다. 입구만 막으면 아무도 접근할 수 없을 터이니까요. 이때 불이 요긴하게 쓰였습니다. 굴 입구에서 불을 피우고 연기를 굴 쪽으로 보내면 동굴을 차지하고 있던 짐승들이 알아서들 도망을 쳤을 터이니까요. 마치 여우굴을 뒤져 사냥하는 것과 비슷하지요 그리고 동굴을 확보한 다음에도 불은 요긴하게 쓰입니다. 이제 굴 입구를 커다란 돌로 꽉 막아 놓을 필요 없이 입구에 불을 피우기만 하면 됩니다. 불이 활활 타는 동안에는 어떤 동물도 접근할 수 없으니까요. 또 동굴에 사는 벌레들도 불을 이용하면 손쉽게 퇴치할 수 있었지요. 옷을 불 위로 몇 번 왔다 갔다 하면서 이나 좀 같은 벌레도 없애기 쉬웠겠습니다.

불은 인간의 선조들이 살 수 있는 공간을 확장하는 데도 주요했습니다. 여름에는 살기 좋던 북쪽 동네가 겨울이 되니 눈이 내리고 온 땅이 꽁꽁 얼어붙습니다. 이런 곳까지 인간이 진출하려면 불이 필수였지요. 겨울 내내 이들은 연기에 그을려 훈연한 고기로 끼니를 때우고, 불가에서 봄이 오길 기다립니다. 인간의 선조들이 온대지방과 한대지방으로 삶의 영역을 확장할 수 있었던 데에는 불의 역할이 필수적이었지요. 공간만 확장한 것이 아니라 시간도 확장했습니다. 해가 지면 자는 것 말고는 할 수 있는 게 없었던 조상들이었습니다. 보름달이라면 주변을 분간하기 조금 쉬웠겠지만 딱 그 정도였죠. 눈에 감각 정보의 80%를 의지하는 인간은 보이지 않으면 할 수 있는 일이 없지요. 그러나 이제 불이 밤을 밝히니 밀린 일들을 할 여유가 생겼습니다. 밤으로 미뤄도 되는 일을 미루면 낮에만 할 수 있는 일을 할 시간도 늘지요. 물론 일할 시간이 느는 것이 마냥 좋은 것은 아닙니다만, 인류 종 전체로 보면 도움이 되었습니다.

불과 턱

마지막으로 불은 먹는 문제를 완전히 바꿔 놓았습니다. 생쌀을 가루 내어 물에 이겨 그냥 먹지 않고 불에 익혀 먹으면, 맛의 차이는 물론 소화 능력과 시간에 엄청난 차이를 만듭니다. 국수를 먹으면 배가 빨리 꺼지는 것 같죠? 그만큼 소화가 잘 된다는 것이지요. 어릴 때 아프면 어머니가 미음을 주시곤 했지요. 아파서 소화를 잘 시키지 못할 때도 쉽게 먹을 수 있으니까요.

또 고기를 익혀 먹는 것도 대단한 차이를 만듭니다. 단백질은 우리 몸에 꼭 필요한 영양분이지만 가장 소화 난이도가 높은 음식이기도 하지요. 그 단백질로 된 고기를 익히면 소화시키는 데 필요한 시간이 절반 이하로 줄어듭니다. 그리고 고기를 물에 푹 삶아 물에 우러나온 아미노산과 지방을 마시면 훨씬 흡수가 잘되는 건 말할 나위가 없지요. 아픈 이들이나 소화 능력이 부족한 이들은 이제 불에 익힌 음식으로 생존율이 이전에 비해 훨씬 높아졌습니다.

그리고 또 하나 이제 먹기 힘든 부위도 쉽게 먹을 수 있게 되었습니다. 사골을 우려낸 사골 곰탕을 생각해 보세요. 이전에는 부숴서 안의 골수 정도만 먹던 걸 물에 푹 삶아 몇 끼니를 먹을 수 있게 되었습니다. 동물 가죽 부분도 삶으면 어찌어찌 먹을 수 있게끔 되지요. 이전과 같이 사냥을 하더라도 먹을 수 있는 부위가 훨씬 늘어나니 사냥의 부담도 줄었습니다. 그뿐이 아니지요. 이전에는 너무 질겨 먹을 수 없었던 식물의 뿌리나 줄기도 먹을 수 있게 되었습니다. 가을철 무를 추수하고 남은 무청을 푹 익혀 시래기로 먹는 걸 생각하면 이해가 쉬울 겁니다. 호박잎처럼 조직이 억센 잎들도 삶아서 먹지요. 채집할 수 있는 식물의 종류와 부위가 늘어났습니다.

음식이 쉽게 소화된다는 건 그만큼 활동할 수 있는 시간이 늘어난다는 말이기도 합니다. 흔히 점심시간은 1시간을 줍니다. 밥 먹는 데야 30분도 걸리지 않지만 어느 정도 소화시킬 시간까지 염두에 둔 거지요. 물론 1시간이 부족하다고 느낄 순 있지만 그래도 그 정도로 배를 꺼줄 수 있는 건 우리가 먹는 음식이 이미 불에 조리되어 많이 분해되어 있기 때문입니다. 불에 음식을 익혀 먹기 전 조상들은 먹은 걸 소화시키려면 지금보다 훨씬 긴 시간이 걸렸습니다. 그만큼 쉬어야 했지요. 그러니 하루 한두 끼만 먹어도 우리보다 소화시키는 데 더 많은 시간이 걸렸고, 다른

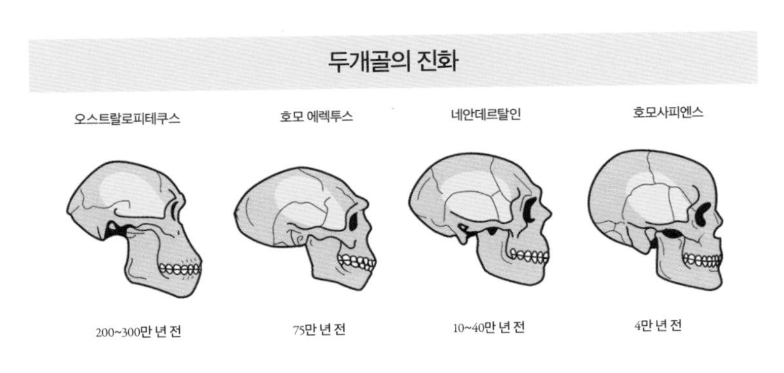

<그림8> 아래턱의 변화

일을 할 시간이 부족했겠지요. 불에 음식을 익혀 먹는 건 다른 일을 할 시간을 더 많이 확보한다는 의미도 있었습니다.

그리고 결정적으로 음식을 익혀 먹는 건 우리 몸의 구조를 바꾼 대사건이었습니다. 먼저 소화기관이 짧아졌습니다. 이전에 비해 소화가 쉬워졌으니 굳이 긴 소장을 가질 필요가 없었지요. 맹장이 짧아져 지금의 충수돌기 정도로 줄어든 것도 이때부터였습니다. 그리고 턱이 변합니다. 딱딱한 음식을 먹던 조상들은 어금니를 우리보다 여섯 개 정도 더 많이 가지고 있었습니다. 어금니는 맷돌처럼 음식을 잘게 갈아 소화를 돕는 일을 하지요. 당연히 어금니 자리를 만들기 위해 입이 앞으로 삐죽이 나왔었지요. 두개골 화석을 보면 확실히 그 차이를 볼 수 있습니다. 그런데 익혀 먹는 음식은 이전만큼 많이 갈 필요가 없으니 어금니가 줄어듭니다. 지금도 사람에 따라 사랑니가 어려서부터 나는 사람도 있고, 아예 잇몸 속에 가둔 채 일생을 보내는 이도 있는 것처럼, 이전 조상들도 사람에 따라 어금니의 개수가 좌우 위아래 합쳐 네 개에서 여덟 개 정도 차이가 났을 겁니다. 음식이 딱딱할 때는 어금니 개수가 많은 것이 생존에 유리하지만 이젠 그렇지 않지요. 어금니 개수가 줄어든 사람들도 같은 경쟁력을 갖춥니다. 게다가 말을 하기에는 어금니 개수가 적고 입이 덜 튀어나온 편이 유리합니다. 이 과정에서 인간은 튀어나온 입이 들어가는 구조적 변화를 겪습니다.

또 다른 변화는 혀의 형태입니다. 두껍고 크던 혀가 얇고 작아지면서 입안에서 혀의 움직임이 훨씬 더 현란해집니다. 다양한 형태의 발음을 하는 데는 혀의 움직임이 중요합니다. 다양한 모음과 자음을 쓸 수 있게 된 것도 불의 사용 이후의 일이지요. 포유류는 모두 음식을 먹을 때 기

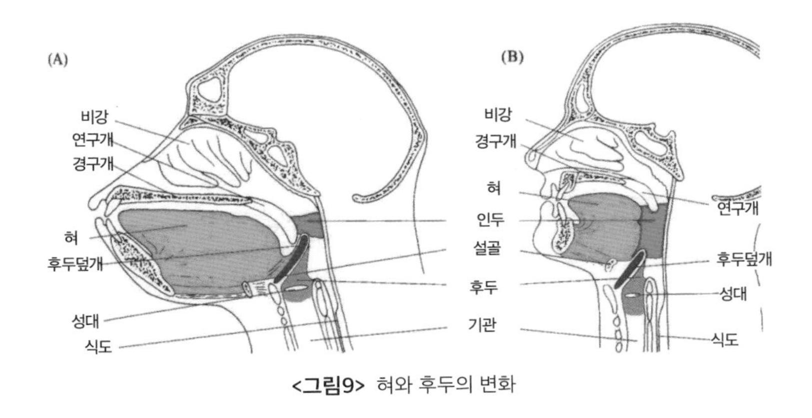

<그림9> 혀와 후두의 변화

관으로 넘어가지 않도록 막는 후두개를 가지고 있습니다. 〈그림9〉에서 목 위의 보라색 긴 막이 후두개입니다. 왼쪽은 다른 영장류의 후두지요. 보시면 숨을 쉴 때 후두가 입과 목 사이를 완전히 막는 걸 볼 수 있습니다. 그래서 숨은 코로만 쉴 수 있지요. 반대로 오른쪽 인간의 후두는 숨을 쉴 때 열린 공간이 입과 이어져 있습니다. 이렇게 인간의 후두개가 해부학적으로 아래로 내려가게 된 것은 인간이 직립보행을 하면서 경추와 두개골의 구조가 변하면서 나타난 현상입니다. 그런데 입 구조가 개조되면서, 즉 입과 코로 동시에 숨을 쉴 수 있게 되면서 우리는 항상 기도로 음식물이 넘어가는 위험을 가지고 살게 됩니다. 사래가 걸리는 거지요. 그 정도야 말을 하면서 의사소통을 할 수 있다는 장점에 비하면 감수할 만한 일이었습니다.

이 두 가지 변화를 통해 인간은 말을 할 수 있게 되었습니다. '아야어여오요우유으이'의 다양한 모음과 '가나다라마바사아자차카타파하'의 다양한 자음이 모여 온갖 종류의 소리를 낼 수 있게 되자 그를 조합하여 대상을 지칭하거나 상태나 행동을 나타내는 언어가 탄생하게 된 것이지요. 하지만 인간의 후두가 말을 하기에 적합한 구조로 바뀐 것이 인간의 다양하고 심층적인 언어활동을 위한 필요충분조건은 아닙니다. 쉽게 말해서 하드웨어와 함께 소프트웨어도 갖추어져야 하는 것이지요. 상징, 추상적인 발상, 단어와 문장을 구성하는 능력 등 언어를 구사할 수 있을 정도로 인간의 지능이 점차 발달하면서 말을 할 수 있게 됩니다. 언어를 구사하기 위한 적절한 하드웨어와 소프트웨어를 같이 갖추는 데는 시간이 꽤 걸려서, 지금으로부터 3만~10만 년 전쯤 언어가 출현하게 됩니다.

이처럼 불의 사용은 획기적인 사건이었습니다. 그리스 로마 신화에서는 프로메테우스가 인간들에게 불을 선물했다고 합니다. 실제 불을 사용하게 된 진짜 프로메테우스(들)은 누구였는지 알 수 있는 길은 요원하지만, 누군지는 몰라도 인류 전체에게 고마운 사람이겠지요.

도구를 만드는 도구

출출하니 라면이나 끓여먹을 준비를 합니다. 일단 냄비를 꺼내 물을 붓고, 레인지를 켜서 올립니다. 물이 끓으면 라면과 스프를 넣고 익는 동안 냉장고에서 김치를 꺼내고 면기도 꺼냅니다. 라면이 다 되면 귀찮아도 가위로 파를 조금 썰어 넣습니다. 김치 하나지만 맛나게 먹을 수 있는 라면은 아마 가장 간단한 식사라 할 수 있겠습니다. 먹은 후엔 설거지도 쉽습니다.

그런데 이렇게 간단한 라면 하나를 끓여 먹으려 하더라도 냄비, 젓가락, 그릇, 수도, 가위, 수세미, 주방세제 등이 필요하지요. 물론 가스레인지나 인덕션도 있어야 하고요. 이렇듯 조금 자세히 일상을 들여다 보면 우리가 무엇인가를 하기 위해 꽤 다양한 '도구'를 이용하고 있다는 걸 쉽게 알 수 있습니다. 하지만 반대로 도구가 우리 인간을 지배한다고도 볼 수 있습니다. 우린 도구 없이는 한 순간도 일상을 제대로 꾸려나가기 힘들지요. 외딴 섬에 표류한 로빈슨 크루소의 경우를 봐도 먹이를 얻고 보관하고, 혹시 모를 천적으로부터 자신을 보호하기 위해 어떻게든 다양한 도구를 장만하는 일을 가장 먼저 합니다.

반면 다른 동물들이 도구를 사용하는 모습은 좀처럼 볼 수 없지요. 또 도구를 이용한다고 하더라도 굳이 그게 없다고 일상을 꾸려나가지 못할 정도는 아닙니다. 예전에는 인간을 다른 동물과 나누는 기준으로 도구를 사용한다는 점을 들기도 했었지요. 호모 하빌리스Homo habilis처럼

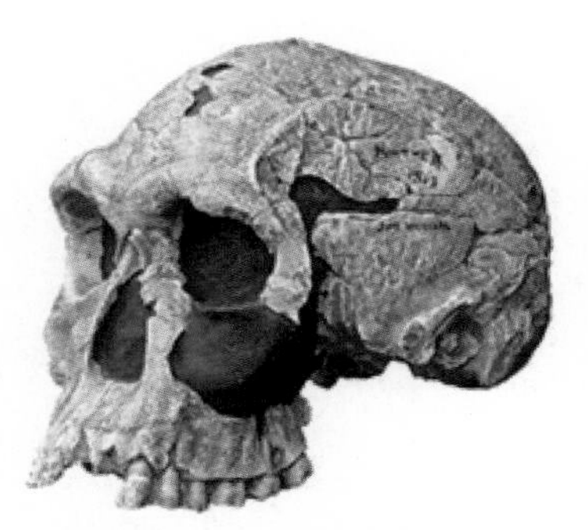

<그림10> 호모 하빌리스 두개골 화석

'손을 쓰는 사람' 나아가 '도구를 사용하는 사람'이란 뜻을 직접 화석 인류의 이름으로 붙이기도 했지요. 하지만 이제 우리는 인간이 아닌 다른 동물도 도구를 많이 사용하고 있는 걸 알게 됩니다. 침팬지나 오랑우탄 같은 인간과 가까운 영장류뿐만 아니라 돌고래나 원숭이, 까마귀에 이르기까지 도구의 사용은 다른 종의 동물에서게도 일반적으로 보이는 현상입니다.

그렇다면 도구에 대한 인간의 자부심은 '도구를 만드는 도구'를 만드는 데 찾을 수 있지 않을까요? 인간만이 도구 제작을 목적으로 도구를 사용한다고 말이지요. 그러나 일부 동물도 인간처럼 도구를 위한 도구를 제작하는 모습이 발견되면서 이 자부심 또한 깨진 게 사실입니다. 일부 원숭이들이 초기 인간이 사용하던 것과 비슷한 구석기를 만들려고 단단한 돌로 다른 돌을 내려쳐 돌도끼를 만드는 것이 관찰되기도 했죠.

그러나 사실 다른 동물들이 도구를 쓴다고 하더라도 인간만큼 널리 그리고 다양하게 도구를 사용하는 건 아닙니다. 그러니 '유일'이라는 말에 목멜 것이 아니라면, 도구를 사용한다는 점에 대해서 인간이 다른 동물에 비해 자부심을 느껴도 될 만한 일입니다. 그런데 왜 인간만이 이렇게 다양한 도구를 사용하는 것일까요? 어떤 이들은 인간이 가장 똑똑하니 당연한 것 아니냐고 할 수 있지만 꼭 그런 것은 아닙니다.

구석기 초기 인간은 지금만큼 다양하지는 않지만 그래도 다른 영장류나 동물에 비해 굉장히 다양한 종류의 도구를 사용했습니다. 보통 구석기의 시작은 최소한 200만 년 전으로 보고 있습니다. 현생 인류인 호모 사피엔스Homo sapiens는 나타나기도 전의 일이지요. 처음 구석기를 연 것은 오스트랄로피테쿠스Australopithecus입니다. 가장 오래된 화석 인류인 오스트랄로피테쿠스의 한 종류인 진잔트로푸스 보이세이Zinjanthropus boisei는 자신이 만든 역석기*로 다른 동물의 두개골을 깨서 식량으로 사용한 것으로 보이니까요. 그리고 오스트랄로피테쿠스는 인간으로서의 특징을 여럿 가지고 있었지만 당시의 다른 영장류보다 특별히 뇌의 용량이 많이 크다거나 똑똑하지는 않았습니다. 당시의 다른 영장류와 달리 인간의 선조만이 구석기에 진입할 수 있었던 이유는 무엇일까요?

가장 중요하게는 일반적인 영장류는 도구를 사용할 필요를 크게 느끼지 못했다는 겁니다. 이들은 열대우림에 살면서 과일이나 꽃의 꿀 또는 벌레들을 주로 먹고 살았는데, 식량을 확보하는 데 굳이 도구가 필요하지 않았던 거지요. 지금도 이들은 평소에 사용하는 도구란 게 나뭇가지로 개미굴에 들이밀어 딸려오는 개미를 훑어 먹거나, 좀 긴 나뭇가지로 등을 긁는다거나, 혹은 넓은 나뭇잎 등으로 둥지를 만드는 게 다지요. 그

---

* 역석기는 가장 오래된 형태의 석기로 자갈의 한쪽 모서리를 두들겨 깨뜨려 날을 세운 것으로 동아프리카의 가프 계곡, 올두바이 계곡 등에서 발견됩니다.

<그림11> 구석기 시대의 가장 대표적인 도구인 주먹도끼

리고 열대우림에 살 때 손은 주로 나뭇가지를 잡고 나무를 타는 데 써야 했습니다. 손을 쓰는 다른 용도가 있었던 거지요.

하지만 초원에서 살기 시작한 우리 선조는 나무를 탈 일이 별로 없었고 대신 도구 사용이 필수적이었습니다. 우선 다른 천적들로부터 몸을 보호하기 위해 손에 무기를 들어야 했습니다. 다른 동물처럼 날카로운 이빨도 발톱도 없고, 초원에서 싸우기에 적합하지 못한 신체구조를 가졌기 때문이었지요. 집단으로 뭉쳐서 각자의 손에 돌이며 나무막대를 들어 그들 자신을 지켜야 했습니다. 우리 선조들이 열대우림에서 벗어나 초원에서 지내면서 생긴 일들은 2장에서 더 다루도록 하겠습니다.

한편으론는 초원의 선조들에게 가장 중요한 먹을거리 중 하나가 다른 동물의 두개골과 뼈였다는 것도 도구를 사용하게 된 이유입니다. 사냥이 익숙지 않은 우리 선조들은 조개나 흩어진 낟알 그리고 다른 동물들이 먹고 남긴 걸 먹게 됩니다. 맛난 부위는 다 먹어치운 뒤니 먹을 것이라곤 껍질이나 뼈밖에 없었습니다. 그래도 다행인 건 두개골 안의 뇌와 뼈 안쪽의 골수는 지방이 풍부해서 에너지원으로 삼기 좋았다는 거지요. 맛있고 영양가 있는 이 골수를 빼먹기 위해서는 두개골과 뼈를 부숴야 했죠. 그렇게 선조들은 손으로 돌멩이를 들고 내리치게 된 것입니다.

이들은 곧 날카로운 부분이 있는 돌이 공격과 방어에 더 효율적이고, 뼈를 부술 때도 뾰족한 부분으로 갈라진 틈을 치는 게 좋다는 걸 깨닫지요. 이제 이들은 그냥 석기가 아니라 뾰족하게 다듬어진 석기를 사용하기 시작합니다. 구석기 시대의 가장 대표적인 도구는 주먹도끼입니다. 한 손에 쥐고 다른 동물을 내려치기도 하고, 가죽을 벗기기도 하고 또 땅을 파서 저장뿌리 등을 캐기도 했지요. 주먹도끼를 만들기 위해선 돌을 다듬을 필요가 있었습니다. 몸돌을 단단한 다른 돌로 찍어 박편을 분리해서 날카롭게 만들었지요. 즉 도구(주먹도끼)를 만들기 위해 도구(다른 돌)를 사용하기 시작한 것입니다.

더 세련되게, 더 정교하게

이후 '도구를 위한 도구'가 발달하면서 인류 문명은 차원이 다른 모습을 보입니다. 구석기를 지나 신석기로 오면 돌로 창살을 만들고, 뼈로 바늘을 만들지요. 돌도끼도 세련된 모양을 갖춥니다. 가죽을 다듬기도 하고, 토기를 만들어 물건을 저장합니다. 그리고 청동기와 철기를 지나면서 인류가 사용하는 도구는 더 많아집니다. 집을 짓기 위해 망치와 끌, 도끼와 대패, 도르레 등을 사용하지요. 농사에는 낫과 도리깨, 호미 등을 이용하고, 물고기를 잡기 위해선 배와 낚시와 그물을 이용합니다. 삶

자체가 도구에 의지하게 된 것이죠. 그리고 이 도구를 만들기 위해 각종 도구를 사용하게 됩니다.

이렇게 도구를 사용하면서 우리는 오늘날의 인간이 되었습니다. 손은 끊임없이 도구를 사용해야 하니, 손을 제외한 두 발로만 걸을 수밖에 없었습니다. 도구의 사용이 인간을 직립보행으로 이끌었던 것이지요. 그리고 도구를 사용하게 되면서 이齒의 쓸모도 줄어듭니다. 이로 뭔가를 끊거나 자를 이유가 없어진 것이지요. 결국 도구와 불의 사용은 결국 더 작은 이가 더 적게 나도록 했으며, 아래턱이 조금씩 줄어들도록 만듭니다. 또한 정교한 도구를 제작하고 사용하는 일은 뇌의 발달과도 관련이 있습니다. 인간의 뇌가 영장류보다 더 커지고 특히 대뇌피질이 발달하게 된 것에도 도구의 사용은 큰 역할을 합니다.

이제 현대를 살아가는 우리에게 있어 도구를 위한 도구는 어떤 것이 있는지 생각해 보죠. 공장이 먼저 떠오릅니다. 상품(도구)를 만들기 위한 도구(기계)들이 집약된 곳이니까요. 일상적으로도 우리는 도구를 위한 도구를 잘 쓰고 있습니다. 대표적인 것이 컴퓨터죠. 문서를 작성하고, 파워포인트 자료를 만들고, 엑셀로 보고서를 작성하고, 검색을 하는 모든 일들에 쓰이는 도구들이 도구를 위한 도구죠. 그리고 기술의 발달은 새로운 도구를 위한 도구를 연신 우리에게 선보이고 있습니다. 로봇이 대표적인 예이죠. 산업용 로봇은 이제 공장마다 경쟁력을 좌우하는 핵심이 되었습니다. 또한 인공지능도 마찬가지입니다. 이미 대기업들은 자신의 업무를 보다 효율적으로 만들기 위해 이곳저곳에 인공지능을 쓰고 있지요. 그리고 우리도 느끼지 못하는 사이에 쓰고 있는 기간 사회망, 전기, 도로, 통신 등도 마찬가지라고 볼 수 있지요.

우리가 스스로를 특별하다고 느끼는 또 다른 이유는 이렇게 고도화된 도구를 만든다는 자부심 때문인지도 모르겠습니다. 그 과정을 이룬 것이 인간이 특별히 똑똑해서라기보다는 인간이 환경에 적응하며 어떻게든 살아보겠다는 몸부림에 의한 것일지라도 말이지요.

2500만 년 전

꼬리 없는 영장류
출현

500만 년 전

인간의 직립 보행

400만 년 전

피부색이 검어지고
땀샘이 만들어지다

2장

열대우림을 나서며

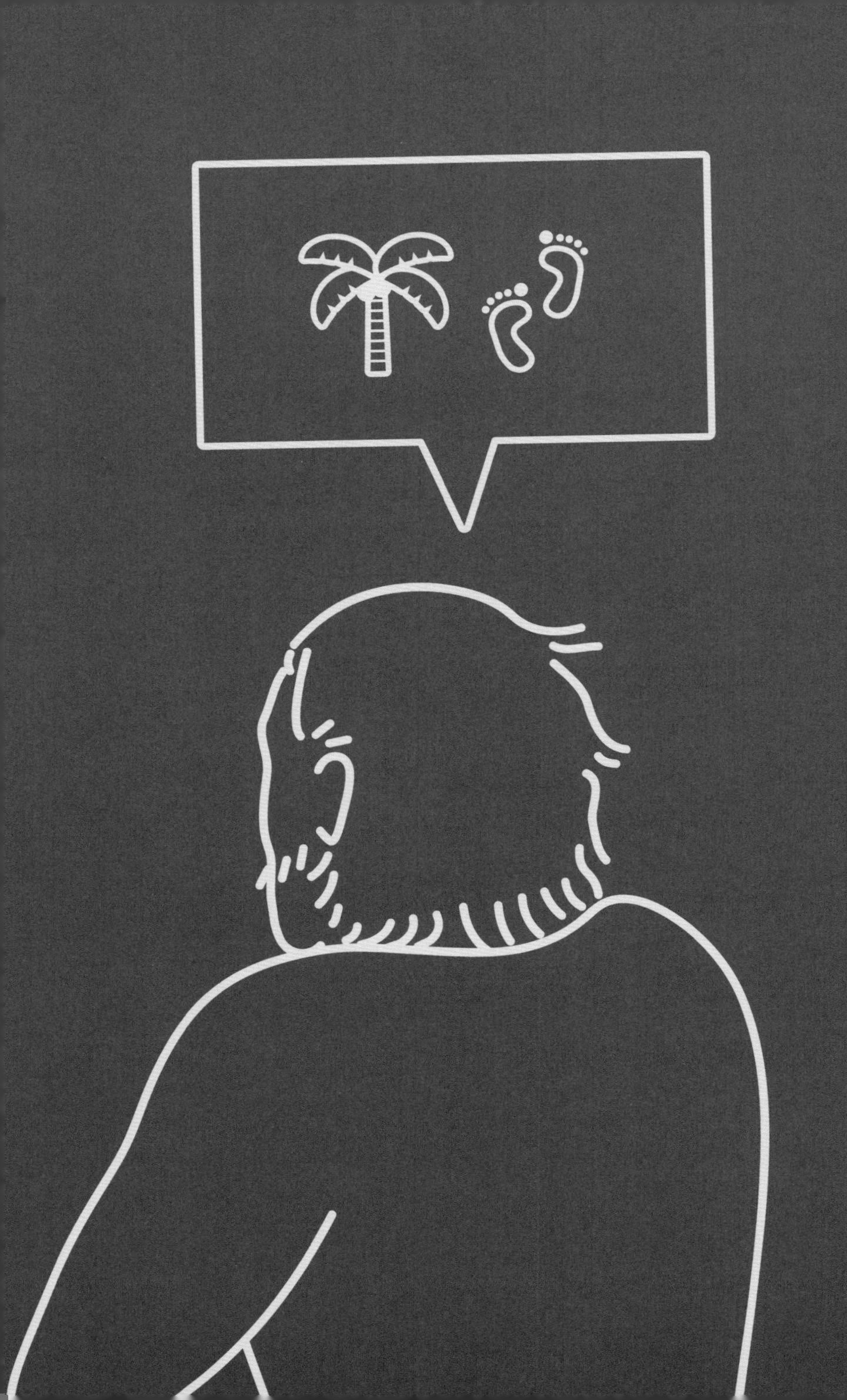

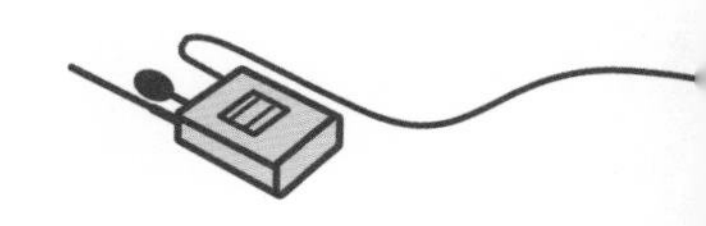

인간이 다른 영장류와 헤어진 것은 대략 700만 년 전 정도입니다. 영장류 전체로 보면 가장 먼저 갈라진 것은 아시아에 사는 오랑우탄입니다. 그 뒤 고릴라와 갈라섰고, 마지막으로 침팬지와 헤어진 것이 약 700만 년 정도 전으로 보고 있습니다. 그 때부터 인간은 친척 영장류와 확연히 달라진 모습을 가지게 되었지요.

가장 중요한 변화는 인간이 걷기 시작했다는 겁니다. 직립보행을 하게 되면서 인간은 긴 다리, 짧아진 팔, 꼿꼿한 등, 짧고 가늘어진 털과 검은 피부, 땀샘 등 생물학적으로 구분되는 특징을 가지게 됩니다. 물론 이런 변화가 전부는 아니지요. 무리를 이루는 이유도 바뀌고, 말을 하게 되고 불을 이용하고 다양한 도구를 가지게 되었지요. 이는 앞에서 살펴보았습니다.

하지만 인간이 좋아서 혹은 이런 결과를 예상하고 걷기 시작한 것은 아니었습니다. 어쩌면 인간이 다른 영장류와의 경쟁에서 패배한 결과가 직립보행으로 나타난 것이라 볼 수 있습니다. 이번 장에서는 그 이야기를 해 보지요.

털을 버리고 땀샘을 얻다

겨울을 제외하고 일주일에 두 번 정도 달리기를 합니다. 짧게는 5km에서 길게는 10km 정도 달리고 나면 숨도 차오르지만 온몸에 흐르는 땀으로 입고 있던 옷이 흠뻑 젖곤 합니다. 그런데 이렇게 온몸에서 땀이 흐르는 동물은 사람 외엔 거의 없습니다. 게다가 그 땀이 잘 증발하도록 머리 윗 부분과 일부 부위 외에는 신체에 나는 털이 아주 가늘고 짧아 맨살이 드러나기까지 하죠. 이 털과 땀 이야기를 해 보겠습니다.

열을 식히고 배출하는 문제는 인간이나 기계 모두에게 중요한 일입니다. 컴퓨터의 성능이 좋아지면서 중앙처리장치CPU의 발열이 문제가 되었습니다. 회로폭이 가늘어지고, 회로 자체는 길어지면서 전기 저항에 의한 열이 대폭 증가한 것이죠. 그래서 CPU를 식히는 쿨링팬이 탑재되기 시작했습니다. CPU 위에서 팬이 돌아 공기를 순환시켜 열을 식히는 거죠. 하지만 '컴퓨터 덕후' 중 일부는 이런 공냉식 냉각시스템에 만족하지 못하고 수냉식 냉각시스템을 달고 화려한 장식까지 더해 사진을 찍어 SNS에 올리곤 합니다. 회로 주변을 물이 든 파이프가 돌아나가며 열을 식히는 거죠. 우리가 타고 다니는 자동차도 마찬가지로 냉각수가 엔진의 열을 식힙니다.

우리 몸도 이런 수냉식 냉각시스템이 갖추어져 있는데 이 시스템이 식혀야 할 가장 중요한 기관은 뇌입니다. 뇌는 우리가 '멍 때릴' 때조차 아주 많은 일을 하고 있습니다. 주변에 뇌가 하는 일이라곤 하나도 없는 것 같은 사람이 있어도, 그 사람 두개골 안의 뇌는 나름 열심히 일을 하고 있는 중이죠. 죄는 뇌에게 있지 않고 그 사람에게 있습니다. 어찌 되었건 컴퓨터의 CPU보다 더 열심히 일을 하면서 뇌는 자연스레 열이 납니다. 그런데 뇌는 대단히 연약한 기관이라 두꺼운 두개골로 보호하고 있습니다. 즉 발열체를 헬멧으로 감싸고 있는 격이죠. 그러니 온도가 올라갈 수밖에 없습니다. 이런 주제에 뇌세포는 또 열에 엄청 약합니다. 참 골고루 하지요. 우리의 평소 체온이 36°C를 오르내리는데 3°C 정도만 높아져도 나 죽는다고 난리를 부립니다. 한 여름 열사병이 위험한 것이 이 때문이고 어릴 때 고열이 나면 머리에 찬 수건을 대었던 것도 이 때문입니다. 그러니 항상 우리 몸은 뇌를 식히는 걸 최우선으로 생각합니다.

그 다음 식혀야 할 곳은 심장입니다. 누구나 납득할 수 있죠. 한 순간도 쉬질 않고 끊임 없이 펌프질을 해대니 열이 날 수밖에 없습니다. 그 다음은 간과 콩팥입니다. 간은 우리 몸의 화학공장입니다. 적혈구를 분해해서 쓸개즙을 만들고, 유독물질을 분해하고, 약을 먹으면 약도 분해합니다. 포도당을 합성해서 글리코겐을 만들고, 가끔 지방으로도 만들죠. 그 다음으로는 콩팥이 있습니다. 주먹보다 작은 이 기관에선 끊임없이 혈액을 걸러 오줌을 만듭니다. 이 과정에서 우리 몸에 필요한 아미노산이나 포도당, 비타민 등이 빠져 나가지 못하게 다시 재흡수하는데 이때 에너지를 사용하고 열이 납니다. 이 네 기관이 우리 몸이 사람으로 살아가도록 '하드 캐리'를 하는 것이죠.

그런데 간과 콩팥도 열을 식히기가 만만치 않습니다. 이들은 소장과 대장으로 겹겹이 쌓여 있고, 이를 다시 복강이 감싸고 있습니다. 그리고 다시 이 전체를 피하지방과 피부가 감싸고 있으니, 이는 마치 보온병을 다시 솜이불로 감싼 격입니다. 이들을 식히기 위해서 심장에서 차갑고 신선한 피가 동맥을 타고 향합니다(물론 피가 이곳들로 가는 다른 이유도 있지요). 대동맥에서 뇌동맥, 간동맥, 관상동맥 등으로 나뉘고, 이들 기관의 표면과 내부 곳곳을 거미줄처럼 감싼 모세혈관으로 다니며 열을 식히고 스스로를 덥힙니다.

이렇게 따뜻해진 피는 다시 심장으로 향하고 심장에서 동맥을 타고 다시 피부로 향합니다. 진피층, 기껏 해 봤자 1.6mm에 불과한 표피 바로 아래 진피층으로 갑니다. 이곳에서 피는 다시 모세혈관으로 흩어집니다. 모세혈관의 두께는 적혈구 하나가 간신히 통과할 정도로 가늘죠. 이렇게 가는 모세혈관이 우리 몸 전체에 9만 5천 km 길이로 뻗어 있고, 그 절반 이상이 피부에 있습니다. 표면적이 넓을수록 에너지 교환은 빠르게 일어나지요. 피는 이곳을 돌면서 바깥 대기에 의해 식혀집니다. 피부 온도는 31~32℃ 수준. 진피층을 돌아 나오는 피는 5℃ 이상 낮아진 상태가 됩니다. 차갑게 식은 피는 다시 정맥으로 향하고, 심장을 향하지요.

우리 몸은 왜 이렇게 온도에 까탈스러울까요? 포유류는 기본적으로 정온동물로 양서류나 파충류와 다른 정체성을 가집니다. 35~36℃ 정도의 체온은 우리 몸의 근육이 곧바로 움직일 수 있게 합니다. 사막에 아침이 오면, 도마뱀이 느리게 굴 밖으로 나와선 햇볕에 덥혀진 돌 위에 올라가 해바라기를 한참 하는 모습은 다큐멘터리에 자주 등장하는 장면이죠. 체온이 낮으면 근육을 제대로 움직일 수 없으니 일단 체온을 올리는 겁니다. 마찬가지로 추운 밤에 숲속을 뒤져 개구리나 도마뱀을 발견하면 조심스레 잡아봅니다. 별다른 저항 없이 잡힙니다. 체온이 낮아진 이들은 근육을 제대로 쓰지 못하니 천적을 발견해도 도망칠 수가 없습니다.

이와 다르게 포유류는 낮이나 밤이나 열심히 쏘다닐 수 있죠. 정온동물의 장점입니다. 근육이 움직이기 위해선 물질 대사, 즉 일종의 화학 반응이 일어나야 합니다. 근육에 에너지를 공급하기 위해서도 마찬가지죠. 우리 몸에서 일어나는 모든 일들은 일종의 화학 반응인데 여기에는 모두 효소가 관여합니다. 그리고 효소는 그 대부분이 단백질로 이루어져 있지요. 단백질은 온도에 민감합니다. 온도가 변하면 구조가 변합니다. 따라서 체온이 낮으면 효소가 제 기능을 하지 못합니다. 또 하나 화학 반응 자체가 온도에 민감합니다. 우리가 겪는 0℃에서 40℃ 정도 사이에서 온도가 10℃ 높아지면 화학 반응 속도가 2배 정도 빨라집니다. 따라서 체온이 높을수록 우리 몸의 화학 반응인 물질대사도 활발해지는 거죠.

그럼 40℃나 50℃가 되면 더 좋지 않을까요? 여기서 효소가 단백질이라는 것이 체온을 더 올리는 것에 다시 걸림돌이 됩니다. 마치 계란 흰자가 굳어지면 다시 흐물흐물해지지 못하듯이 효소의 단백질도 40℃ 정도가 되면 변성이 일어나고, 그러면 효소 자체를 쓸 수 없게 됩니다. 따라서 40℃는 대부분의 생물에게서 마지노선이죠. 포유류의 체온이 35℃ 부근인 것도 이 때문입니다. 더 높이면 더 효율적이겠지만 그러면 마지노선에 너무 가깝습니다. 마지노선에서 적당히 떨어져 유사시 체온이 올라가더라도 버틸 수 있는 온도로 진화한 것이 포유류의 체온이죠. 치타가 무지막지한 속도를 얼마 유지하지 못하는 것도 폭발적으로 근육을 쓰는 과정에서 급격히 오르는 체온을 버티지 못하기 때문입니다. 들소를 사냥할 때도 하루나 이틀 정도 계속 몰다 보면 지쳐 쓰러지는데 이 또한 체온이 올라가는 걸 버티지 못해서입니다.

그리고 이는 다시 보면 진화의 결과이기도 합니다. 생물 중에는 40℃

가 넘는 온도에서도 물질 대사가 제대로 이루어지도록 진화한 종도 있습니다. 다만 그런 경우는 외부 온도가 높은 곳에서 사는 경우뿐입니다. 포유류가 그런 온도로 체온을 높이도록 진화하지 않은 데는 효소 단백질의 변성뿐만 아니라 에너지 효율을 생각한 점도 있습니다. 외부 기온이 20~30℃ 정도를 유지할 때 그보다 아주 높은 체온을 유지하려면 더 많은 에너지를 소비해야 하는데 이 또한 생존율을 높이는 데 별 도움이 되지 않았던 거지요.

이런 수냉식 냉각 시스템은 포유류 전반에 걸쳐 진화했습니다. 하지만 다른 동물의 경우 털이 이 냉각시스템의 효율을 떨어트립니다. 마치 자동차 라디에이터를 털로 꽁꽁 싸맨 것이나 마찬가지인 것이죠. 물론 추운 곳에 살거나 야행성인 녀석들이야 냉각시스템이 별 필요가 없지만 더운 곳에서 한낮에 활보하는 녀석들에게 이건 생존의 문제가 됩니다.

그래서 코끼리 같은 경우에는 몸의 털이 상당히 가늘고 짧으며 듬성듬성 나 있습니다. 그리고 큰 귀. 얇고 큰 귀에 촘촘하게 들어선 모세혈관이 자동차 라디에이터가 냉각수를 식히는 것처럼 피를 식히는 역할을 합니다. 하지만 기온이 34, 35℃로 올라가면 이도 별무소용입니다. 외부 온도와 내부 온도의 차이가 거의 없기 때문이죠. 이럴 때는 증발열이 필요합니다. 온몸에 물을 뿌립니다. 물이 증발할 때 열을 뺏어가는 걸 이용하는 거죠. 물이 없으면 진흙을 덮어쓰기도 합니다. 진흙 속 수분이 증발하는 걸 이용하는 것이죠. 사막여우의 큰 귀도 이런 라디에이터 역할을 합니다. 큰 귀는 소리를 더 잘 듣기 위함이기도 하지만 더운 곳의 포유류들이 유독 귀가 큰 건 피를 식히기 위해서 입니다. 이런 곳에 사는 생물들은 대부분 더운 한낮에는 활동을 멈추고 그늘로 피해 쉬지요. 그나마 기온이 낮은 아침이나 저녁 그리고 밤에 주로 움직입니다.

그런데 인간은 아프리카의 열대 초원을 한낮에 먹이를 찾아 움직여야 했습니다. 더구나 직립보행으로 아주 오래 걸어야 했지요. 체온이 올라갈 모든 조건이 갖춰진 겁니다. 열사병으로 죽을지, 아니면 먹이를 구하지 못해 굶어 죽을지의 선택만 남은 듯이 보였죠. 그러나 그곳에서도 선조는 살아남았습니다. 물론 모두는 아니었지요. 다른 선조보다 털이 성긴 선조는 그나마 피부를 통해 체열을 좀 더 많이 발산할 수 있어 생존에 유리했습니다. 피가 차갑게 식는다는 표현은 잔인한 느와르나 스릴러 영화에나 나올 법한 표현이지만, 포유류에겐 특히나 초원의 우리 선조들에겐 한없는 축복이기도 했습니다. 인간 선조의 털은 점점 얇고 가늘어졌지요.

털의 변화에 맞게 땀샘도 역할을 하게 됩니다. 인간은 포유류 중에서 온몸에 땀샘이 있는 거의 유일한 종입니다. 다른 동물은 땀샘이 주로 주둥이와 발바닥에만 나 있죠. 나머지 부위엔 털이 나 있으니 땀샘이 있어도 별 소용이 없었습니다. 그러나 우리 선조는 털이 성글게 되면서 땀샘이 제 역할을 하게 되었지요. 땀을 뻘뻘 흘리며 먹이를 찾아 초원을 묵묵히 걷는 선조들의 모습이 눈에 보일 듯도 합니다.

하지만 이렇게 털이 사라지면서 새로운 문제가 불거집니다. 너무 강력한 자외선이죠. 우리는 잠깐만 집 밖으로 나가도 자외선 차단 크림을 바르죠. 얼굴이 타는 건 둘째고 자외선이 피부암 등의 질환을 일으킬 수 있기 때문입니다. 먼 옛날 아프리카 초원의 선조도 그러했습니다. 털이 사라진 곳에 무언가가 자외선을 막아야 했습니다. 그래서 선조의 피부는 까맣게 물듭니다. 혹시 침팬지나 고릴라, 오랑우탄의 피부를 본 적 있나요? 대부분 밝은 색을 띱니다. 개도 털을 깎아 놓으면 밝은 색 피부를 보이지요. 털이 자외선을 막으니 굳이 피부에 에너지를 들여 색을 칠할 필요가 없기 때문입니다. 털이 사라지고 난 피부는 자외선에 시달렸고, 선택은 멜라닌 색소였습니다. 진피층에 자리잡은 멜라닌 세포는 멜라닌 색소를 만들어내는데 이 색소가 자외선을 막아주는 훌륭한 차단제입니다. 그러니 조금이라도 멜라닌 색소를 많이 만들어낸 선조가 살아남을 확률이 높았겠지요. 이 이야기는 바로 뒤이어서 해 보도록 하지요.

참 다양한 피부색

아프리카에 살던 인류의 조상은 모두 흑인이었습니다. 아프리카의 선조 화석 인류 중 많은 종은 경쟁에서 지고 후손을 남기지 못한 채 사라졌지만 호모 에렉투스는 성공적으로 정착했습니다. 여기서 성공이란 건 잘 적응했다는 것이고, 번식을 잘 했다는 뜻이지요. 그 결과로 호모 에렉투스는 개체수가 점점 늘어났고, 수렵채집 생활을 하는 이들에게 아프리카는 좁았습니다. 이들 중 일부는 다른 호모 에렉투스와의 경쟁을 피해 주된 거주지 외곽으로 물러나는 전략을 취했지요. 이렇게 이들이 사는 범위는 아프리카 전역으로 넓어졌고, 그 중 일부는 다시 유럽과 아시아로 넘어갔습니다.

지금은 유럽과 아프리카 사이에 지중해가 버티고 있지만, 사실 지중해는 만들어지고 나서 몇 번에 걸쳐 메워져 육지가 되었던 곳입니다. 지중해는 동쪽 위로는 흑해와 이어지고 서쪽으로는 대서양과 만납니다. 그러나 흑해는 작고 고립된 바다이고 지중해와 대서양을 잇는 지브롤터 해협은 좁고 얕습니다. 빙하기가 되어 육지에 빙하가 쌓이고 해수면이 조금만 내려가고 지형이 조금만 바뀌면 지브롤터 해협이 막혔고, 대서양의 물이 넘어오지 못하면 지중해는 물이 증발하면서 육지가 되었습니다. 그래서 아프리카와 유럽의 생물들은 이 육지를 통해 꽤 자주 교류를 할 수 있었지요. 마찬가지로 아프리카와 아시아를 잇는 수에즈 지협도 끊어졌다 이어지기를 반복합니다. 이런 과정 속에서 유럽과 아시아로 넘어간 호모 에렉투스들은 그곳에 잘 적응했고, 성공적으로 개체수를 늘렸습니다. 이들은 유럽 남쪽과 아시아 서쪽으로부터 조금씩 서식지를 넓혔고, 그 중 일부는 북유럽을 향했습니다.

북쪽은 추운 곳이었습니다. 하지만 춥다고 살 수 없는 곳은 아니죠. 호모 에렉투스는 이전의 인간 선조들보다 덩치도 더 컸고, 불도 사용할 줄 알았으며, 더 좋은 무기를 가지고 있었습니다. 또한 다른 동물의 가죽을 걸쳐서 추위를 피하는 방법을 알고 있었죠. 그들은 생태계 최상위 포식자가 되었습니다. 시간이 지나면서 점차 유럽과 아시아 대륙은 이들 호모족이 가득 찬 상태가 되었습니다. 그리고 다시 호모 에렉투스의 뒤를 잇는 호모 사피엔스가 나타납니다. 북유럽의 대부분은 호모 사피엔스들이 차지합니다. 그리고 이들은 피부색이 하얗게 변합니다. 문제는 바이타민 D입니다. 바이타민 D는 칼슘 대사의 필수요소입니다. 그래서 우리가 먹는 칼슘 보충제에도 바이타민 D가 혼합된 형태로 제공됩니다. 칼슘하면 먼저 떠오르는 건 뼈죠. 바이타민 D가 부족하면 생기는 병 중 하나가 구루병인데 뼈가 휘고 쉽게 부러지는 등의 증상을 보입니다. 하지만 칼슘 문제가 생기면 이 외에도 골다공증에 걸릴 확률도 높아지고 그 외 면역기능에도 문제가 생길 수 있습니다. 상당히 중요한 물질이지요.

중요한 물질이다 보니 인간도 바이타민 D를 자체적으로 만들 수 있습니다. 피부에 자외선만 쪼이면 생성되지요. 즉 햇빛만 쪼이면 되는 겁니다. 근데 너무 강한 햇빛, 즉 너무 많은 자외선은 피부에 좋지 않습니다. 그래서 아프리카의 선조들은 너무 강한 햇빛을 막기 위해 피부에 멜라닌 색소가 아주 풍부하게 분포해 있었습니다. 즉 검은 피부를 가지고 있었지요. 열대지역에서는 이런 상태로도 워낙 자외선이 강하니 바이타민 D

를 만드는 데 큰 문제가 없었습니다만 이들이 북유럽으로 가니 사정이 달라졌습니다. 특히 겨울에는 해가 떠 있는 시간도 짧고 햇빛도 약했습니다. 그러니 바이타민 D가 부족할 밖에요. 요사이 특히 바이타민 D 부족 현상이 심해지는 이유도 피부가 검어지는 걸 방지하기 위해 선크림을 과하게 바르고, 주로 실내에서 생활하기 때문에 자외선을 쬐지 못해 생기는 현상입니다. 그런데 비슷한 일이 북유럽의 선조들에게 나타난 것이지요.

물론 바이타민 D는 음식으로도 섭취할 수 있습니다. 가장 풍부한 음식은 생선입니다. 특히 생선의 간에 바이타민 D가 풍부하지요. 그래서 북유럽 사람들은 어려서부터 생선 간으로 만든 간유를 즐겨 먹었습니다. 또 신선한 고기, 특히 피에도 바이타민 D는 많이 있습니다. 그래서 알래스카의 이누이트는 잡은 고래를 생으로 먹기도 합니다.

그러나 추운 겨울의 북유럽처럼, 바다도 강도 얼어붙은 곳에서 바이타민 D가 풍부한 음식을 찾기란 힘듭니다. 겨울에 쉽게 구하기도 힘든 고기도 불에 익혀 먹다 보니 바이타민 D가 부족하게 되죠. 가을철에 모아놓은 말린 과일과 낟알들, 말린 뿌리채소, 거기에 말린 고기만 먹으니 자연스레 바이타민 D가 모자랄 수밖에 없습니다. 당시 북유럽에 살던 선조 중 많은 이들이 바이타민 D 부족으로 죽거나 건강이 상하게 됩니다. 그러나 그나마 멜라닌 색소가 덜 분포된, 즉 피부색이 덜 검은 이들은 바이타민 D를 더 잘 생성해 다른 이들보다 겨울을 잘 날 수 있었겠지요. 그러면서 북유럽 사람들은 차츰 피부가 하얗게 변하게 되었지요.

북유럽까지는 아니더라도 아프리카와 같은 열대지방이 아닌 곳에서는 한편으로 피부를 자외선으로부터 보호해야 하고 또 반대로 자외선을 쬐어서 바이타민 D를 생성해야 하는 문제가 피부색을 적당한 상태로 만듭니다. 너무 짙어지면 바이타민 D를 만들 수 없고 또 반대로 너무 옅어지면 자외선에 의한 피부암 등의 발생비율이 높아지니 진화는 각 지역에 맞는 적당한 피부색을 각기 만듭니다. 그래서 우리 인간의 피부는 한대에서 열대에 이르기까지 다양한 색깔을 가지게 되었지요. 물론 오늘날에는 거주 지역을 옮겨다니는 것도 자유롭다 보니 피부색은 더 이상 바이타민 D 때문에 변하지는 않겠지만 말이지요.

생존 유전자가 질병 유전자가 된 까닭

언제부터인가 비만은 모든 질병의 근원인양 치부되고 살이 찐 건 자기 관리가 부족한 증거처럼 여겨지기 시작했습니다. 요사이는 특히나 마른 비만이라고 해서 다른 곳은 말라보이지만 복부에 내장지방이 쌓이는 복부 비만이 특히나 건강에 좋지 않다고들 이야기하지요. 그리고 잘 사는 나라에선 오히려 저소득층에서 비만한 사람의 비율이 더 높기도 합니다. 진화의 관점에서 보면, 사실 비만은 관리 부족의 증거라기보다 반대로 어떻게든 생존율을 높이고 싶었던 우리 선조가 남긴 진화의 흔적이라 할 수 있겠습니다.

야생동물을 살펴보면 살찐 동물을 보기 힘듭니다. 물론 인간과 같이 사는 동물 중에는 인간만큼이나 살찐 녀석들도 많지만 야생에서 살아가는 동물들은 그렇지 않지요. 어떤 이들은 당연하다고 여깁니다. 야생의 팍팍한 삶에 살찔 여유가 어디 있냐는 거지요. 초식동물들은 늘상 천적이 어디 있는지 살피는 데 온갖 신경을 다 써야 하고, 영양가도 별반 없는 풀이나 뜯어 먹어야 하니 살찔 여유가 없고, 또 육식동물도 성공할 확률이 30%가 채 되지 않는 사냥을 다니니 살찌기가 힘들기 때문이라고 생각합니다.

하지만 말이죠. 야생동물의 삶을 보면 꼭 그렇지만은 않습니다. 초식동물들이 천적에 신경 쓰는 건 당연한 일이지만 그렇다고 24시간 경계만 서지는 않거든요. 마찬가지로 육식동물들도 사냥에 쓰는 시간은 하루의

4분의 1도 되질 않습니다. 천적이 별로 없는 열대우림의 영장류들도 마찬가지지요. 놀며 쉬며 보내는 시간이 먹이를 구하는 시간보다 훨씬 더 많습니다. 이들이야말로 어찌 보면 게으름뱅이들인 거지요.

어떤 이들은 포식과 피식관계가 이들이 살찌지 않는 이유라고 말합니다. 사냥을 하든, 아니면 방어를 하든, 체중이 많이 나가면 움직임이 굼떠지니까 자연스레 필요한 열량보다 더 많이 먹질 않게끔 진화했다는 거지요. 연구 결과에 따르면 초파리의 경우 영양분을 감지하는 DH44라는 신경세포가 활성화되면 식사량이 늘어나는데 배가 부르면 피에조Piezo 채널이 이를 감지해 섭식 증가를 억제한다고 합니다. 또 체내 영양분 농도가 높아지면 후긴Hugin 신경세포가 활성화되면서 역시 DH44를 비활성화시켜 식사를 멈추게 한다는 거죠.

물론 모든 동물들이 항상 그런 건 아닙니다. 춥고 배고픈 겨울을 눈앞에 두고는 다람쥐나 개구리, 곰 등은 영양분을 충분히 쌓기 위해 엄청나게 먹어서 겨울잠을 자기 전엔 살이 무척 올라와 있지요. 하지만 이는 생존을 위한 일종의 몸부림이라고 봐야 하겠지요. 초기 인류도 마찬가지였습니다. 늘 먹을 것이 부족했습니다. 언제 새로운 먹을거리를 찾을 수 있을지 모르니 먹이를 구하게 되면 가능한 한 많이 먹었지요. 필요한 양보다 많이 먹고 여분의 영양분을 저장하는 데 유리한 선조는 그렇지 못한 선조보다 생존율이 높았습니다. 그렇다면 이들은 양분을 어떻게 저장했을까요?

일단 저장하는 물질은 지방으로 정해집니다. 탄수화물이나 단백질에 비해 단위 질량당 저장하는 칼로리도 높고 또 분해하기도 편하기 때문입니다. 탄수화물과 단백질은 1g당 칼로리가 4kcal지만 지방은 9kcal로 두 배가 넘죠. 거기다 지방은 지방산 세 분자와 글리세롤 한 분자가 결합해서 만들어지는데 이 결합만 끊으면 바로 에너지원으로 활용할 수 있습니다. 이에 비해 탄수화물이나 단백질을 고분자 형태로 저장하면 분해하는 데 시간도 에너지도 많이 듭니다. 그러니 지방으로 할 수밖에요.

다음은 저장할 장소가 문제입니다. 보통의 경우 우리 몸에서 가장 지방이 많은 곳은 피부 바로 아래입니다. 피하지방층이죠. 피하지방은 체온이 손실되는 걸 막아주는 역할도 하고, 외부 충격으로부터 신체 내부를 보호하기도 하는 중요한 부위입니다. 이곳이 살짝 두꺼워지는 건 요사이 사람들로선 걱정거리지만 예전에는 큰 문제가 아니었지요. 오히려 말라서 이 피하지방이 얇아지는 게 오히려 건강에 좋지 않았습니다. 그러니 첫 저장 장소는 피하지방층이 됩니다.

하지만 저장해야 될 지방이 많이 늘어나면 곤란해집니다. 피부 아래쪽에만 저장하기에는 한계가 있는 거죠. 마치 파카를 서너 벌 껴입은 모습처럼 되면 움직이기가 여간 힘든 게 아니니까요. 선조들도 계속 움직여야 하니 팔과 다리에 지방을 저장해서는 곤란했을 겁니다. 그렇다고 머리에 저장할 수도 없습니다. 머리가 무거워지면 걸을 때마다 무게 중심을 맞추기가 힘들기 때문이지요. 남은 부분은 몸통인데 가슴은 아니었습니다. 폐가 원활하게 움직여야 호흡이 쉬운데 가슴에 지방이 차면 안 되지요. 그렇다고 갈비뼈 바깥쪽에 잔뜩 지방을 짊어지는 것도 좋은 선택은 아니지요. 결국 남은 곳은 복부와 골반 주위, 즉 엉덩이입니다.

여기서 남자와 여자가 나뉩니다. 남자는 복부에 지방을 모으게 됩니다. 내장 사이사이에 내장지방을 만들고 복부 앞쪽에 복부지방을 저장하지요. 등 쪽은 척추가 지나가니 적합하지 않습니다. 여자는 여성호르몬이 이끄는 데로 주로 허벅지와 엉덩이 부분에 지방을 모아둡니다. 그 위쪽 복부에는 아이가 들어서야 하니 공간을 남겨놔야죠. 하지만 더 이상 배란을 하지 않게 된 여성들은 성호르몬이 줄어들고 이제 남자와 같이 복부를 중심으로 지방이 모이게 됩니다.

불행하게도 진화는 지방을 가져다 쓸 때는 축적할 때와 반대의 순서를 밟게끔 우리를 만들었습니다. 빠질 때는 복부와 엉덩이 허벅지를 마지막에 두고, 얼굴과 팔다리 등의 피하지방을 먼저 가져다 쓰는 거지요. 그래서 다이어트를 하게 되면 아랫배는 아직 나왔는데 얼굴부터 핼쑥해집니다. 저금을 할 땐 적금통장에 돈을 먼저 넣지만 쓸 때는 현금이 항상 드나드는 통장에 든 돈을 적금 통장에 든 돈보다 더 자주 빼는 것과 마찬가지지요.

여기에는 호르몬과 효소의 역할이 큰 영향을 미칩니다. 지방분해 및 저장에 관여하는 효소 중 하나가 리포단백 라이페이스LipoProtein Lipase, LPL인데 이 효소의 활성 부위가 다르기 때문입니다. 또 이 효소와 결합하는 수용체에는 지방 분해를 도와주는 베타 수용체와 분해를 억제하는 알파-2 수용체가 있는데 베타 수용체는 주로 얼굴과 상체에 알파-2 수용체는 하체에 더 많습니다.*

결국 찌는 순서와 빠지는 순서는 애초에 정해져 있는 거지요. 그러니 다이어트를 '대충' 했을 땐 한 번 부풀어 오른 배는 줄어들 줄 모르고 괜한 팔다리만 얇아지는 셈입니다. 물론 근력운동을 식이요법에 겸하면서 꾸준히 하면 되지만 그게 어디 말처럼 쉬운 일인가요.

---

* 졸저 『과학이라는 헛소리2』 참조

물론 살이 찌는 데는 또 다른 이유도 있는데 우리가 탄수화물을 너무 많이 섭취하기 때문이지요. 농경이 시작된 이래로 수렵채집 시기의 다양한 식단은 사라지고 오직 에너지를 내기 위한 탄수화물 위주의 식단이 되었습니다. 우리가 이야기하는 주식이 바로 이 탄수화물이지요. 사실 그때는 별 도리가 없었습니다. 탄수화물 덩어리인 쌀이며 밀, 보리 등을 먹어서라도 살아야 했을 터니까요. 200만 년 정도 전 불을 이용하게 되면서 사정은 조금 나아졌겠지요. 덩치도 커지고 사냥기술이나 도구도 발달하면서 인간은 본격적인 최상위 포식자가 되었으니까요. 아무래도 우리 중의 일부나마 살이 찌기 시작한 건 한 곳에 정착하고, 또한 잉여 생산물이 모이기 시작한 1만 년 정도 전부터였겠지요.

얼마 전까지만 해도 비만은 일종의 자랑이기도 했습니다. 배부르게 먹을 정도로 풍족하게 살고 있다는 뜻이니까요. 그래서 지배계급은 풍족한 산물을 바탕으로 몸이 필요한 것보다 더 많은 음식을 먹을 수 있게 되고, 그로 인해 나온 배를 지배층의 상징으로 여겼는지도 모르겠습니다. 그리고 긴 세월 우리 대부분의 선조는 피지배층으로 가난했고, 주식이라도 배불리 먹는 걸 소원으로 여기며 살았을 거고요. 하지만 이제 우리는 오히려 비만을 걱정하게 되었지요. 진화의 과정에서 탄수화물의 맛을 맛있게 느끼게 만든 혀와 뇌의 상호작용도 이를 부추깁니다. 전통적으로 내려오던 식습관이라던가, 쉽고 간편하게 먹을 수 있는 영양과잉 탄수화물이 흔한 것도 문제지요. 부와 지배층의 상징이었던 비만은 이제 저소득층의 건강을 위협하는 문제가 되었습니다. 100년도 채 안된 이야기지요.

결국 우리가 배에 지방을 쌓게 된 것은 초원에서 직립보행을 하기 시작하면서부터였습니다. 물론 초기 우리 선조들은 배가 나올 겨를이 없었을 겁니다. 초원을 열심히 뛰고, 걸으며 먹을 걸 추스리고, 집단을 보호하고, 또 천적과 싸웠기 때문입니다.

인간 걷다

아프리카의 열대우림에서 영장류들은 행복한 삶을 살고 있었습니다. 사시사철 과일이 열리고 꽃이 핍니다. 손만 뻗으면 먹을 것이 있었죠. 우림의 큰 나무는 햇빛을 가리고 또 천적으로부터 그들을 보호하는 역할도 충실히 하고 있었죠. 그들은 자신들이 발 디딘 아프리카가 위로, 위로 올라가고 있다는 사실은 전혀 알 수 없었죠. 더구나 아프리카가 두 쪽이 나고 있다는 사실 또한 모르고 있었습니다. 위를 향해 천천히 올라가던 아프리카는 마침내 유라시아판과 만납니다. 그 결과 아프리카 북쪽에 지중해가 생기고, 대서양과 면한 북쪽 아프리카 해안가를 따라 아틀라스 산맥이 생깁니다. 반대쪽 유럽에선 이탈리아가 유럽 대륙과 붙고 알프스 산맥이 생기지요. 여러 개의 섬으로 나눠져 있던 유럽이 하나의 대륙이 된 것도 이때였습니다.

그 사이 홍해를 지나 아프리카 동쪽 내륙을 길게 내려가며 땅이 갈라집니다. 지금의 그레이트 리프트 밸리Great Rift Valley가 그것입니다. 땅이 갈라지는 이유는 그 아래 맨틀이 올라와 좌우로 움직이는 대류현상이 일어나기 때문입니다. 맨틀이 올라오면서 화산 활동도 활발해집니다. 아프리카 동쪽에 협곡과 협곡 양쪽의 거대한 산맥 그리고 고원 지역이 형성됩니다. 지금의 에티오피아 고원도 이때 형성되지요.

수천만 년에 걸친 이러한 변화는 아프리카의 기후를 완전히 바꿔놓았습니다. 아프리카 전역을 뒤덮다시피 했던 열대우림은 적도를 중심으로

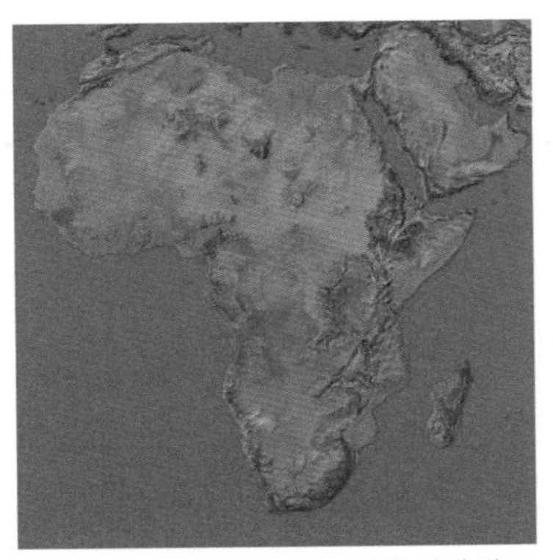

<그림12> 예전 열대우림이 가득 찼던 아프리카였으나 지금은 약 2/3가 건조지역이다.

한 대륙 중앙의 중서부지역으로 줄어들고 나머지는 사바나가 되었습니다(아직 사하라는 사막이 아니었습니다). 새로 형성된 거대한 고원이 대륙의 위쪽과 아래쪽에 생겼고, 동쪽 역시 협곡을 중심으로 초원지역이 형성되었습니다.

좁아지는 열대우림은 그곳에서 번성하던 영장류들에겐 자다가 나무에서 떨어지는 것보다 더 큰 불상사였습니다. 우림이었던 지역은 초원이 되고 듬성듬성 교목과 관목이 들어섰지만 이곳에 살던 생물들이 누리던 사시사철 꽃이 피고 열매가 열리는 낙원은 사라졌습니다. 남은 영장류에겐 두 가지 길이 있었습니다. 어떻게든 좁아진 열대우림 지역으로 비집고 들어가 사는 길과 초원에서 살아남는 길이었죠. 대부분의 영장류는 우림을 선택합니다. 초원에선 살아갈 일이 막막했으니까요.

열대우림으로 들어가는 것도 쉬운 일은 아니었습니다. 그곳엔 이미 터를 잡은 영장류들이 있었으니, 거기서도 생존을 건 싸움이 이어집니다. 싸움에서 패배한 영장류는 다시 열대우림 근처의 초원으로 나오는 수밖에 없었습니다. 초원에서 살아남아야 했지요. 가장 중요한 것은 천적으로부터 스스로를 보호하는 일이었습니다. 이를 위해 인간의 선조는 열대우림에서부터 유지하던 집단으로서의 삶을 한층 더 강화합니다.

침팬지나 고릴라가 나오는 다큐멘터리를 보면 세상 이들처럼 편안한 녀석들이 없습니다. 느긋하게 일어나 주변의 나무를 타며 과일이나 벌레 같은 것들로 그 날의 요기를 하고 나면 그저 놉니다. 햇빛이 내려쬐는 나뭇가지에서 혹은 숲속 공터에서 일광욕도 하고, 서로 털고르기도 하고, 장난도 치면서 놀다가 짝짓기도 하고, 그러다 출출해지면 다시 주변 나무들을 찾아 과일이며 꽃의 꿀을 먹고, 가끔 사냥도 하고, 다시 놉니다. 뉘엿뉘엿 해가 지기 시작하면 둥지를 고쳐 잠을 청합니다. 편해도 아주 편한 백성들. 그럼에도 이들이 무리를 유지하는 이유 중 하나는 짝짓기, 즉 번식을 위함이고 다른 하나는 천적으로부터의 방어를 위해서입니다. 하지만 이미 열대우림에서는 이들의 천적이라고 해 봤자 별 것이 없었죠. 그저 어리거나 나이든 이들을 보호하는 것 정도면 충분하죠.

하지만 이제 초원에 나선 인간의 선조들에게 집단은 생존의 불가결한 조건이 되었습니다. 초원에선 무리지어 덤비는 사자와 하이에나 떼를 피해 달아날 나무가 없습니다. 다른 초식동물들이 그러하듯 무리를 지어 방어를 하는 것이 최선이었습니다. 물론 이들에게도 무기는 있으니 바로 돌이나 나무를 쥘 수 있는 손이죠. 주먹질은 사자나 하이에나가 무서워할 것이 아니지만 이들이 쥐고 휘두르는 무기는 나름 위협적이었을 것입니다. 한두 명이면 상대를 할 수 있겠지만 수십 명이 모여 돌멩이를 던지고 몽둥이를 휘두르는 이들을 사냥하기보다는, 웬만해서는 다른 사냥감으로 눈이 돌아갈 여지가 있는 것이죠.

특히나 인간이 집단을 이루는 것은 종족의 미래인 아이들을 보호하는 데도 필수적이었습니다. 침팬지나 고릴라 암컷이 새끼를 품에 안고 다니는 걸 다큐멘터리에서 보았을 것입니다. 숲에서야 위험해도 아이를 안고 나무 위로 올라가버리면 그만이지만 초원은 사정이 다릅니다. 새끼를 품은 어미를 가운데 두고 다른 성인들이 둥그렇게 방어진을 쳐야 합니

<그림13> 탄자니아의 초원

다. 특히나 빠르지도 못해 전력을 다해 뛰어도 사자나 치타 등을 당할 수 없는 인간 선조는 집단 방어가 더 필수적이었을 것입니다.

그리고 먹이를 구하는 일도 쉽진 않았습니다. 초원의 우기에는 꽃이 피고 열매가 맺히니 괜찮지만, 나머지 1년을 버틸 먹이가 필요했죠. 초기 인류의 선조들에게 주어진 먹이는 강가의 조개 정도가 최선이었을 것입니다. 초원을 뛰어다니는 초식동물들은 너 나 할 것 없이 모두 인간의 선조보다 빨랐고, 대부분 떼를 지어 다녀 위험하기도 했습니다. 결국 인간에게 남은 방법은 그래도 초원 여기저기 남아 있는 그리고 초원과 맞닿는 숲의 가장자리에 남은 열매를 채취하고, 강이나 호수의 조개를 캐고, 남이 사냥한 먹잇감에서 남은 부분을 추스르는 일이었습니다.

모든 경쟁자들이 막강했습니다. 숲 가장자리에는 원래부터 그곳의 주인이었던 영장류들이 있었고, 어쩌다 발견되는 나무 군락을 두고는 다른 초식동물들과 싸워야 했습니다. 강이나 호수 물속에는 악어가, 그 주변에는 사자와 하이에나가 인간의 선조를 노리고 있었지요. 맹수가 사냥한 먹잇감을 차지하려 해도 달려드는 독수리 등과 싸워야 했습니다. 그리고 그보다 먼저 그런 먹잇감이 어디 있는지 확인하고 재빠르게 찾아가는 일 또한 그들과의 경쟁이기도 했습니다.

그래서 이제 막 초원의 삶에 들어선 인간들은 먹이를 찾아 걷고 또 걸을 수밖에 없었는데, 하루 종일 이리저리 걷기에는 이족보행이 손등보행보다 훨씬 유리했습니다. 두 다리로만 움직이면 네 다리로 움직이는 것에 비해 느린 것은 사실입니다. 개나 사슴 등이 전력질주를 하면 쫓아갈 수 없습니다. 하지만 오래 걷기에는 오히려 이족보행이 낫습니다. 네발을 쓰는 일은 그만큼 더 많은 에너지가 들어 오래 지속하기 힘들지요. 인간이 두 발로 걷게 된 이유입니다. 물론 이전의 열대우림에 살았을 때도 이족보행을 하지 않은 것은 아닙니다. 하지만 긴 거리를 지속적으로 걷는 것은 아니었지요. 이족보행이라고 하더라도 척추가 곡선으로 굽은 상태에서 움직였습니다. 하지만 오늘날 인간은 척추가 수직으로 곧게 펴진 상태에서 걷습니다. 같은 이족보행이라도 이렇게 되어야 직립보행이라고 할 수 있지요. 이런 직립보행으로의 진화에 대해서는 최소한 12개(!)의 다양한 가설이 있습니다. 그 시작 시기 또한 아직 논쟁 중입니다. 다만 인간의 뇌가 커지고 제대로 된 석기 도구를 지니기 전부터 직립보행을 했다는 건 확실합니다. 대략적으로 700만 년 전~400만 년 전에 직립보행으로의 진화가 시작되었다고 봅니다.

인간 선조의 손만이 가질 수 있는 강점도 직립보행을 하게 했습니다. 초원에서 인간이 가진 유일한 강점이 돌멩이나 몽둥이를 쥘 수 있는 손인데, 이는 엄지가 다른 손가락과 반대 방향으로 돌아가 있기에 가능합니다. 하지만 이렇게 엄지가 돌아가면 다른 사족보행 동물처럼 네발로 걷거나 뛸 수 없습니다. 엄지가 돌아간 다른 영장류들이 모두 앞발의 손등으로 땅을 디디는 손등보행을 하는 이유입니다. 그런데 이런 손등보행은 다른 사족보행보다 지구력이 더 약한 단점이 있습니다. 이족보행이 필수가 된 또 다른 이유는 바로 이 손을 써야 하기 때문이지요. 더구나 이동 중에 천적이 덤벼든다면 던질 수 있는 돌멩이나 막대기가 있어야 하는데, 언제 천적이 덤벼들지 모르니 항상 손으로 돌이나 몽둥이를 가지고 다닐 수밖에 없던 것도 한 이유일 것입니다. 기껏 채집 등을 통해 먹을 걸 확보했어도 이를 주거지까지 옮기는 일에도 손이 필요했을 것입니다.

마지막으로 인간에겐 꼬리가 없습니다. 뭔가 쥐기에는 꼬리도 여러모로 유리한데 숲속에 살 때 이미 인간의 조상과 다른 영장류들은 꼬리를 없애버렸죠. 진화를 통해 새로 꼬리가 나기를 몇만 년 동안 기다릴 수 없었으니 결국 여러모로 초원의 인간 선조에게 이족보행은 필수적일 수밖에 없었던 겁니다. 거기에 또 하나 태양을 피하는 방법이기도 했습니다. 등을 웅크리고 걸으면 등 전체로 햇빛을 받지만 허리를 꼿꼿이 펴고 걸으면 상대적으로 햇빛을 받는 면적이 더 줄어들기 때문이지요. 그리고 꼿꼿하게 서면 눈의 높이가 높아지니 더 멀리 보는 이점도 있었습니다.

직립보행의 괴로움

직립보행은 이제 인간 선조의 신체를 변화시킵니다. 먼저 하지가 길어졌습니다. 하체 비율이 좋은 인간으로 바뀐 것이죠. 열대우림에서 나무를 탈 때야 발보다 손이 더 중요합니다. 그래서 침팬지나 고릴라나 오랑우탄까지 모두 어깨깡패죠. 침팬지는 인간보다 훨씬 작지만 손의 악력은 인간을 훨씬 능가합니다. 고릴라 정도 되면 그 강력한 힘으로 사자와 맞상대를 해도 이길 정도입니다. 대신 이들은 뒷발이 엉거주춤하죠. 걸을 일이 별로 없으니 손보다 발달이 되지 않은, 하체가 부실한 신체입니다. 하지만 이제 직립 이족보행을 하는 인간의 선조는 그에 따라 발에 근육이 붙고, 뼈가 길어지는 변화가 일어납니다. 다리가 길어졌고 허벅지와 종아리 근육이 탄탄해졌습니다. 더불어 골반에도 척추에도 경추에도 변화가 일어났습니다. 두 다리로 걷기 위해선 엉거주춤한 자세보다는 곧추선 자세가 더 효율적이니 그리 변한 것이죠.

이렇게 직립보행을 하는 모습으로 진화하면서 생긴 부작용도 만만치 않아서 지금의 우리를 괴롭힙니다. 먼저 다른 동물에게선 거의 볼 수 없는 인간만의 병, 디스크가 있습니다. 정확히 말하자면 추간판탈출증이라고 합니다. 본디 육상 척추동물은 네발로 걷는 것이 기본 자세입니다. 이렇게 네발로 걸으면 자연히 등은 지면에 평행하게 됩니다. 이에 맞춰 목을 지지하는 경추와 허리를 지지하는 척추가 진화했습니다. 경추와 척추는 모두 하나의 뼈가 아니라 여러 개의 뼈가 서로 짜맞춰진 조립품과 같습니다. 이때 각각의 뼈 사이에 쿠션 역할을 하는 것이 디스크죠. 네 다리로 다닐 때는 앞뒤로 조금씩 움직이는 척추나 경추뼈 사이에서 뼈끼리 부딪치지 않게 쿠션이 되는 본래의 역할에는 아무런 문제가 없었습니다. 그런데 직립보행을 하게 되자 척추나 경추 모두 곧추선 수직으로 놓인 상태가 됩니다. 사람이 걸으면 척추나 경추가 위아래로 움직이고, 그 사이 디스크가 쿠션 역할을 합니다. 그런데 위에서 아래로 작용하는 중력이 이 디스크가 두 척추뼈 사이를 빠져나가게 하는 것입니다. 또 직립보행을 하고 앉아서 생활을 하면서 등은 뒤로 휠 때보다는 앞으로 굽을 때가 더 많습니다. 따라서 디스크가 나가는 방향은 대개 등 쪽이 됩니다. 마치 햄버거 번을 세게 누르면 중간의 양상추, 피클, 소스 등이 빠져나오는 것과 같은 이치이죠. 일단 디스크가 빠져나와 버리면 위쪽과 아래쪽 뼈가 직접 닿으니 문제가 되기도 하지만 더 중요하게는 척추와 경추 안쪽을 척수신경이 통과한다는 점입니다. 디스크가 빠져 나오면서 덩달아 디스크 중간을 통과하고 있던 신경도 삐져 나옵니다. 그리곤 걸을 때마다 혹은 움직일 때마다 자극이 가해지니 통증이 느껴지는 것이죠.

이족보행 이전과 이후에 가장 많이 변한 것 중 하나가 골반 부근입니다. 이전에는 척추와 두 다리가 약 120° 정도의 각도로 꺾어져 있었다면 이젠 180°, 즉 직선이 되었습니다. 이에 따라 이전에는 골반뼈가 비교적 등쪽, 즉 위쪽에 있고 그 아래쪽에 생식기며 방광이며 고환 등이 놓여 있었는데 방향이 바뀌면서 생식기와 고환의 위치는 더 아래쪽으로 내려가고 방광은 둘에 비하면 더 위쪽에 놓이게 되었습니다. 이러면서 또 다른 사달이 났습니다. 전립선은 정소, 즉 고환에서 생식기로 이어지는 정액을 운반하는 긴 호스와 같은 선입니다. 그런데 인간이 서게 되면서 이들 사이의 위치가 바뀌었지만 이 선이 지나는 길은 바뀌지 않았습니다. 고환에서 바로 생식기로 이어지면 끝인데 굳이 위로 올라가 방광을 한 번 휘돌고 다시 내려옵니다. 침팬지나 고릴라처럼 숲에 살았던 영장류로서의 인간의 선조에게는 이렇게 고환에서 방광을 거쳐 생식기로 가는 방향이 최단거리에 가까웠지만 골반과 방광, 고환, 생식기 등의 위치가 바뀌면서 애도는 길이 된 것이죠. 그래서 나이든 남자들에게 전립선 문제가 심각해질 확률이 더 높아졌습니다. 오해하지 마시길 바랍니다. 성기능 문제가 아니라 진짜 전립선 문제를 말하는 것입니다. 골반이 변하면서 생기는 또 하나의 문제는 여성의 출산인데 이 부분은 뒤에서 다시 이야기하겠습니다.

이제는 없는 우리의 친척들

앞서 곳곳에서 우리의 친척들 일부를 언급했었는데, 이쯤해서 그야말로 '찐 친척'이라고 할 수 있는 존재들을 모아서 소개하고자 합니다. 많이 알고 계시지만 인류와 침팬지는 공통조상으로부터 약 700만 년 전에 갈라졌습니다. 갈라지기 전까지만 해도 우린 숲 속 나무 위에서 생활했었죠. 숲을 벗어나고서부터는 현재의 인류의 조상에 해당하는 수많은 조상과 방계 친척들이 나타났다가 사라졌고, 현재는 근연종 없이 한 종만이 살아남아 있습니다. 즉, 인구 80억 명에 달하는 인류도 사실 알고보면 친척 없는 꽤 외로운 종입니다.

우리의 조상과 방계 친척은 원인猿人과 고생인류 이렇게 크게 두 종류로 나눕니다. 원인은 속명으로 오스트랄로피테쿠스나 파란트로푸스 등을 쓰는 아주 오래된 종들입니다. 원인이라는 말 자체가 원숭이와 인간의 중간쯤 되는 걸로 여겨서 붙인 이름이지요. 고생인류는 속명으로 호모Homo를 쓰는 종들입니다. 여기서부터는 다른 유인원과는 완전히 다르다고 생각해서 붙인 거지요.

1924년 남아프리카에서 처음 발견되어 남쪽의 원숭이란 의미의 이름이 붙은 오스트랄로피테쿠스는 골반뼈와 대퇴골의 형태로 봤을 때 직립보행을 한 듯이 보입니다. 뇌의 용적은 고릴라보다 1/6 정도 더 큽니다. 오스트랄로피테쿠스라고는 하지만 크게 오스트랄로피테쿠스와 파란트로푸스, 프레안트로푸스의 세 종류로 나뉘고 각 종류마다 3~4개의 종이 있습니다. 오스트랄로피테쿠스의 경우 아프라카누스와 데이레메다, 가르히, 세디바 4종이 있고, 파란트로푸스에는 아에티오피쿠스, 로부스투스, 보이세이 3종이, 프레안트로푸스에는 아파렌시스, 아나멘시스, 바렐그하자리 3종이 있습니다. 원시적인 형태의 구석기를 사용했다고 여겨지는데 대표적인 것으로 올도완 구석기가 있습니다. 화석 등으로 볼 때 약 600만 년 전에서 120만 년 전 사이에 생존했던 것으로 보입니다. 현재까지는 가장 오래 생존했던 인류의 조상이지요.

고생인류는 다시 크게 세 부류로 나뉩니다. 원인原人과 구인舊人 그리고 신인新人이지요. 가장 오래된 원인으로 대표적인 인류가 호모 에렉투스입니다. 그 외 호모 에르가스테르, 호모 플로레시엔시스, 호모 하빌리스, 호모 루돌펜시스 등이 있지요. 구인으로 대표적인 인류는 호모 네안데르탈렌시스가 있고 그 외에 호모 데니소바인, 호모 하이델베르크인, 호모 날레디, 호모 로데시엔시스 등이 있습니다. 신인으로는 우리 호모 사피엔스 사피엔스가 대표적이고 그 외 크로마뇽인, 호모 사피엔스 이달투 등이 있습니다.

손재주가 좋은 사람, 도구를 사용하는 사람이란 뜻의 호모 하빌리스는 약 233만 년 전에서 140만 년 전까지 존재했던 고인류입니다. 오스트랄로피테쿠스와 마찬가지로 아프리카에서만 발견되었죠. 이 시기까지는 인류의 조상은 아프리카를 벗어나지 않았던 걸로 보입니다. 다만 시베리아에서 이들이 사용하던 것과 비슷한 형태의 180만 년 전 석기가 발견되었지만 화석은 따로 발견되지 않았습니다. 만약 화석이 발견된다면 최초로 아프리카를 벗어난 인류의 자리를 차지하게 되겠지요. 이들의 시작에는 오스트랄로피테쿠스의 마지막 존재들이 함께 했고, 마지막에는 새로 떠오르는 호모 에렉투스가 함께 했습니다. 어찌 보면 이들은 오스트랄로피테쿠스와의 경쟁에서 우위를 차지하면서 멸종으로 이끌었고, 호모 에렉투스와의 경쟁에선 패배하면서 멸종의 길에 들어선 걸지도 모릅니다. 이들은 오스트랄로피테쿠스보다 더 발달한 뗀석기를 사용했습니다. 또 다양한 형태의 도구를 사용했는데, 돌 말고도 동물의 뼈를 이용하기도 했습니다. 이들 때부터 인간은 다른 포유류를 직접 사냥했습니다. 뇌 용량은 오스트랄로피테쿠스와 비슷했고 덩치는 조금 더 컸습니다. 아직 땀샘이 발달하지는 않았고 팔이 다리보다 더 길었던 점에서는 진화의 과정에 있었던 존재였지요. 호모 에렉투스는 약 170만 년 전에서 10만 년 전까지 아프리카와 아시아 그리고 유럽 등에서 살았던 고인류입니다. 이들은 호모 하빌리스와 경쟁을 하며 성장했고, 마지막에는 호모 사피엔스와 경쟁하면서 사라졌습니다. 호모 사피엔스와의 경쟁에서 지면서 멸종했다고 본 것이 이전에는 정설이었고 현재도 주류입니다만 이들이 각 지역에서 독자적으로 진화하면서 호모 사피엔스가 되었다는 가설도 현재는 나름대로 영향력을 가지고 있습니다.

이전의 오스트랄로피테쿠스나 호모 하빌리스와는 달리 뛰어난 사냥꾼이었던 것으로 보입니다. 덩치도 훨씬 커지고, 사냥도구도 이전보다 발달했지요. 제대로 불을 사용하기 시작했고 이에 따라 불로 익힌 음식을 먹어 단백질을 풍부하게 섭취하기도 하면서 뇌도 커졌습니다. 덜 씹어도 되니 턱은 줄어듭니다. 사냥한 동물 가죽으로 옷을 만들어입기도 했을 것입니다. 오스트랄로피테쿠스의 뇌 용량이 약 650cc 정도인 데 비해 이들은 1,000cc로 거의 두 배 가까이 커졌습니다. 언어를 조금씩 사용하기 시작했을 것으로 보이나 아직 턱의 구조상 간단한 소리만 낼 수 있었을 것으로 보이죠.

네안데르탈인은 현생인류인 호모 사피엔스와 생물학적으로 같은 종입니다. 네안데르탈인의 족보는 꽤나 우여곡절이 있었습니다. 처음 발견했을 때는 호모 사피엔스 네안데르탈렌시스라고 호모 사피엔스의 아종으로 취급했다가 이후 호모 네안데르탈렌시스라고 다른 종으로 여겼습니다. 그러다 1980년대에 다시 호모 사피엔스의 아종으로 분류했다가 1988년 이후에는 다시 호모 네안데르탈렌시스로 다른 종으로 재분류했지요. 그러나 21세기 들어 이들과 호모 사피엔스가 서로 유전자를 교류한 사실이 밝혀지면서 다시 아종으로 여겨지게 되었습니다. 현재 발견된 화석의 분포로 보면 유럽과 서아시아. 아프리카 북부 그리고 시베리아 정도까지가 이들이 살았던 곳으로 보입니다. 다른 고인류와 달리 사하라사막 남쪽에선 발견되지 않습니다. 덩치는 현생인류와 비교해서 비슷하거나 조금 더 큰 것으로 보입니다. 집단생활을 하며 다친 사람이나 연장자를 보살폈으며 죽은 이를 매장했으며 제의 흔적으로 보았을 때 일종의 종교를 가지고 있었을 것으로 추정됩니다. 현생인류와 비슷한 시기에 등장했으며 약 2만 년에서 4만 년 정도 전에 멸종한 것으로 보입니다. 결국 이들과 우리 선조는 동시대에 같은 지역에서 살았던 것이죠.

호모 데니소바인은 시베리아 알타이 산맥의 데니소바 동굴에서 발견된 손가락 뼈에서 추출한 DNA를 통해 알려졌습니다. 이 뼈의 추정 연대는 7만 6천 년에서 5만 1천년 정도 사이입니다. 또 다른 데니소바인 화석의 DNA는 연대가 21만 7천 년으로 올라갑니다. 대략 호모 사피엔스와 비슷한 시기에 살았던 거죠. 이들의 유전자 중 일부는 필리핀과 파푸아뉴기니, 오스트레일리아 등의 원주민들에게도 전해졌음이 밝혀졌습니다. 네안데르탈인과 데니소바인 모두 현생 인류와 짝짓기를 했고 그 유전자를 현생 인류가 간직하고 있는 것이지요. 이에 따라 구인과 신인 즉 호모 네안데르탈인과 호모 사피엔스는 사실상 같은 종이라는 것이 밝혀졌습니다. 그래서 구인과 신인이라는 구분이 과연 합당한 것인가에 대해 의문을 가진 이들이 늘어납니다. 마치 진돗개와 풍산개는 우리나라가 원산지이고 이들처럼 전 세계 각 지역을 대표하는 독자적인 품종의 개들이 있지만 세상 어떤 개든 개라는 사실에는 변함이 없고, 또 교배를 통해 서로의 유전자를 가진 새로운 개체, 강아지를 만들 수 있는 것처럼 구인이나 신인도 그저 조금씩 다른 아종에 불과한 것이지요

이 외에도 크로마뇽인은 4만 년 전에서 1만 년 전에 살았던 호모 사피엔스의 한 아종입니다. 주로 유럽에서 살았지요. 이들이 살던 시기 유럽에는 네안데르탈인과 크로마뇽인 그리고 호모 사피엔스가 서로 마주칠 일이 많았을 겁니다. 호모 사피엔스 이달투Homo sapiens idaltu는 헤르토Herto인이라고도 불리는 호모 사피엔스의 한 아종으로 16만 년 전에 에티오피아에서 살았습니다.

그리고 현생인류인 호모 사피엔스는 약 30만 년 전에 아프리카에서 처음 출현한 것으로 보고 있습니다. 호모 사피엔스의 등장에는 현재 두 가지 가설이 맞서고 있습니다. 하나는 전통적인 입장으로 아프리카 단일 가설이라고 합니다. 호모 사피엔스는 아프리카에서 처음 등장했으며 이들이 점차 세력을 넓혀 전 세계로 퍼져나갔다는 주장입니다. 근래에 들어 힘을 얻기 시작한 또 다른 가설은 다지역 기원설이라고 합니다. 이미 전 세계에 퍼진 호모 에렉투스들이 독립적으로 진화를 통해 호모 사피엔스가 되었고, 이런 호모 사피엔스들의 교류를 통해 현재와 같은 인류가 탄생했다는 주장입니다.

어떻게, 왜 호모 사피엔스만이 남았을까 하는 문제는 두 가지 이론이 대립되는 상황이었습니다. 사피엔스가 아닌 다른 종들은 사피엔스와 섞이지 못하고 죽임을 당하거나 사라졌다는 교체 이론, 서로 교배하며 현생 인류의 조상이 되었다는 교배 이론으로 나뉘어져 있었지요. 그런데 앞에서 언급한 데니소바인의 발견이나 유전공학의 연구 결과는 교배 이론의 손을 들어주고 있습니다.

숲이 준 세 가지 선물

젖과 꿀이 흐르는 에덴동산을 쫓겨나는 아담과 이브처럼, 열매와 벌레가 가득한 숲을 쫓겨나와 초원에 선 우리 선조들에게는 다행히 숲이 준 세 가지 선물이 있었습니다.

그 중 첫 번째는 돌아간 엄지입니다. 우리 손이 발과 가장 많이 다른 점이 바로 엄지죠. 엄지발가락은 다른 발가락과 같은 방향으로 움직입니다. 물론 좌우로도 조금 움직일 수 있지만 대부분의 경우 발바닥 쪽으로 구부러지죠. 발가락들의 이런 방향은 우리가 땅을 뒤로 밀면서 앞으로 걸어가는 데 꽤 중요한 역할을 합니다. 반대로 손의 엄지는 애초에 다른 네 손가락과 60° 정도 기울어진 방향으로 나와 있고, 다른 손가락과 대칭적 방향에서 손바닥으로 굽어지죠. 이를 통해서 우린 손으로 무언가를 집을 수 있게 됩니다. 키보드를 칠 때는 별 도움이 되질 않지만 말이죠.

네발로 걷는 짐승들 중 천적을 피해 필사적으로 뛰어야 하는 동물들은 대개 앞발이나 뒷발 발가락의 개수가 줄어듭니다. 소나 양 같은 우제류의 경우는 한 개의 발가락만 남고 나머지는 퇴화되었죠. 말과 같은 기제류의 경우는 발가락 두 개만 남았습니다. 발가락 개수에 차이는 있지만 이들의 발은 땅을 딛고 걷거나 뛰는 데 안성맞춤이 되게 진화했습니다. 굳이 엄지가 돌아갈 이유가 없지요.

하지만 나무를 타는 동물들은 나뭇가지를 꽉 쥐어야 합니다. 뭔가를 쥐는 일이 걷는 것보다 중요해지자 엄지가 돌아간 손가락과 발가락을 가

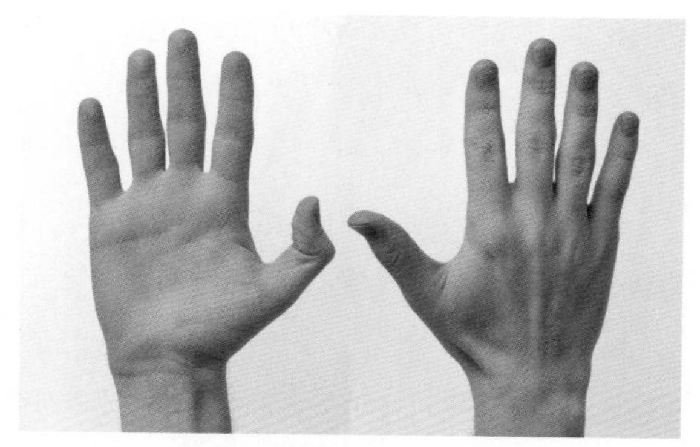

<그림14> 엄지가 돌아간 인간의 손

지게 된 것이죠. 엄지가 돌아가기 전에는 두 손을 모아야 뭔가를 쥘 수 있었지요. 다람쥐가 두 손으로 도토리나 밤을 쥐고 있는 사진을 보면 참 귀여워 보이지만 사실 이들의 앞발은 하나로는 물건을 쥘 수 없어 꽉 쥐고 있는 것이죠. 침팬지의 경우 손만 엄지가 돌아간 것이 아니라 발도 엄지가 돌아간 걸 볼 수 있습니다. 앞발(손)로 뭔가를 쥐고 작업을 할 때 나무에서 떨어지지 않으려면 뒷발도 나뭇가지를 쥘 수 있어야 하니까요. 그래서 이 돌아간 엄지는 영장류로 진화하기 전 원숭이 시절부터 갖게 된 선물이라고 해야 맞습니다. 흔히 우리는 꼬리가 인간으로 진화하는 과정에서 사라진 것으로 생각하는데 전혀 그렇지 않지요. 침팬지, 고릴라, 오랑우탄, 기븐Gibbon에 이르기까지 유인원은 모두 꼬리가 없습니다. 반면 다른 원숭이들은 다들 꼬리를 가지고 있지요.

사실 꼬리는 꽤 유용한 도구입니다. 물고기는 꼬리지느러미를 휘둘러 추진력을 얻지요. 악어는 꼬리에 지방을 저장해둡니다. 치타처럼 빠르게 달리는 동물은 꼬리를 일종의 균형추로 이용하지요. 하지만 이미 열대우림에 적응한 유인원에게는 이런 꼬리가 별 필요가 없었고 진화를 거쳐 사라지게 된 것이죠.

무지개를 보게 되다, 삼원색

우리는 다른 동물들도 우리와 비슷하게 사물을 본다고 생각합니다. 흔한 인간 중심 사고지요. 하지만 실제로 다른 동물들 중 우리와 비슷하게 사물을 보는 동물은 오히려 드뭅니다. 홑눈과 겹눈을 가진 곤충은 모자이크처럼 세상을 보고, 거미는 여덟 개의 눈으로 세상을 봅니다. 새나 곤충은 우리가 보지 못하는 자외선을 보면서 하늘을 날죠. 같은 포유류인 개나 고양이조차 우리와 다른 세계를 봅니다. 개나 고양이가 우리와 다른 시각을 지닌 이유는 원추세포의 종류가 하나 적기 때문이지요.

중생대의 긴 세월 동안 포유류의 선조는 주로 밤에 생활했습니다. 공룡들이 활보하던 중생대 내내 포유류는 쥐 정도의 크기에서 덩치를 더 키우지 못했고, 공룡들이 잠든 밤을 틈타 먹이를 사냥했기 때문입니다. 어두운 곳에서 사물을 파악하다 보니 빛이 어느 정도 있어야 사물을 구분할 수 있는 원추세포보다는 적은 빛에도 민감하게 반응하는 간상세포가 발달했습니다. 또한 원추세포도 가시광선의 양 끝에 있는 빨간색과 파란색을 중심으로 반응하는, 그래서 대부분의 가시광선을 감지할 수 있는 두 가지 종류, 적원추세포와 청원추세포만 가지고 있었지요. 즉 두 가지 원추세포의 조합만 가지고 사물의 색을 구분했던 것입니다.

지금도 야행성 포유류 대부분이 두 가지 종류의 원추세포만으로 살아갑니다. 야생의 갯과 동물이나 고양잇과 동물 같은 육식 동물들 대부분이 밤에 사냥을 하기 때문에 이들 또한 마찬가지로 원추세포는 두 종류입니다. 그리고 낮에도 사실 별 상관이 없지요. 코끼리인지 하이에나인지 구분하는 건 형태지 색이 아니니까요. 그 후손인 개와 고양이도 물론 마찬가지입니다. 인간의 선조도 마찬가지로 두 가지 원추세포만 가지고 있었지요.

하지만 6,600만 년 전에 있었던 백악기-팔레오기 멸종 이후, 인간과 다른 영장류 동물의 공통조상이 열대우림의 나무에서 살기로 결정하면서 상황이 달라졌습니다. 선조의 주된 먹이는 사시사철 열리는 열매와 꽃의 꿀입니다. 또한 단백질을 보충하기 위해 나뭇잎이나 가지를 기어가는 벌레를 먹었고 가끔은 작은 동물을 사냥하기도 했습니다. 삶의 시간대도 바뀌었습니다. 어두운 곳에선 가지와 가지 사이를 넘나들기 힘들었던 것이죠. 이들은 해가 뜨고서야 먹이를 구하고 서로 교류하며 사냥을 했습니다. 그 와중에 이들 선조 중 일부가 변이를 일으킵니다. 적원추세포의 일부가 구조가 바뀌면서 적색보다 녹색에 민감하게 변한 것이죠. 이런 변이는 확률적으로 매우 적지만 그래도 꾸준히 일어나는 변화입니다. 땅에서 야행성 생활을 할 때 이런 변이는 별 도움도 되질 않고 오히려 에너지를 낭비하기 때문에 약점이 됩니다. 따라서 이 변이를 자손이 물려 받아도 종 내부에 퍼질 가능성은 매우 적지요.

하지만 낮의 나무 위라면 사정이 다릅니다. 녹색 잎들 사이에서 남들보다 빠르게 노랗고 빨간 열매와 꽃을 구분할 수 있다면 먹이를 구하는 시간과 에너지가 단축될 것이고, 특히나 먹이가 부족한 시기에 도움이 되었을 것입니다. 따라서 이런 변이를 일으킨 선조는 다른 선조들보다 건

강하게 살아남아 더 많은 자손을 퍼트릴 가능성이 높았지요. 그 결과로 얼마의 시간이 지난 후 영장류의 공통 선조들은 모두 세 가지 원추 세포를 가지는 존재가 되었습니다. 신세계 원숭이들, 즉 중남미에 사는 원숭이들도 원래는 두 가지 색밖에 구분을 못했지만 독자적으로 세 가지 색을 보도록 진화했다는 연구 결과도 있습니다. 즉 열대우림이라는 비슷한 환경에서 살면서 아프리카와 중남미의 영장류들은 모두 더 많은 색을 구분할 수 있도록 독립적으로 진화한 거지요.

현재도 적녹색맹인 사람이 있습니다. 녹원추세포가 적원추세포로부터 기원하다 보니 유전적으로 녹원추세포가 제대로 발현되지 않거나 세포의 수가 절대적으로 적은 경우가 간혹 나타나고, 또 유전이 되기도 합니다. 그렇다면 적원추세포와 그로부터 연유한 녹원추세포는 과연 무엇이 결정적으로 다른 것일까요?

우리 망막의 원추세포 안에는 세포막과 동일한 종류의 얇은 막으로 된 디스크들이 켜켜이 쌓여 있는데 그 막에 로돕신rhodopsin이란 물질이 박혀 있습니다. 이들이 빛을 받아들여 모양이 변하면 그게 기점이 되어 우리가 빛을 감지하지요. 핵심적인 변이는 바로 이 빛을 수용하는 로돕신의 구조 차이입니다. 좀 더 정확히 말하자면 로돕신을 구성하는 두 물질 옵신opsin과 레티날retinal 중 옵신의 차이입니다. 그런데 차이라고 해도 아주 약간만 다를 뿐이죠. 그리고 흡수하는 빛의 파장대도 아주 조금만 차이가 납니다. 적원추세포의 옵신은 560나노미터(nm) 파장의 빛을, 녹원추세포의 옵신은 530nm의 파장의 빛을 주로 흡수합니다. 청원추 세포는 이보다 차이가 꽤 커서 420nm대 파장 빛을 흡수합니다.

실제로 적원추세포 옵신의 유전자(OPN1LW)와 녹원추세포 옵신의 유전자(OPN1MW)를 살펴보면 다섯 개도 되지 않는 아미노산 서열만 차이가 있을 뿐입니다. 옵신을 구성하는 355개 정도의 아미노산 중 딱 몇 개가 바뀌어서 흡수하는 광 파장이 달라진 것이죠. 그리고 이 정도 변이는 생식세포, 즉 정자나 난자를 만드는 세포 분열과정에서 아주 쉽게 일어나는 변이입니다. 결국 옵신이라는 원추세포 디스크에 박혀있는 막단백질의 아주 일부를 바꾼 그 변이가 현재 무지개를 다섯 가지 혹은 일곱 가지 색으로 구분할 수 있는 인간을 만들었던 것이죠.

거리를 가늠하다, 입체시

열대우림이 초원으로 떠나는 우리 선조에게 준 또 다른 선물은 입체시입니다. 먼저 초식동물의 얼굴을 한 번 머릿속으로 떠올려 보세요. 말이나 소, 양, 사슴, 토끼 말이죠. 이들은 대부분 눈이 얼굴 양옆으로 벌어져 있습니다. 포식자가 어디서 다가올지 모르는 일이니 가능한 한 넓은 범위를 살피기 위해서죠. 인간의 경우 고개를 돌리지 않고 볼 수 있는 범위는 200°가 채 되질 않습니다만 이들 초식동물들은 대개 270° 이상의 범위를 살필 수 있습니다. 그래서 고개를 따로 돌리지 않고 풀을 먹으면서도 사방 경계가 가능한 거죠. 하지만 이렇게 벌어져 있으면 두 눈에 공통적으로 담을 수 있는 범위는 좁기 마련입니다.

반대로 사자나 호랑이, 늑대나 곰을 보면 눈이 앞으로 몰려 있습니다. 시야가 넓지 않다는 말이지요. 이들은 사냥감을 확인하면 그곳만 뚫어지게 살피면 되니 굳이 시야가 넓을 필요가 없습니다. 반대로 눈이 몰려 있으면 두 눈에 공통적으로 담을 수 있는 범위가 늘어납니다. 그리고 이는 새로운 기능을 담습니다. 대상물까지의 거리를 잴 수 있는 거지요. 여러분도 간단히 실험해 볼 수 있습니다. 한 쪽 눈을 감고 뭔가를 잡으려 하면 두 눈을 뜬 상태보다 쉽지 않습니다. 거리 가늠이 잘 되질 않는 거지요. 이런 거리 감각을 입체시라고 합니다. 입체시는 사냥을 하는 육식동물에서 주로 진화했지요.

그런데 우리 선조들과 다른 영장류도 이런 입체시를 가지고 있습니다. 즉 눈이 옆으로 퍼지지 않고 앞으로 몰려있는 거지요. 이유는 사냥이 아니라 나무를 타기 위해서입니다. 타잔을 생각해 보죠. 타잔이 나무를 탈 때는 한 손으로 넝쿨을 잡고 반동으로 앞으로 나아가다 반대 손으로 앞의 넝쿨을 잡습니다. 이렇게 움직이려면 넝쿨이 어느 정도 떨어져 있는지 거리를 감각적으로 알아야 하죠. 나무를 타던 영장류는 아주 자연스럽게 해내는데 입체시가 큰 도움을 준 거죠.

이 세 가지 선물을 받고 초원에 선 인류의 선조에게는 선택의 여지가 별로 없었습니다. 돌아간 엄지의 두 손으로 막대기나 돌을 쥐었고, 색과 거리를 구분할 수 있는 눈으로 초원의 낮을 열심히 걷고 뛰었지요. 그렇다면 이제 시곗바늘을 돌려 초원 이전의 선조들의 삶을 알아보도록 하겠습니다.

4억 2000만 년 전

폐의 발달

2억 4000만 년 전

코와 입술 부근에 털 발생

2억 년 전

단궁류→포유강 진화

3장

육지에 올라서다

이번 장에서는 물속에 살던 우리 조상들이 어떻게 육지의 삶에 적응하게 되었는지에 대해 이야기해볼까 합니다. 그 과정에서 자연스럽게 현재의 우리 모습으로의 진화도 살펴볼 수 있을 터입니다. 사실 척추동물은 육지에 가장 마지막에 올라온 생물입니다. 척추동물에 앞서 식물이나 세균들이 먼저 올라왔고, 그 다음 균류와 곤충, 거미, 달팽이 등 절지동물과 연체동물이 먼저 올라왔지요. 이들이 육상에 생태계를 만든 연후에나 척추동물이 올라오게 됩니다.

척추동물이 육지에서 살아가려면 몇 가지 중대한 변화가 필요합니다. 일단 이제 숨을 쉬려면 아가미 말고 다른 호흡기관이 필요하지요. 작은 동물들은 아가미가 아니더라도 피부호흡 등으로 해결하지만 척추동물은 특별한 기관인 폐가 필요했습니다. 걷거나 뛰려면 다리가 필요합니다. 절지동물이나 연체동물은 물에서 쓰던 다리나 근육질의 발을 육지에서도 계속 사용할 수 있었지만요. 또 번식 방법도 이전과는 달라집니다.

이번 장에서 다룰 일들 대부분은 고생대 중기의 일이었습니다. 4억 3천만 년 뒤의 우리가 보기엔 자연스러운 이 모든 모습들은, 이제부터 다룰 지난한 고난과 점진적인 변화를 통해 이루어졌습니다.

임신과 출산

번식은 모든 생물을 통틀어 진화의 핵심적 요소 중 하나입니다. 대부분의 생물들이 마치 번식을 위해 사는 것처럼 보일 정도이지요. 물론 이는 번식에 적극적이지 않은 종들이 그 결과로 모두 멸종에 이르면서 나타나는 일종의 결과일 뿐입니다.

우리의 선조가 아직 물속에 살 때로 잠깐 돌아가봅시다. 짝짓기 철이 되면 수컷들이 떼로 암컷에게 몰려들어 알랑방귀도 뀌고 서로 싸우기도 하면서 난리를 칩니다. 가을 남대천에 몰려드는 연어를 보신 적이 있나요? 생의 마지막에 남대천 민물로 올라온 연어들은 고향을 찾았다는 감흥을 느낄 틈도 없이 남들보다 빠르게 번식을 하기 위해 필사적입니다. 알을 낳기 좋은 장소를 찾아 암컷들이 분주히 움직이고, 그 암컷 한 마리에 몇십 마리, 몇백 마리의 수컷이 따릅니다. 암컷이 알을 낳으면 순식간에 몰려든 수컷들이 그 위로 정액을 뿌리지요. 수컷의 다툼은 알 위에 누가 먼저 정액을 뿌리는지로 그 승부가 납니다. 사람의 입장에서 보면 이들의 섹스는 참으로 허무하기까지 하죠. 이런 형태를 체외수정이라고 합니다.

그런데 암컷은 어디로 알을 낳을까요? 어류는 총배설강을 통해 알을 낳습니다. 난소에서 만들어진 알은 긴 관을 통과해 복부 뒤쪽에 조그맣게 뚫린 곳으로 빠져나갑니다. 그런데 이 곳은 오줌과 똥을 배출하는 곳이기도 하죠. 그래서 모든 걸 배설한다고 이곳을 총배설강이라 합니다.

어차피 구멍을 뚫어야 한다면 한 곳만 뚫지 여러 곳을 따로 뚫을 필요가 없다는 합리적 '귀차니즘' 정도로 볼 수 있습니다. 이렇게 알을 낳는 구조는 지상에 올라온 뒤에도 한참 동안 별로 변한 게 없습니다. 개구리와 같은 양서류들은 선조인 어류와 마찬가지로 체외수정을 합니다. 암컷 개구리가 알을 낳으면 수컷 개구리가 그 위에 정액을 쫙악 뿌립니다.

하지만 지상의 삶은 이들의 번식 과정을 변하게 했습니다. 체외수정을 하기 위해선 물이 필수입니다. 정액을 난자 위에 뿌리면 정액 속 정자가 헤엄을 쳐서 난자까지 이동해야 하는데 그러려면 물이 있어야 하지요. 그래서 개구리도 평소에는 뭍에서 살지만 번식은 물속에서 합니다. 하지만 지상에 살다 보면 물이 없는 곳에서 발정기가 도래하는 상황도 자주 있는 법이죠. 인간처럼 시도 때도 없이 섹스를 할 수 있다면 물을 발견할 때까지 참을 수 있겠지만 이 선조들은 발정기가 지나면 1년을 기다려야 하고, 때로는 새로운 발정기가 오기 전에 죽을 수도 있습니다.

물이 없더라도 어떻게든 일을 치러야 하는 상황, 수컷이 암컷의 생식선 근처에 자신의 생식기를 대고 정액을 뿌립니다. 그러면 암컷이 생식기 주변의 정액을 꼬리나 뒷다리로 생식기로 집어넣지요. 혹은 수컷이 자신의 앞발이나 꼬리로 그 일을 하기도 했습니다. 그러다 차츰 수컷의 생식기가 삽입하기에 좋은 형태로 진화하면서 암컷의 생식기 안으로 자신의 생식기를 집어 넣어 정액을 뿌리게 됩니다. 체내수정의 시작이죠. 이렇게 체내수정이 시작되자 또 다른 고민이 생깁니다. 체내수정으로 만들어진 알을 낳아야 하는데 마찬가지로 물이 있는 환경이 필요한 것이죠. 물고기나 개구리의 알은 물 밖에서는 생존할 수가 없습니다. 얇은 막의 틈새 사이로 수분이 빠져나가 말라버리기 때문이지요. 알은 나오려고 하고 물이 있는 곳은 멀기만 합니다. 가끔 뉴스에 나오는 것처럼 산부인과 병원에 도착하기 전에 택시 안에서 양수가 터진 것과 비슷한 상황이 우리 선조들 앞에 찾아온 것입니다.

결국 선조들은 양막이란 걸 만들었습니다. 파충류나 조류의 알에는 바깥 껍질 안에 이런 양막이 얇게 한 겹 감싸고 있습니다. 양막은 수분의 유출은 막으면서 공기는 드나들 수 있게끔 되어 있습니다. 진화가 만든 고어텍스라고나 할까요? 포유류의 경우도 자궁 내부에 양막이 감싼 채로 태아를 키우죠. 양막 안에는 양수가 들어 있어 새끼가 잘 자랄 수 있게 보호해줍니다. 흔히 분만할 때 양수가 터졌다고 하는데 이 또한 정확하게는 양막이 터져 그 안의 양수가 흘러나온다는 뜻이죠. 양막이 만들어지니 이제 알은 양수라는 바다 안에서 살 수 있습니다. 선조 물고기의 알들이 바닷물 안에서 자라듯이 이제 육상 척추동물, 그 중에서도 양막 척추동물의 알은 양막 안에 든 양수라는 바다 안에서 자랍니다.

그리고 포유류의 선조는 여기서 또 하나 사건을 저질러버립니다. 알을 낳는 대신 몸속에서 새끼를 길러 낳는 방식으로 번식의 일대 전환을 이루어낸 것입니다. 알을 낳고 다시 그 알을 품어 새끼를 부화시키는 과정을 몸 안에서 해결하면 당연히 새끼의 생존율은 높을 수밖에 없습니다. 이 과정에서도 변하지 않았던 것 하나. 바로 새끼를 낳는 방식입니다. 이전에 알을 낳던 것과 동일한 방법으로 새끼를 낳게 된 것입니다. 하지만 조그마한 알을 낳는 것과 커다란 새끼를 낳는 건 차원이 다른 이야기입니다. 새끼를 낳게 되면서부터 포유류(그리고 유대류)는 총배설강 대신 대변을 누는 항문을 따로 가지게 되었습니다. 겉으로 보기에는 오줌을 누는 곳, 요도와 새끼를 낳는 곳은 동일한 곳으로 보이지만 이 또한 몸 내부의 경로는 서로 다릅니다. 다만 요도의 끝과 새끼가 통과하는 질의 끝이 아주 가깝게 붙어 있을 뿐입니다.

자궁에서 다 자란 새끼는 질을 통과해서 밖으로 나와야 하는데 이게 만만치 않은 과정입니다. 새끼를 낳는 과정은 알을 낳는 것과는 비교도 되지 않게 길고, 또 고통스럽죠. 그 과정에서 어미가 죽기도 하고, 다치기도 하고, 또 사냥을 당하기도 합니다. 새끼도 제대로 나오지 못하고 죽어 버리는 수도 있습니다. 그럼에도 한순간 어미와 새끼가 겪는 고통은 대신 새끼의 생존율을 극적으로 높이니 진화는 이쪽을 선택할 수밖에 없

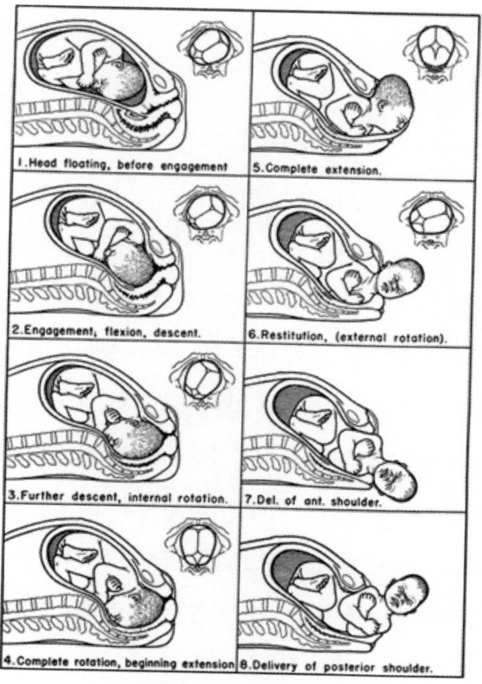

<그림15> 인간의 출산 과정

었던 것이죠.

그런데 인간이 다른 영장류와 작별하고 인간으로의 진화를 시작하면서 이 출산의 고통과 위험이 몇 배나 높아졌습니다. 게다가 직립보행을 함에 따라 출산 과정은 더 극악해졌습니다. 야생에서 특별한 몇몇 종을 제외하곤 출산 과정에서 어미가 죽는 경우는 드뭅니다. 그러나 인간은 출산 과정에서 어미가 심각한 생명의 위협을 받습니다. 그리고 그 과정을 혼자서 온전히 해내기 힘들어 출산 과정에서 타인의 도움을 받습니다. 다른 포유류의 경우 출산은 오로지 어미와 새끼만의 일이지요. 오히려 어미는 출산이 다가오면 무리의 다른 개체들을 피해 홀로 출산을 대비합니다.

해부학적 구조를 보죠. 네발로 걷는 동물의 경우 골반 아래쪽에 자궁과 질이 놓이게 됩니다. 그리고 두 다리 사이만큼 여유 공간이 있습니다. 이런 경우 아이가 나오면서 싸워야할 건 질의 근육질 통로뿐입니다. 하지만 인간의 경우 두 발로 걷게 되면서 아이가 나오는 길이 좁아진 골반 뼈 사이가 되었습니다. 〈그림16〉의 맨 오른쪽 그림에서 인간 태아의 두개골이 골반 사이의 틈보다 큰 것이 보이시죠. 물론 출산할 때 골반 뼈가 벌어지면서 최소한의 길을 터주기는 합니다. 하지만 저 좁은 골반 사이를 지나 태아가 나오려면 무척 힘들어진 것은 의심할 여지가 없습니다.

가장 문제가 되는 건 머리입니다. 머리 방향을 계속 바꿔주면서 저 좁은 곳을 통과해서 나오는 건 앞으로 살아갈 동안 겪을 모든 고통을 한번에 겪는 느낌일 겁니다. 출산 과정의 편의를 위해서 태어날 때의 두개골은 몇 개의 조각으로 나뉜 상태입니다. 그래도 이 큰 머리가 나오려면 직립보행으로 좁아진 산도産道로는 엄청 힘든 일입니다. 우리가 태어날

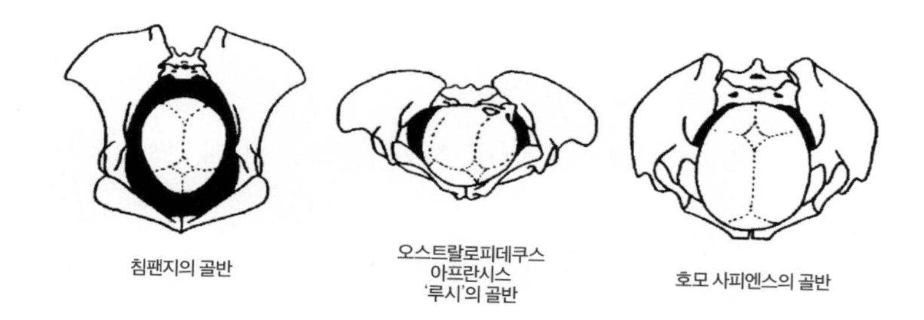

<그림16> 골반 구조의 차이

때 기억이 없다는 게 어찌 보면 다행일 정도죠. 물론 애를 낳는 엄마도 수십 년치의 고통을 한꺼번에 겪게 됩니다.

예전에 어느 경찰서 유치장에서 유치장 창살 사이를 통과해 탈주에 성공한 이가 있었습니다. 요가를 배웠던 탓인데 그가 이야기하기를 머리와 어깨만 통과하면 나머지 신체는 문제없이 통과할 수 있다는 겁니다. 그만큼 우리 신체 중 좁은 곳을 통과할 때 가장 거치적거리는 부위가 머리와 어깨죠. 신생아를 보면 어깨는 정말 좁습니다. 팔과 다리가 아직 발달되지 않아 대략 몸통보다 짧아 그도 수월합니다. 하지만 머리만은 다른 신체에 비해 유독 크죠. 그럼 머리가 작게 태어나면 더 생존율이 높지 않겠냐고 생각할 수 있지만 실제 진화는 그렇지 않다는 걸 보여줍니다. 태어날 때의 위험을 무릅쓰고라도 큰 머리를, 즉 큰 뇌를 가진 채 태어나는 것이 생존율과 이후 번식률이 높았다는 거죠.

고통 때문이 아니라 생존율 때문에 아이와 엄마는 출산 시기를 놓고 서로 싸웁니다. 앞서 표현했듯이 줄다리기로 표현해도 과언이 아닙니다. 아이는 좀 더 커져서 자궁 밖으로 나오고 싶지만 어미는 일찍 내보내고 싶죠. 이 줄다리기의 결과가 현재의 출산입니다. 이 과정에서 일어난 서로간의 타협은 어머니에게는 이미 충분히 힘든 출산이지만 아이에게는 미숙한 상태로 태어나게 만들었습니다.

그렇게 오랫동안 임신을 해서 나온 아이지만 나면서부터 걷지도 말하지도 스스로 먹이를 먹지도 못합니다. 눈도 색맹이죠. 출생 후 100일은 되어야 색깔을 구분할 수 있습니다. 다른 포유류의 새끼는 태어난 지 몇 시간이면 걷고 뛰며 자기 몸을 가눌 줄 아는데 말이죠. 다른 종의 새끼들은 어미에게 다가가 젖을 빠는 것도 자기가 알아서 합니다. 대체 10달이라는 세월 동안 엄마 뱃속에서 뭘 했길래 이렇게 더딘 걸까요? 나와서도 마찬가지입니다. 생후 1년은 지나야 걷기 시작하고 대소변을 가리는 것도 생후 2년이 되어야 합니다. 그러고도 10년 이상이 걸려야 겨우 이차 성징이 시작되지요. 번식이 가능하려면 최소한 12~15년 이상이 걸리는 것입니다.

영장류가 다른 포유류에 비해 성체가 되는 기간이 긴 편이긴 합니다만 인간은 그 중에서도 가장 느린 쪽에 속합니다. 인간처럼 이차 성징이 늦게 나타나는 녀석들은 침팬지, 오랑우탄, 고릴라 정도죠. 침팬지는 보통 8살이 되면 번식이 가능하게 되고 오랑우탄의 수컷은 15살 정도, 암컷은 약 6~10살이면 번식이 가능합니다. 그러나 이들 영장류 친척들은 신체의 발달이 인간처럼 느리진 않습니다.

인간은 왜 이렇게 늦될까요? 태어난 다음 무리 속에서 학습을 통해서 확보해야 할 것이 많아졌기 때문입니다. 걷고 뛰고 사냥하는 것은 학습에 그리 오래 걸릴 일이 아닙니다. 천적이 누군지 이해하고 그 천적의 습관을 알아 피하는 것도 그러합니다. 하지만 무리 속에서 사회적 관계를 습득하고 이에 대처하는 것은 생각보다 훨씬 많은 양의 학습을 필요로 하고 그에 따라 아동기가 길어지는 것이죠. 더구나 언어를 익히고 도구를 사용하며 만들기까지 해야 되면서 학습의 양은 더욱 커졌습니다.

또한 이는 대뇌의 발달과정과도 연관이 있습니다. 갓 태어난 신생아의 대뇌는 아직 발달이 완전하지 않습니다. 하지만 더 커지면 엄마 뱃속에서 나오기 힘들기 때문에 신생아와 엄마가 나름대로 타협한 기간이 10달이죠. 따라서 나와서도 대뇌는 계속 커지고 복잡해집니다. 이렇게 복잡하고 커진 뇌로 학습하는 과정을 포함하여 아동기가 길어진 것이죠. 그리고 이렇게 학습에 집중해야 한다는 것이 그만큼 육체 발달을 늦되게 하는 이유가 됩니다. 또 하나의 이유는 앞서 말했듯이 인간 아기가 크기 때문입니다. 인간 아기가 크니 그 아기를 낳을 어미의 몸, 특히 자궁도 그 정도의 공간을 확보할 필요가 있습니다. 따라서 그 정도 공간을 확보할 수 있을 정도로 자라야 비로소 이차 성징이 나타나는 것이죠.

인간의 태아는 다른 포유류의 어떤 새끼들보다 보살핌이 많이 필요합니다. 눈도 뜨지 못하고, 제대로 기지도 못한 채 태어난 아이 하나를 돌보는 것만으로도 엄마의 온 정성이 요구됩니다. 이런 방향의 진화는 결국 인간이라는 종의 집단 구조도 바꾸었습니다. 어미가 아이를 보살피는데 필요한 최소한의 기간 동안 그 둘에게 먹을 것을 제공하고, 안전을 보장해야 합니다. 임신과 출산 후 육아까지 최소한 3년 이상이 걸리는 기간이죠. 만약 연이어 다시 임신과 출산을 반복한다면 6~7년이 걸리는 기간 동안 엄마와 아이는 누군가의 보호 아래 있어야 합니다. 그 첫 번째는 배우자입니다. 그리고 가족집단이 2차적으로 보조합니다. 인간의 가족 제도와 친족 집단의 형성에는 이런 부분도 큰 영향을 미쳤을 것입니다.

아이 하나를 키우려면 온 마을이 나서야한다는 이야기가 예부터 내려오는데요, 그만큼 양육이 힘들다는 이야기죠. 하지만 옛 농경 사회가 아닌 도시에서 이렇게 마을이 나설 수는 없는 실정이니 대신 어린이집이나 유치원 그리고 초등학교가 이를 대신하지요. 그럼에도 불구하고 아이를 키우는 일의 많은 몫이 부모에게 그리고 그 중에서도 엄마에게 맡겨집니다. 그러나 정작 부모는 아이를 키우기 위해 그리고 가정을 유지하기 위해 일을 해야 하니 아이를 돌볼 시간이 부족하고요. 진화가 만든 돌봄노동이 이제 여러 정책과 제도를 우리에게 요구하는 시절입니다.

자궁이 생기다

포유동물로 진화하면서 암컷은 자궁이 생겼습니다. 이제 알을 낳는 대신 새끼를 낳게 되었죠. 이런 변화는 새끼의 생존에 대단히 유리합니다. 알에서 막 태어난 새끼 거북이나 새끼 악어가 온갖 육식 동물의 좋은 영양 섭취원이 되는 위험에 처하는 반면, 포유류의 새끼들은 다릅니다. 갓 태어난 망아지나 사슴은 불과 몇시간 되지 않아 적들로부터 도망치기 위해 뛸 수 있습니다. 동물이 생태계에서 가장 죽기 쉬운 초기의 일부 시기를 어미의 뱃속에서 보낸 덕분입니다.

하지만 이로 인해 어미는 큰 대가를 치르게 됩니다. 자궁에서 오랜 시간 동안 새끼를 기르게 되면서 그만큼 새끼에 대한 투자가 커졌습니다. 임신 기간 동안 몸은 더 굼떠지고 필요한 영양분은 더 많아집니다. 더구나 자궁에서 새끼를 길러 내보내야 되기 때문에 한 번에 낳을 수 있는 새끼의 숫자도 줄어듭니다. 새끼 하나하나가 소중할 수밖에 없습니다. 더구나 새나 파충류의 암컷은 알을 놓고 부화시킬 때까지 수컷에게 돌보기를 시킬 수도 있지만 포유류는 출산까지 온전히 암컷의 몫이 되었습니다.

여기에 젖의 생산이 덧붙여집니다. 갓 낳은 새끼는 최대한 빨리 커야 합니다. 그래야 천적으로부터 자신을 보호할 수 있고 어미도 다시 다른 자식을 가질 수 있습니다. 이런 급속한 성장을 위해 어미는 영양이 풍부한 젖을 공급합니다. 이런 수유는 자궁과 함께 어미에게 새로운 부담으로 다가옵니다. 파충류의 경우 부모가 새끼를 돌보는 일이 거의 없고 새들은 아비와 어미가 교대로 먹이를 구해오는데 말이죠.

이런 변화는 한편 암컷의 난자 수에도 변화를 주었습니다. 인간 여성은 평생 400개 정도의 난자를 배란합니다. 실제 낳는 아이 수에 비하면 대단히 많은 양이지만 포유류 이외의 암컷에 비하면 엄청나게 줄어든 거죠. 다른 포유류의 경우도 사정은 마찬가지입니다. 덩치가 큰 포유류일수록 이런 경향은 더 강합니다. 한 배에 열 이상의 새끼를 낳는 것은 쥐와 비슷한 작은 크기의 설치류를 제외하고는 찾기 힘들죠. 새끼 하나를 키우는 데 걸리는 시간과 노력이 커질수록 암컷이 배란하는 총 난자의 수는 줄어듭니다. 난자를 배란하는 노력을 육아에 돌린 암컷이 새끼를 잘 기르는 데 성공적이었다는 거죠. 그래서 그런 암컷의 후손은 많아졌고 그런 유전적 경향은 확대되었습니다.

하지만 기본적으로 수컷의 경우에는 변화가 없습니다. 수컷은 자기가 뱃속에 애를 키우는 게 아니니 많은 암컷을 임신시킬수록 그 유전자가 후대에 널리 퍼질 확률이 높고 실제로 그리 되었습니다. 실제 동물 중 일부다처제가 가장 많은 동물이 포유류입니다. 전체 포유류 종 중 약 90% 정도가 일부다처제죠. 암컷이 임신과 출산 그리고 육아에 힘쓰는 동안 수컷은 열심히 다른 암컷을 찾아다니며 짝짓기에만 힘쓰는 거죠. 대표적인 것이 기각류(물개, 바다사자)입니다. 물개나 바다사자의 수컷이 덩치가 암컷보다 훨씬 큰 것도 다른 수컷과 경쟁에서 이겨야하는 압박감이 진화로 이어진 결과입니다. 유독 기각류가 심하긴 하지만 다른 포유류도 마찬가지입니다. 고릴라도 그런 경우지요.

포유류에서 자주 보이는 행동 양상은 수컷이 평소에는 혼자 자유롭게 다니다가 짝짓기 시기에만 잠깐 암컷을 만나 정자를 건네주고는 다시 훌쩍 떠나버리는 겁니다. 호랑이라든가 표범 같은 대형 육식동물들이 대부분 이렇습니다. 짝짓기만 하고 육아는 나몰라라 하는 거지요. 자기가 떠나도 암컷이 새끼를 정성스레 돌볼 터이니 굳이 남아서 힘든 육아를 거들 이유도 없고 또 그런다고 새끼의 생존율이 의미 있게 올라가지 않기도 한 거지요.

하지만 포유류 중에서도 덩치가 작고 천적들이 많은 소형 포유류는 사정이 좀 다릅니다. 이들은 새끼들의 생존율이 높지 않으니 암컷이 한 배에 많은 새끼를 낳고 이들을 모두 건사하려면 수컷의 도움이 필수적입니다. 따라서 수컷이 같이 육아를 책임지는 혹은 최소한 먹이라도 가져오는 경우가 생존율을 높이기 때문에 가족이 같이 모여 사는 방식으로 가족제도를 이루기도 합니다. 물론 수컷이 이런 걸 다 알고 하는 건 아니지요. 그저 그런 수컷이 그렇지 않은 수컷보다 더 많은 번식 확률을 가지다 보니 그런 방식의 가족제도를 채택하는 진화가 이루어진 것입니다.

생존율과 번식률에 따른 진화이긴 하지만 자궁을 가지고 새끼를 낳게 되면서 포유류의 암컷은 다른 종에 비해 훨씬 더 힘든 길을 가게 되었다 볼 수 있습니다. 이는 우리들 인간에서도 마찬가지지요.

알 그리고 새끼

생물의 생식기관 중 가장 기본이 되는 건 정자와 난자를 만드는 정소와 난소입니다. 척추동물도 마찬가지지요. 현존하는 가장 원시적인 척추동물인 무악어류, 먹장어나 칠성장어도 마찬가지입니다. 그런데 암컷의 경우 난자의 크기가 크죠. 수정 이후 하나의 세포로 기능하기 위해 필요한 세포의 모든 기관을 난자만 가지고 있기 때문입니다. 그리고 암컷은 그냥 난자만 툭 던지는 게 아닙니다. 동물은 대부분 알을 낳는데 이 알에는 부화해서 새끼가 될 때까지, 그리고 일부 종에서는 새끼가 된 후에도 일정 기간 동안 생장에 필요한 영양분을 포함하고 있으니까요. 이를 난황이라고 하지요.

척추동물이나 대형 두족류를 제외한 나머지 동물의 경우 대부분 난황의 크기가 매우 작습니다. 이런 알을 소황란microlecithal이라고 합니다. 알이 부화할 때까지 기간이 짧아 영양분이 별로 많이 필요하지 않은 거지요. 난황의 크기가 중간 정도 되는 걸 중황란mesolecithal이라고 하는데 척추동물 중에는 무악어류인 먹장어나 칠성장어가 가지고 있고 포유류의 경우도 초기 발생단계에서 이런 난황을 가지고 있습니다. 포유류는 한 일주일이면 자궁에 착상해서 모체로부터 영양을 받을 수 있으니 난황이 그리 클 필요가 없지요.

그리고 대부분의 척추동물은 난황이 아주 큰 대황란macrolecithal을 낳습니다. 새끼가 부화할 때까지의 기간도 길고, 새끼가 되고 나서도 일정 기간 먹이 섭취가 용이할 때까지 필요한 영양을 담다 보니 커진 거지요. 대표적으로 갓 부화한 올챙이를 보면 배에 주머니를 달고 있는 걸 볼 수 있지요. 다른 물고기도 마찬가지구요. 〈그림17〉의 물고기 알의 구조에서 드러나듯이 난황은 처음 만들어진 물고기 알의 부피와 질량 대부분을 차지합니다. A가 난황막이고 그 막으로 둘러싸인 공간 전체가 난황입니다. 아래 파란색의 배아가 보이는데 이는 어느 정도 생장한 모습이고 세포 하나의 단계에서는 아주 작아서 그저 이 글의 마침표 하나 정도의 크기입니다. 그러니 우리가 보는 명란의 대부분은 물고기 알의 노른자 부

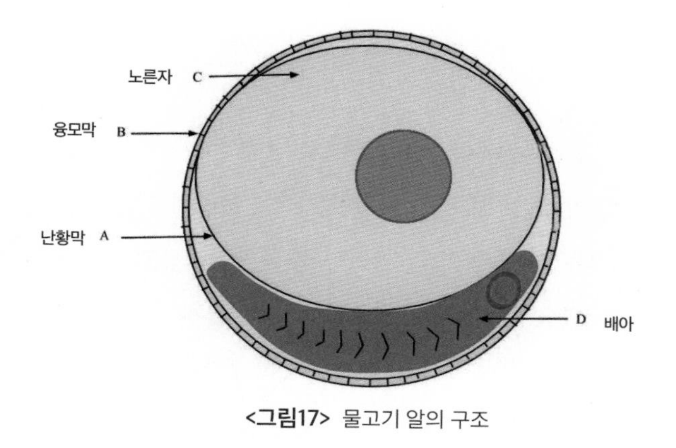

<그림17> 물고기 알의 구조

위라고 할 수 있지요.

계란에서 난황은 노른자입니다. 그럼 그 바깥의 흰자는 무엇일까요? 흰자는 난백이라고 하는데 대부분이 단백질입니다. 가장 많은 성분은 알부민albumen이죠. 난백은 미생물의 공격으로부터 배아를 보호하는 역할이 가장 큽니다. 물론 바깥이 양막으로 감싸져 있지만 이를 통과하는 녀석들이 없는 건 아니니까요. 그리고 배아를 위해 물과 단백질, 미네랄 등도 공급합니다. 난백은 난소에서 만들지 않습니다. 일단 난자가 난황까지 만들어 난관으로 내놓으면 이곳을 통과하는 동안 난자 밖에 막을 하나 덮고, 다시 난관에 분포하는 샘에서 난백 성분을 난황 주변에 도포하고 다시 그 바깥으로 양막을 덮고 마지막으로 우리가 보는 껍질(난각)을 씌웁니다.

난소에서 바깥 사이의 길을 난관이라 합니다. 무악어류는 난관 없이 그냥 난소에서 나온 알이 체강에서 바로 바깥으로 나가지만 일단 턱이 있는 척추동물은 모두 좌우 두 개의 난관을 가지고 있지요. 그리고 이 난관의 끝은 총배설강에서 만나지요. 그리고 진화와 더불어 난관 자체도 조금씩 변합니다.

연골어류의 난관은 아주 단순한 구조로 난관의 앞쪽에 자리 잡은 샘에서 난백을 분비하고, 뒤쪽에서 딱딱한 각질을 분비해서 알껍데기를 만드는 구조입니다. 그러나 난소와 난관이 아직 완전히 밀폐된 구조는 아니지요. 그러다 경골어류로 오면 난소와 난관은 밀폐된 구조가 됩니다. 한 번에 많게는 수백만 개의 알을 낳는데 이런 밀폐된 구조가 훨씬 효율적이기 때문이기도 합니다.

그러다 육상 척추동물이 되면서 알이 커집니다. 난황도 커지고 난백도 커지지요. 그리고 껍질도 이전보다 단단해집니다. 그래서 이에 맞춰 난관도 신축성이 아주 좋은 근육질로 바뀝니다. 앞서 이야기했던 것처럼 양막이라는 막이 하나 더 생기지요. 그런데 양막은 물이 빠져나가거나 들어오지 못하게 막고 있으니 발생 과정에서 내놓은 노폐물도 빠져나갈 수 없습니다. 그래서 노폐물을 저장하는 주머니가 따로 하나 양막 안에 생깁니다. 알의 구조도 훨씬 복잡해지지만 난관도 역할이 늘어나고 구조 또한 복잡해집니다.

포유류도 마찬가지여서 알을 낳는 오리너구리나 가시두더지의 경우는 다른 육상 척추동물과 동일한 형태를 가집니다. 이 난관의 일부가 진화하면서 자궁이 형성되지요. 양막을 가지는 육상 척추동물의 난관 아래쪽이 근육질로 변했는데 이 부분의 위쪽이 자궁이 되는 거죠. 그리고 아래쪽은 평소에는 좁다가 분만 시 아주 크게 확대되는 근육으로 이루어진 산도가 됩니다.

사실 새끼를 낳는 건 포유류를 다른 동물과 구분짓는 근본적인 차이

이기도 합니다. 고대 그리스의 아리스토텔레스는 동물을 구분할 때 가장 아래쪽에 알조차 낳지 않고 자연발생하는 동물을 놓고, 그 바로 위를 알을 낳는 동물, 그리고 그 위에 알을 낳지만 어미 몸속에서 부화해서 새끼를 내보내는 난태생, 그리고 제일 위쪽에 새끼를 낳는 포유류를 위치시켰지요.

포유류의 선조가 자궁을 발달시키고 알 대신 새끼를 키워 출산하게 된 건 대략 길게는 3억 년에서 짧게는 2억 2,000만 년 전 정도라고 여겨집니다. 하지만 이 때의 자궁은 지금으로 치자면 아주 어린 새끼를 낳아 육아낭이라는 주머니에서 키우는 유대류 정도의 불완전한 자궁이었습니다. 제대로 된 자궁이 나타나는 건 1억 7,500만 년에서 1억 500만 년 전이었습니다. 공룡이 세상을 호령하던 중생대에 우리 포유류의 선조는 먼 미래를 기다리며 자궁을 진화시켰던 것이죠.

우리 인간처럼 다른 동물도 자궁이 하나일 것으로 생각하지 쉽지만, 사실은 두 개의 난관이 자궁으로 변한 것이니 자궁 또한 두 개를 가지는 동물이 훨씬 더 많습니다. 유대류와 설치류, 토끼 같은 종류는 각각의 난관이 진화해서 두 개의 자궁을 만듭니다. 그리고 반추동물이나 바위너구리, 고양이 같은 경우는 두 개의 자궁을 가지지만 맨 아래 자궁경부는 하나인 구조를 가집니다. 개나 돼지, 코끼리, 고래 등의 경우는 자궁의 위쪽은 분리되어 있지만 아래는 하나로 통합된 구조입니다. 자궁이 완전히 하나인 경우는 인간과 침팬지, 고릴라 같은 우리와 가까운 영장류뿐이지요.

그렇다면 자궁이 있는 동물은 모두가 폐경에 이를까요? 현생 인류의 경우 40~50세 사이에 대부분의 여성은 폐경에 접어듭니다. 그런데 비슷한 다른 유인원을 보면 전혀 그렇지 않습니다. 혹자는 인간이 원래 야생 상태에서 주어진 수명보다 훨씬 더 오래 살면서 폐경이 일어난 것이라고 주장하기도 합니다. 하지만 그렇지 않다는 것은 여러 연구를 통해서 드러나죠. 인간과 같이 사는 고양이나 개 등은 원래 야생에서 누리는 평균 수명보다 훨씬 긴 일생을 사는 경우가 허다합니다만 중성화수술을 하지 않는 경우 죽을 때까지 폐경에 이르지 않습니다. 다른 야생에서 발견되는 아주 오래 산 동물들의 경우도 마찬가지입니다.

폐경은 모든 인류에게 일어나므로, 우리 종이 갈라지던 분기점 이전, 약 13만 년 전에 나타났을 것으로 추정할 수 있습니다. 폐경은 육아를 감당할 수 있는 자손 수의 한계에 그 원인이 있을 거라 연구자들은 생각합니다. 대략 2~4년에 한 명씩 아이를 낳게 되면 20년 정도면 대략 5~15명 사이의 아이를 낳게 됩니다. 초기 유아사망률이 높았을 때였으니 그 중 절반 정도가 태어나 1년 이내에 사망한다고 쳐도 꽤 많은 아이를 길러야 하죠. 이미 태어나 자라고 있는 아이들에게 그 에너지를 쓰는 것이 훨씬 효율적이죠. 폐경을 하게 된 것은 또한 가족제도와 무관하지 않다고 봅니다. 무리를 지어 살지만 일부일처제인 사회에서는 더 강한 자손을 낳기 힘든 나이의 여성이 자손을 낳기보다 육아와 먹이 채집 등 기타 활동을 하는 것이 무리 전체의 이익에 부합합니다.

유전자의 관점에서 보아도 마찬가지입니다. 건강하지 못한 개체는 생존율이 떨어집니다. 나이가 든 여자가 출산하는 아이는 건강하지 못할 확률이 높습니다. 더구나 지금보다 건강관리가 훨씬 힘들었을 옛날에는 말이죠. 그보다 이미 있는 개체의 보호와 육성에 힘을 기울이는 것이 유전자의 전달에 훨씬 효율적일 것입니다.

더 중요한 것은 폐경이 된 여성이 손주를 돌보게 되면 그 여성의 딸이나 아들은 새로운 자식을 임신하고 번식을 할 수 있게 된다는 것이죠. 손주는 유전자의 입장에서 봤을 때 할머니 유전자의 25% 정도를 가지고 있으니 말입니다. 물론 이는 예전 인간 선조의 할머니들이 이런 사실을 다 알고 스스로 폐경을 하기로 한 건 아닙니다. 유전적 변이에 의해 어떤 이들은 40대 말 정도에 폐경을 하게 되고 또 다른 이들은 계속 아이를 낳았을 겁니다. 그런데 폐경에 이른 쪽은 아이를 낳지 않으니 대신 가족 집단을 위해 다른 일을 했을 것이고, 이 경우가 자손의 생존율과 번식률이 조금 더 높았던 것이 세대가 지나면서 인간 여성 전체가 폐경에 이르게 만들었던 것이죠.

포유류로의 진화

처음 지상에 올라온 척추동물의 조상 중 일부가 고생대 말쯤 우리에게 가장 친숙한 동물이자 소속인 포유류Mammals로 진화합니다. 포유류는 털이 나 있고, 알 대신 새끼를 낳고 젖을 먹여 키우는 것이 특징입니다. 하지만 당시만 해도 지금 우리처럼 새끼를 낳거나 젖을 먹여 키우지는 않았습니다. 파충류나 양서류와 구분하기가 힘든 거죠. 화석으로 발견되는 외모도 별반 다르지 않습니다. 그런데 어떻게 고생물학자들은 이들이 포유류의 조상이라고 추정할 수 있을까요? 일단 육상사지동물Tertapods은 크게 양서류와 나머지로 나눕니다. 어릴 때는 아가미로 호흡하면서 물에서 살고 커서는 폐로 호흡하는 게 양서류고*, 태어나서부터 폐로 호흡하는 동물들이 나머지입니다. 다른 차이점들도 있지요. 번식 방법이 체내수정이냐, 체외수정이냐의 차이가 있고, 또 양막이 있는지 없는지도 중요한 차이입니다. 거기다가 팔다리의 해부학적 구조도 좀 많이 다르고요. 어찌 되었건 파충류와 포유류는 양서류와는 많이 다른 모습이니 이를 구분하는 건 그래도 쉽습니다. 하지만 초기 파충류와 포유류의 구분은 그런 차이도 별로 없어서 쉽지 않습니다.

---

* 양서류 중 일부는 커서도 아가미로 호흡을 하는데 이는 어릴 때 가지고 있던 아가미를 계속 가지고 있는 식으로 진화한 것으로, 이들의 선조는 폐로 호흡했던 것으로 보입니다.

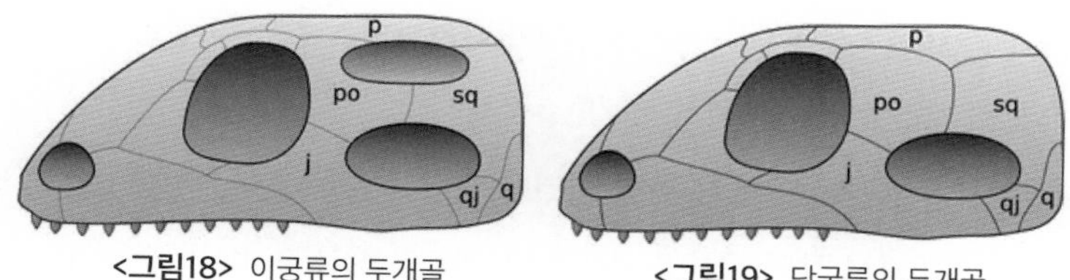

<그림18> 이궁류의 두개골 **<그림19>** 단궁류의 두개골

주로 발견되는 고대 생물의 화석은 뼈인데 다리나 척추 같은 뼈로선 구분이 거의 불가능합니다. 하지만 그래도 뭔가 차이가 있으니 고생대 말이나 중생대 초 파충류와 포유류 선조의 화석을 구분하겠죠? 바로 두개골의 구멍이 이 둘을 가르는 기준입니다. 〈그림18〉, 〈그림19〉를 보면 바로 이해가 됩니다. 〈그림19〉는 포유류와 그 조상을 포괄하는 동물들의 두개골입니다. 두개골 맨 앞은 콧구멍이고 중간은 눈구멍입니다. 그리고 그 뒤에 구멍이 또 하나 나 있지요? 이 구멍을 측두창이라고 합니다. 〈그림18〉은 파충류와 조류, 그리고 그 조상을 포괄하는 동물들의 두개골인데 눈구멍 뒤쪽에 위와 아래 두 개의 측두창이 있습니다.

그래서 측두창의 개수에 따라 측두창이 하나 있는 〈그림19〉의 두개골을 가진 동물을 단궁류synapsid라고 하고, 측두창이 두 개인 〈그림18〉의 두개골을 가진 동물을 이궁류라고 합니다. 포유류란 말 대신 굳이 단궁류라고 한 이유는 초기 단궁류 중 일부는 현존하는 포유류의 특징을 가지지 않고, 또 많이들 후손 없이 멸종한 터라 이들을 모두 포괄하는 이름이 필요했기 때문입니다. 이궁류도 마찬가지로 현존하는 파충류와 조류 말고도 초기에는 후손을 남기지 못하고 멸종한 다른 동물들도 꽤 있었습니다. 어찌 되었건 화석으로 발견되는 가장 초기의 단궁류는 반룡류pelycosaur라고 하는데 고생대 후기에 등장합니다. 그리고 고생대 말에 그 뒤를 이어 수궁류therapsid라는 무리가 나타나지요. 이들이 현존하는 포유류의 직접 조상이라 여겨지고 있습니다.

하지만 고생대 말에 아주 큰 사건이 생깁니다. 페름기 대멸종이란 것인데 이때 당시 살던 생물들 중 약 97~99%의 생물종이 모두 멸종합니다. 엄청난 사건이었죠. 그 과정에서 포유류와 파충류의 선조들도 대부분 사라지고 구사일생으로 소수의 종만 살아남아 중생대를 엽니다. 중생대가 되자 육상에는 커다란 변화가 생겼습니다. 포유류와 파충류가 현재의 모습으로 진화하기 시작한 것이죠. 이전까지 화석을 보면 포유류나 파충류 그리고 양서류는 겉모습으로 서로를 구분하기 힘들 정도였습니다. 그런데 또 하나의 시련이 다가왔습니다. 바로 트라이아스기 대멸종입니다. 고생대와 중생대를 가르는 페름기 대멸종이 이때까지 지구에서 일어났던 가장 규모가 큰 대멸종이라면 트라이아스기 대멸종은 두 번째로 규모가 큰 대멸종이었습니다. 그리고 둘 다 비슷한 과정을 거칩니다.

먼저 페름기 대멸종은 시베리아 지역의 대분화로 시작되었습니다. 약 100만 년을 넘는 시간 동안, 지금의 인도만한 면적에서 지속적으로 화산 분화가 일어납니다. 그때 흐른 용암이 지금 시베리아에 1km가 넘는 두께로 쌓여 있을 정도로 엄청난 분화였죠. 그 결과로 지구 온난화가 시작되었습니다. 그러자 당시의 북극과 남극 주변의 동토층들이 녹으면서 땅 속에 묻혀 있던 메테인 가스가 대기중으로 분출됩니다. 메테인은 화학식이 CH_4인데 대기 중의 산소와 만나면 연소하면서 이산화탄소와 물이 되지요. 이 과정에서 이산화탄소 농도가 높아져 지구 대기 온도가 더 높아집니다. 그러자 바닷물의 온도도 높아지면서 해저에 있던 메테인하이드레이트가 녹으면서 또 메테인 가스가 대기 중으로 분출합니다. 마찬가지로 산소와 만나면서 연소하고 이산화탄소와 물이 되지요.

그런데 이렇게 메테인 가스가 나오고 산소가 달라붙어 연소하면서 대기 중 산소 농도가 급격히 떨어집니다. 그 이전에 비해 절반 정도로 낮아진 거죠. 마치 지금으로 치면 해발 5,000m 정도 되는 높이의 산소 농도라고나 할까요? 이러니 산소로 호흡을 하던 동물들은 숨을 쉴 수가 없어서 거진 다 죽어버리게 된 거죠.

트라이아스기 대멸종도 마찬가지였습니다. 지금 대서양 해저에는 북극에서 남극까지 세계에서 가장 긴 해저산맥, 대서양 중앙해령이 있는데, 이 산맥이 생긴 것이 중생대 트라이아스기 말입니다. 산맥이 생기는 과정에서 끊임없이 해저 화산의 분화가 이어집니다. 페름기 말 대멸종과 비슷한 시작이었죠. 그리고 전개 과정도 비슷하게 이루어집니다. 결국 두 대멸종의 끝은 대기 중 산소 농도 하락으로 끝맺음이 됩니다. 이 두 대멸종을 살아낸 동물들은 혹독한 환경의 시련 속에서 새로운 진화를 이룹니다. 공룡과 포유류 또한 마찬가지입니다. 낮은 산소 농도에서 살아남기 위해선 호흡 효율이 더 좋아져야했지요. 공룡에서는 기낭이, 포유류에서는 가로막이 그 역할을 합니다.

이 가로막과 기낭이 어떻게 호흡 효율을 올리는지 알아보기 전에 먼저 우리가 숨 쉬는 과정에서 나타나는 비효율적인 면을 살펴보지요. 공기를 들이마시면 폐로 이동합니다. 그곳에서 산소와 이산화탄소를 교환하지요. 그리고 다시 숨을 내뱉으면 이산화탄소가 많은 공기가 바깥으로 나갑니다. 그런데 이때 폐에 들어 있는 공기 모두가 빠져나가는 건 아닙니다. 이산화탄소 농도가 높은 공기가 일부 남아 있게 되지요. 그래서 다시 숨을 들이마시면 산소가 풍부한 공기가 들어와도 남아 있는 공기와 섞여 산소 농도가 낮아집니다. 이래선 호흡 효율이 극대화되지 않지요. 그래서 100m 달리기를 하고 난 뒤에는 가쁜 숨을 몰아쉽니다. 혹은 심호흡을 통해 숨을 크게 들이마시고 크게 내뱉지요. 이때 중요한 것은 많은 공기를 들이마시는 것이 아니라, 많은 공기를 내놓는 겁니다. 폐의 공기를 최대한 내놓는 거지요. 그러면 폐에 남아 있는 공기가 줄어들어 다시 숨을 들이마실 때 폐의 산소 농도가 높아지게 됩니다.

새는 기낭을 통해 이런 비효율성을 극복합니다. 〈그림20〉처럼 새는 폐와 연결된 기낭이 앞쪽과 뒤쪽에 있습니다. 숨을 들이마시면 이 공기는 뒤쪽 기낭으로 갑니다. 그리고 폐에 있던 공기는 앞쪽 기낭으로 가지요. 이제 숨을 내쉬면 뒤쪽 기낭의 공기는 폐로 가고 앞쪽 공기는 바깥으로 나갑니다. 즉 공기가 들어오면 뒤쪽 기낭→폐 →앞쪽 기낭→외부로 한 방향으로만 흐르게 되는 겁니다. 이러니 폐에 도달하는 공기는 항상

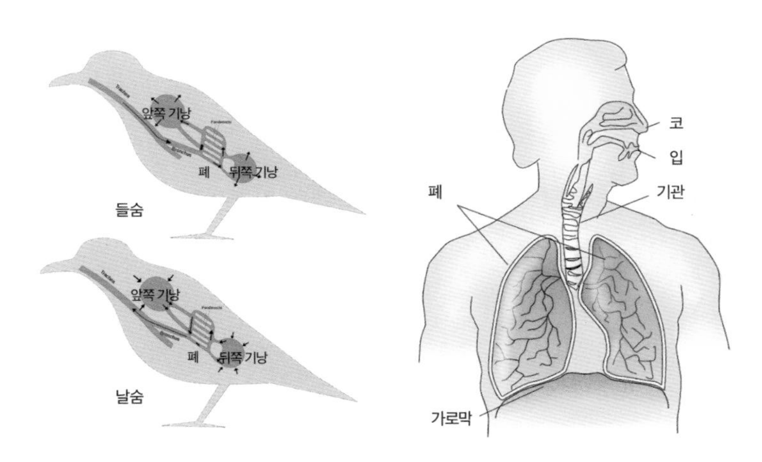

<그림20> 호흡시의 새의 기낭과 공기의 흐름(좌)
<그림21> 포유류의 가로막(우)

외부 공기와 산소 농도가 거의 동일한 높은 농도를 유지할 수 있어서 빠르게 기체 교환이 가능한 거지요. 이 기낭이 중생대 공룡이 진화를 통해 획득했던 부분입니다. 이를 통해 호흡 효율을 높여 엄혹한 시기를 살아남았던 거지요. 그리고 이는 공룡이 큰 체구를 유지하는 데도 도움을 줍니다. 이들 기낭 덕분에 크기에 비해 체중이 덜 나가서 움직임이 원활했던 거지요. 그리고 살아남은 공룡인 새들 또한 이 기낭이 있어 부피에 비해 가벼워 하늘을 날기 용이한 것이고요.

포유류는 가로막을 만들어냅니다. 〈그림21〉처럼 가슴과 배를 나누는 막을 횡격막 혹은 가로막이라고 부릅니다. 가로막이 있기 이전 포유류의 호흡은 갈비뼈에 의존했습니다. 갈비뼈에 붙은 근육이 갈비뼈를 바깥으로 확장시키면 그에 따라 가슴 부분(흉강)이 커집니다. 그러면 흉강 안의 폐가 부피가 커지죠. 이에 따라 폐의 내부 압력이 낮아지면 바깥 공기가 들어오게 됩니다. 반대로 근육이 갈비뼈를 수축시키면 흉강이 줄어들고, 폐도 줄어들면서 내부 압력이 높아지면 폐 안의 공기가 바깥으로 나가게 됩니다. 우리는 호흡을 하고 있다는 사실을 거의 의식하지 못하고 살아가지만, 사실 가슴 근육은 하루 24시간 꾸준하게 갈비뼈를 들어올리고, 또 내리는 일을 반복하는 거지요. 그러다가 가로막이 생깁니다. 일종의 근육인데요, 이 근육이 수축하면 아래로 내려갑니다. 이에 따라 흉강이 넓어지지요. 반대로 이완하면 위로 솟구칩니다. 그러면 흉강이 줄어들지요. 이 가로막의 수축과 이완이 갈비뼈와 같이 흉강의 부피를 넓혔다가 좁혔다 하면서 호흡을 도와줍니다. 인간의 경우 이 가로막의 움직임이 호흡시 흉강 움직임의 절반 이상을 차지합니다. 즉 가로막이 있기 전보다 훨씬 호흡 효율이 좋아진 것이지요.

더 이상 먹을 수 없을 만큼 잔뜩 먹으면 숨이 안 쉬어진다고 이야기하는 이유가 여기 있습니다. 음식을 저장하는 위가 부풀어 오르면서 횡격막이 아래로 내려오는 걸 방해하기 때문입니다. 밥을 적당히 먹어야 하는 이유가 하나 늘었지요. 효율로만 보면 공룡이 만들어낸 기낭이 가로막보다 훨씬 더 좋겠지만 포유류 선조들도 나름 노력한 결과이니 받아들여야겠지요.

그래서 가끔 힘이 들 때 우린 한숨을 내쉽니다. 갈비뼈만이 아니라 가로막까지 동원해서 폐 안에 담긴 공기를 최대한 빼내는 거죠. 마치 고민과 번뇌, 미움이 같이 빠져나가라는 듯이요. 가수 이하이가 부른 〈한숨〉의 노랫말처럼 말이죠.

숨을 크게 쉬어 봐요
당신의 가슴 양쪽이 저리게
조금은 아파올 때까지
숨을 더 뱉어봐요
당신의 안에 남은 게 없다고
느껴질 때까지

털이 나다

인간을 비롯한 포유류의 가장 큰 특징 중 하나가 털입니다. 개구리 같은 양서류는 점액질의 피부를 가지고 있습니다. 피부가 항상 촉촉하게 젖어 있어야 피부호흡을 하는 데 유리하기 때문이지요. 뜨거운 여름 가뭄이 오래 지속되면 연못이 말라버린 곳 주위에서 흔히 말라버린 채 죽어 있는 개구리를 발견할 수 있습니다. 물론 도시는 아니고 농촌에서나 가능한 일이지요. 피부가 말라버린 개구리는 폐호흡만으로 필요한 산소를 다 확보하지 못하기 때문에 일종의 질식사를 하는 거지요. 파충류는 비늘로 덮여 있습니다. 더 이상 피부호흡에 많이 기대지 않게 되어서 피부 보호에 더 신경을 쓴 결과지요. 그런데 포유류는 이 비늘이 변해 털이 되었습니다. 무슨 일이 일어났던 걸까요?

현재 포유류 중 피부에 털이 아예 없거나 거의 없는 동물들을 보면 그 이유를 알 수 있습니다. 바다에 사는 포유류를 제외하고, 털이 아예 없는 대표적인 동물로 벌거숭이두더지쥐가 있습니다. 아프리카에 사는 이 녀석들은 일생 내내 굴을 파고 그곳에서만 삽니다. 이들은 입과 코 주변의 감각기관으로 작용하는 털을 빼면 온몸에 털이 하나도 없습니다. 그리고 인간도 거의 없지요. 이들의 공통적인 특징은 추위에 대한 염려가 별로 없다는 점입니다.

결국 털이 하는 가장 큰 역할 중 하나가 체온을 유지하는 것인데, 이는 포유류가 정온동물인 것과도 관련이 있습니다. 파충류나 양서류와 달리 포유류는 체온이 일정하게 유지되는 동물이지요. 포유류의 체온은 종에 따라 조금씩 다르지만 대체로 35℃ 정도를 유지합니다. 이 정도 온도면 대부분 외부 온도보다 높습니다. 물론 뇌나 내부 장기 그리고 활발히 움직이는 근육의 온도가 이 정도이고 피부의 온도는 이보다 낮지요. 그렇다고 하더라도 열대지방의 한낮을 제외하면 주변 기온보다 높습니다. 즉 체온이 올라갈 걸 걱정하기보다는 체온이 내려가는 걸 걱정해야 한다는 거지요. 피부에서의 단열이 무엇보다 중요합니다. 열을 뺏기는 걸 완전히는 막을 수 없겠지만 최대한 막아야 합니다. 그래서 대부분의 연구자들은 비늘이 털로 진화한 첫 번째 원인으로 피부 단열을 꼽습니다. 가느다란 털이 수북하게 쌓이면 그 사이 공기층을 가두게 되고, 이 공기층이 단열 역할을 하는 거지요. 더구나 털은 같은 부피에 비해 비늘보다 가벼워서 이동하기에도 안성맞춤이지요.

포유류가 정온동물로 진화한 것에 대해서는 물론 다른 가설들도 있는데 그 중 하나가 초식동물 가설입니다. 초식동물이 먹는 풀에는 탄수화물은 풍부하지만 단백질의 재료는 부족했습니다. 충분한 단백질을 확보하기 위해 많은 풀을 먹다 보니 과잉 영양 상태가 되었고, 탄수화물을 분해하는 과정에서 열이 발생하자 신체는 항상 따뜻한 상태를 유지하게 되었다는 주장도 있습니다. 그 원인이야 무엇이 되었든 일단 정온동물이 된 포유류는 비늘을 털로 바꾸었던 거지요.

하지만 털의 기원이 그렇다고 체온 유지에 있는 건 아닙니다. 포유류 화석에서 털의 흔적이 본격적으로 발견되는 건 중생대이지만 고생대 말 포유류의 선조 반룡류나 수궁류에서도 털의 흔적이 발견된다는 연구 결과들도 한두 가지는 아니거든요. 그 당시는 꽤 따뜻했던 시절이라 체온 유지를 위해서라면 털이 발달할 이유가 별로 없던 때였습니다. 다른 이유가 있었던 거지요. 다른 이유는 바로 감각입니다.

실제로 현존하는 포유류의 털은 감각기관이기도 합니다. 털이 자라는 모낭에는 신경이 연결되어 있어 털을 스치는 아주 가벼운 자극에도 반응을 합니다. 앞서 언급한 벌거숭이두더지쥐의 경우에도 주둥이 주변에는 몇 가닥의 털이 있습니다. 또 주변의 고양이나 개를 봐도 주둥이 주변에 다른 털보다 긴 털이 몇 가닥에서 몇십 가닥씩 나 있지요. 이들 털의 역할은 보온보다는 촉각기관으로서의 역할을 합니다. 어두운 밤처럼 눈이 별 소용이 없을 때, 코를 킁킁대며 지면에 바싹 붙이며 움직이는 동물들은 냄새를 맡으면서 주둥이 주변에서 뻗어나온 털로 주변을 감지합니다. 마치 곤충들이 더듬이를 발달시켰듯이 포유류도 다른 곳보다 먼저 주둥이 주변의 비늘을 털로 전환시켰는데 최초의 이유는 아마 이런 감각기관으로서의 역할이 더 컸던 것으로 보이죠. 아마 고생대 말 반룡류나 수궁류에서 발견된 털의 흔적도 체온 유지보다는 이런 감각기관으로 사용된 것이 아닌가 하는 추측을 하고 있습니다.

그러나 중생대가 되면서 사정이 달라집니다. 공룡이 육상을 지배하던 시기 포유류는 크기가 비교적 작았습니다. 쥐나 토끼 정도의 크기였지요. 또 공룡을 피해 주로 밤에 활동했습니다. 이렇게 밤에 활동할 때도 근육과 감각기관이 제 기능을 하기 위해선 체온이 일정하게 유지되어야 합니다. 우리나라에서 가끔 볼 수 있는 파충류나 양서류는 뱀이나 개구리, 도마뱀 정도인데, 이들을 만나는 것 또한 한낮이지 밤은 별로 없습니다. 하지만 열대지방으로 여행을 가면 밤에도 도마뱀이 숙소 주변에서 흔히 발견되지요. 밤에도 기온이 내려가지 않으니 도마뱀 같은 변온동물도 움직일 수가 있는 겁니다. 기온이 내려가면 도마뱀이든 개구리든 활동이 굼떠지고 종래는 아예 움직임을 멈추죠. 그러니 중생대 밤에 움직여야 했던 포유류 선조들에게는 체온을 유지하는 일이 가장 중요할 수밖에 없습니다. 그래서 체온을 올리기 위해 같은 덩치의 파충류보다 훨씬 많은 먹이를 먹을 수밖에 없었지요. 그리고 앞서 이야기한 것처럼 피부 단열에 힘써야 했습니다. 특히나 크기가 작으면 체중에 비해 피부 단면적이 넓어서 그로부터 빠져나가는 열이 만만치 않으니까요. 그래서 중생대 기간 동안 포유류는 감각기관이었던 털이 더 많아지다가 결국은 맨살이 드러나야 할 필요가 있던 부분(손바닥이나 발바닥, 주둥이 주변, 귓바퀴 안쪽)을 제외한 나머지를 모두 털로 덮어버리게 된 것이죠. 정리하자면, 감각기관으로서 털이 생겼다가, 체온 유지의 기능을 위해 털이 더욱 수북해진 것입니다.

정온동물로의 진화를 보면 포유류는 아니지만 새들도 마찬가지의 과정을 거칩니다. 현재 체온이 일정하게 유지되는 동물은 포유류와 조류인데요, 그래서 조류의 경우에도 포유류와는 조금 결이 다르지만 깃털이 진화합니다. 깃털과 털의 차이는 바로 깃입니다. 털은 피부의 모낭에서 하나씩 자랄 뿐입니다. 그러나 깃털은 모낭에서 깃 하나가 자라고 그 깃에 가지처럼 털이 붙어 있지요. 그래서 털에 비해 더 가늘고, 품을 수 있는 공기층이 두터워 털보다 보온에 더 효과적입니다. 오리털이나 거위털로 속을 채운 옷이나 이불이 따뜻한 이유이지요.

현존하는 새들은 일종의 공룡인데 아직 하늘을 날기 전 중생대에 이미 공룡은 깃털을 가지고 있었다는 증거가 이미 충분하고도 넘칠 정도로 많습니다. 깃털의 기원은 털과 마찬가지로 비늘이었던 것으로 보입니다. 물론 포유류의 털이 처음에는 감각기관이었던 것처럼 새의 깃털도 처음 목적은 달랐을 것으로 연구자들은 생각합니다. 중생대 공룡이 깃털을 가지게 된 것에는 아직 여러 가설이 경쟁하고 있는데 체온을 유지하는 것도 하나의 역할이었겠습니다만 짝짓기를 위해 이성을 유혹하기 위한 역할로도 함께 혹은 먼저 사용되었을 것이란 증거도 꽤나 있습니다. 한편으로는 균형을 잡기 위해서라는 주장도 있습니다. 어찌 되었건 현재의 새들은 깃털에 파묻혀 자신의 체온을 유지하고 있지요.

달걀 속껍질

인간과 같은 포유류를 다른 척추동물과 구분하는 가장 큰 차이 중 하나는 알 대신 새끼를 낳는다는 것이죠. 하지만 우리의 선조 포유류도 중생대 중반까지는 알을 낳았습니다. 사실 동물 대부분은 알을 낳아 번식을 합니다. 도마뱀이나 닭도 알을 낳고 개구리나 고등어도 알을 낳습니다. 그뿐 아니지요. 곤충도, 거미도, 게나 가재도 모두 알을 낳습니다.

어찌 보면 당연한 것이 알이란 애초에 난자가 그 시작입니다. 처음부터 정자와 결합한 수정란의 형태이든 아니면 나중에 정자가 들어오는 무수정란이든 난자가 알이 되는 거지요. 하지만 난자만으론 거친 세상에 새끼가 무사히 부화해서 잘 성장하고 하나의 성체가 되기 힘든 것이 사실이니 난자에 여러 가지 필요한 성분을 좀 더 담아 만드는 게 알이지요. 그래서 사실은 '닭이 먼저냐 아니면 알이 먼저냐'는 논쟁은 생물학적으로 보면 그 결론이 이미 난 것이나 마찬가지입니다. 당연히 알이 먼저지요. 아직 닭으로 진화하기 전의 선조들도 알을 낳았고 그 알들에 담긴 작은 진화가 모여 닭이 되었으니까요.

하지만 알이라고 다 같은 건 아닙니다. 명란과 계란은 같은 알이지만 일단 그 크기부터 굉장히 다르고 겉모습도 많이 다르지요. 그리고 내부 구조를 살펴보면 그보다 훨씬 큰 차이가 있다는 걸 알 수 있습니다. 이렇게 물고기의 알과 육상 척추동물의 알이 달라진 사정을 한번 살펴보도록 하지요.

삶은 달걀을 먹으려고 껍질을 까고 나면 속에 아주 얇은 껍질이 하나 더 나타나죠. 이 막을 양막이라고 하는데 현재 양서류를 제외한 파충류, 포유류, 조류 등의 육상 척추동물은 모두 이 양막을 가집니다. 앞서 잠깐 살펴 보았던 이 양막은 아주 얇지만 나름 질긴 단백질막으로 물이 빠져나가지 못하도록 차단하는 역할을 합니다. 물론 알 속의 배아도 호흡을 해야 하니 공기는 잘 통합니다. 그래서 건조한 육지 환경에서도 알이 무사히 부화할 수 있게 된 것이지요. 동시에 육지 환경에 맞추어 양막만으로는 부족해서 바깥에 딱딱하지만 공기는 충분히 통하는 껍질을 하나 더 덧씌웁니다. 우리가 아는 알 껍질이지요.

양막 척추동물Amniota의 선조들은 대단히 작았을 것으로 생각됩니다. 덩치가 있는 녀석이었다면 다른 천적에 맞서 자신의 알을 지키는 일이 가능했을 터이니 작은 웅덩이를 번식지로 삼지 않았겠죠. 또 말라버린 물웅덩이에서도 살아남으려면 알 속의 배아가 호흡을 할 수 있어야 합니다. 즉 산소를 흡수하고 이산화탄소를 배출해야 하는데 그러기 위해선 알의 크기가 1mm 정도 이하여야 하기 때문이기도 합니다. 이런 가혹한 환경 속에서 많은 생물들이 멸종의 운명을 겪지만 이에 적응하는 진화도 또한 계속 이루어집니다.

하지만 양막이 생기는 과정은 또 다르게 수정과 알낳기의 순서를 바꾸는 과정이기도 했습니다. 원래 물속에 살던 어류나 양서류는 암컷이 알을 낳고 그 뒤 수컷이 정액을 뿌립니다. 그러면 정액 속의 정자가 헤엄을 쳐서 알에 들어가고 수정이 이루어지지요. 하지만 양막이 있는 알은 바깥의 껍질과 그 안쪽의 양막으로 인해 알을 낳기 전에 먼저 수정을 해야 합니다. 앞서 다룬 양서류의 경우 암컷이 알을 낳으면(아직 수정되지 않은 단계입니다) 그 알 위에 수컷이 정액을 뿌립니다. 정액 속의 정자는 물속을 헤엄쳐서 알로 다가가고 알을 뚫고 들어가 마침내 수정에 이릅니다. 알을 낳는 게 수정보다 먼저죠. 하지만 양막과 껍질을 가진 알을 낳게 되면 알을 낳은 후에 정자가 그 속으로 들어갈 수가 없습니다. 물 분자도 통과할 수 없는 양막을 정자가 통과할 순 없는 거지요. 따라서 이제 '수정'과 '알 만들기' 단계의 선후가 바뀝니다. 암컷은 일단 수컷의 정자를 받아와서 난자를 수정시킵니다. 그 뒤에야 수정란 상태에서 알egg을 만드는 발생과정을 거치는 것이죠. 체내수정의 또 다른 의미입니다.

그리고 이는 역으로 물속에서의 수정이 아니기 때문에 선택한 일일 수도 있습니다. 물속에서 수정을 하던 우리의 선조가 이제 언제 마를지 모르는 작은 물웅덩이를 선택하게 되었을 때 어떤 일이 일어날까요? 현존하는 양서류들의 짝짓기 행태를 보면 이를 유추할 수 있습니다. 어떤 개구리들은 짝짓기 시기에 수컷이 암컷의 등위로 타는 마운팅 자세를 합니다. 체외수정에선 하등 필요 없는 일이지만 이런 자세를 유지하는 이유는 다른 수컷의 접근을 막기 위해서죠. 그리고 이 자세를 풀지 않고 며칠을 유지합니다.

무족영원의 경우에는 양서류의 일종지만 아예 체내수정을 하는데, 이들이 한 때 물을 완전히 떠났던 종족이기 때문입니다. 즉 물을 떠나서 수정하기 위해서, 혹은 다른 수컷의 접근을 막기 위해서 고생대의 선조들 중 일부가 체내수정으로 나아가게 되었습니다. 이들 중 일부 수컷은 성급하게 암컷이 미처 알을 낳기도 전에 먼저 정액을 암컷의 총배설강 주변에 묻히는 경우도 있었을 겁니다. 실제로 현존하는 새들의 짝짓기도 이런 형태입니다. 많은 새들의 짝짓기는 수컷이 암컷의 총배설강 주위에 정액을 묻히는 것으로 끝납니다. 그러면 암컷이 그 주변의 정액을 총배설강으로 흡수하여 수정을 마치게 되지요. 물론 새들의 경우는 생식기가 퇴화하면서 생긴 현상이긴 합니다. 새들은 하늘을 날기 위해 최대한 몸을 가볍게 하는 방향으로 진화했고 그 과정에서 날아가는 데 걸리적거리는 생식기가 줄어든 것이죠. 고생대의 선조들의 경우에도 충분히 가능한 상상입니다. 이제 암컷의 체내에서 정자는 외부 환경으로부터 분리되어 안정적으로 난자에 접근할 수 있게 됩니다. 정자가 헤엄칠 물이 있는 환경을 굳이 찾지 않아도 되는 것이죠. 어찌 되었건 체내수정이 이루어지고 나서야 양막을 만들 수 있는 조건이 형성되었습니다.

이런 변화를 통해서 척추동물들은 육지에 좀 더 적합하게 변합니다. 이제 번식을 하자고 굳이 물가를 찾을 필요가 없어진 것이죠. 그러나 암컷의 부담은 이전보다 더 커졌습니다. 양막이며 그 바깥의 또 다른 알껍질이며, 알 하나를 만드는 일에 더 많은 에너지를 들이게 된 것이죠. 따라서 물고기나 개구리처럼 한 번에 수천 개에서 수백만 개의 알을 낳을 수는 없습니다. 대신 알의 개수를 줄이고 알의 크기를 키우는 방향으로 진화가 이루어집니다. 계란이나 메추리알과 연어알 혹은 날치알을 생각해 보면 이해가 갈 것입니다. 물고기 알에 비해 적게는 수백 배에서 많게는 수만 배 크기의 알이 나타납니다. 알에 투자해야 하는 암컷의 몫이 커짐에 따라 암컷과 수컷 사이의 전쟁도 더 치열해졌습니다. 알의 개수가 적어지고 정자를 미리 받아 수정을 하니 암컷은 수컷을 보다 신경 써서 고를 수밖에 없습니다. 이렇게 암컷의 선택이 깐깐해지니 수컷들 또한 힘들어집니다. 암컷의 간택을 받기 위한 자기들 사이의 경쟁이 더 치열해진 것이죠.

하지만 어미와 아비의 치열함과 무관하게 초기 육상 척추동물의 새끼들에게도 또 다른 변화가 있었습니다. 양서류의 가장 큰 특징은 어릴 때(유생기)에는 아가미를 가지고 물속에서 살고, 커서 성체가 되면 폐호흡을 한다는 것이죠. 양막 척추동물의 선조도 마찬가지였을 겁니다, 그런데 알에서 태어나 보니 이미 말라버린 물웅덩이라면 얼마나 황당할까요? 처음에는 부모가 알에서 깨어난 자식을 자신의 입에 머금고 가까운 물로 데려가는 수고를 했을 것입니다. 물론 많이도 죽었을 거고요. 새끼의 입장에선 충분한 물이 없는 곳에서 태어나게 된다면 아가미로 호흡하는 시기가 짧을수록 생존율이 높았을 겁니다. 점점 이 아가미 호흡을 하는 시기(유생기)를 줄이는 방향으로 진화가 이루어졌고. 마침내 알 속 배아 시절 아가미가 잠시 모습을 드러냈다가 바로 폐를 형성하는 방향으로 나아갔습니다. 뒤에서 더 자세히 다루도록 하겠습니다.

현재의 육상 척추동물들은 파충류건 포유류건 조류건 모두 알 속에서 혹은 엄마의 자궁에서 배아 시기에 잠시 아가미구멍을 가지고 이후 아가미구멍이 닫히면서 폐가 만들어집니다. 그리곤 태어나자마자 폐로 호흡을 하지요. 인간의 배아도 마찬가지입니다. 처음에 아가미구멍이 생기지만 곧 사라지면서 폐가 만들어지지요. 양막을 가진 알을 낳게 되는 변화는 육상 척추동물이 강이나 바다와의 인연을 완전히 끊고 진정한 육상동물이 되는 과정이기도 했습니다.

육지에서 숨쉬기

우리는 폐로 숨을 쉽니다. 인간이 그러니 다른 동물도 다 그런 줄 알지만 사실 폐로 숨 쉬는 건 아주 일부에 지나지 않습니다. 곤충은 기관으로 거미는 서폐book lung로 물속의 많은 동물들은 아가미로 숨을 쉽니다. 그리고 아예 호흡기관이 없는 동물도 많습니다.

진화의 초기 동물들은 별도의 호흡기관이 필요하지 않았습니다. 크기가 작으면 그저 확산만으로도 숨을 쉴 수 있기 때문이죠. 확산? 그렇습니다. 숨을 쉰다는 것의 의미를 다시 한 번 생각해봅시다. 우리 몸의 세포 모두는 호흡을 합니다. 여기서 호흡이란 영양분(주로 포도당)과 산소를 가지고 ATP라는 에너지 화폐를 만드는 겁니다. 이 과정에서 부산물로 이산화탄소가 생기고 별 필요 없으니 버립니다. 세포가 산소를 흡수하고 이산화탄소를 내놓는 건 모두 세포막을 통해서 이루어집니다. 이렇게 산소를 흡수하고 이산화탄소를 내놓는 걸 기체 교환이라고 합니다.

그리고 대부분의 단세포생물은 물속에 사니 물에 녹아 있는 형태로 산소를 물과 함께 흡수하고, 이산화탄소도 물과 함께 내놓습니다. 단세포생물은 아니지만 산호나 말미잘, 해파리 같은 녀석들도 몸의 두께가 아주 얇아 대부분의 세포들이 물과 직접 접촉하면서 기체를 교환하기 때문에 별도의 호흡기관이 필요 없습니다. 물과 직접 접촉하지 않는 세포도 바로 옆 세포가 물에 접하고 있으면 별 문제가 없습니다. 물에 포함된 산소가 확산하면서 자연스럽게 다가오고, 이산화탄소도 마찬가지로 자연스럽게 빠져나갑니다. 미역이나 김 등의 해초들도 마찬가지지요.

하지만 개체의 내부가 복잡해지면서 몸 안쪽 깊숙한 곳의 세포는 확산으로만 기체 교환을 하기가 힘들어집니다. 그래서 따로 산소를 공급해 주고 이산화탄소를 수거하는 기관이 필요하게 되었죠. 처음 물속에만 생물들이 살 때 동물이 처음 만든 호흡기관은 아가미였습니다만 아가미에 대해선 다른 곳에서 따로 이야기할 터이니 지금은 육상에 올라온 척추동물의 호흡에 대해서만 살펴봅시다.

개구리나 두꺼비는 양서류라고 합니다. 물과 땅 '양'쪽에 '서'식하는 동물이란 뜻이지요. 하지만 개구리 같은 양서류는 사실 어려서는 물속에서만 살 수 있고, 커서는 물 밖에서만 살 수 있는 동물이지요. 다른 이유도 있지만 가장 중요한 이유는 어려서는 아가미로 호흡을 하고, 커서는 폐로 호흡을 하기 때문이죠. 폐가 아가미가 진화하거나 변해서 된 거라고 생각하는 분도 간혹 있는데, 전혀 사실이 아닙니다.

대표적인 예로 폐어lungfish *라는 물고기가 있습니다. 한글 이름도 영문 이름도 이 물고기의 '폐를 가지고 있다는 특징'을 적나라하게 드러냅니다. 고생대 데본기에 출현한 이 녀석들은 우기에는 많이 퇴화되었지만 아직 기능을 잃지 않은 아가미구멍으로 물속에서 숨을 쉬고 건기가 되면 폐로 숨을 쉽니다. 즉 이들은 폐와 아가미 둘 다 가지고 있는 거지요. 처음 연구자들이 폐어를 발견했을 때는 폐로 숨을 쉬는 것을 보고 이들

---

* 정확히는 육기어강Sarcopterygii의 폐어아강Dipnoi에 속하는 어류를 일컫습니다. 총 3속 6종의 폐어가 현재 살아 있는데 오스트레일리아에 카라토두스목의 1속 1종, 남아메리카에 레피도시렌목 남아메리카폐어과의 1속 1종, 나머지는 모두 아프리카에 사는 레피도시렌목 아프리카페이과의 1속 4종입니다.

이 육상 척추동물의 선조라고 생각했습니다. 무리도 아니죠. 하지만 우리 육상 척추동물의 먼 선조는 데본기에 이미 폐어와 갈라선 사지형어류입니다. 물론 사지형어류도 폐어와 마찬가지의 방법으로 폐를 진화시켰을 것이라 여겨집니다.

그럼 폐는 어떻게 진화한 것일까요? 물에서 아가미로 호흡을 하며 살다가 "난 이제 육지로 나갈 거니까 폐를 진화시켜야돼", 이러진 않았을 거란 말이죠. 진화의 이유는 물에서 호흡하기가 힘들어진 물고기들의 안간힘이었습니다.* 지금도 민물에 사는 물고기들 중에는 아가미 말고 다른 기관으로 호흡을 하는 이들이 꽤 많습니다. 미꾸라지나 메기는 장으로 공기 호흡**을 하여 아가미와 피부호흡만으로는 부족한 산소를 확보합니다. 이들은 시시 때때로 수면 위로 머리를 내밀어 공기를 빨아들인 뒤 장에서 산소를 흡수하고 항문으로 남은 기체를 내보내는 모습을 보이죠. 이때 항문 주변에서 공기 방울이 빠져나오는 것을 어렵지 않게 발견할 수 있습니다. 가물치나 버들붕어 등은 래버린스 기관Labyrinth organ으로 공기 호흡을 합니다. 미로기관이라고도 하는 래버린스 기관은 아가미의 일부가 변화되어 만들어진 기관으로 폐와는 그 기원이 다릅니다. 이

---

* 졸저『경계: 배제된 생명들의 작은 승리』참고.

** 장호흡은 위장이나 소장 또는 대장의 표면에 있는 상피세포층을 통해서 기체교환, 즉 산소를 흡수하고 이산화탄소를 내놓는 과정을 말합니다. 기체간의 분압차에 의한 확산 현상을 이용하는 기본 원리는 아가미나 폐와 같습니다. 물고기만 하는 것은 아니며 환형동물인 개불의 경우도 항문으로 바닷물을 흡수하여 직장에서 장호흡을 합니다. 거북의 부방광, 해삼의 수폐, 잠자리 유충의 직장 또한 마찬가지의 기능을 합니다.

<그림22> 폐어

들 물고기는 수면위로 입을 내밀어 공기를 빨아들여 이 래버린스 기관으로 보내 공기 호흡을 합니다. 물론 이들도 아가미호흡을 하지만 래버린스 기관에 의한 의존도가 굉장히 높아서 만약 공기 호흡을 하지 못하게 되면 오래 생존하기 힘듭니다.

이처럼 많은 민물고기들이 아가미 이외의 호흡기관을 확보하게 된 것은 민물의 특수한 사정 때문이죠. 바닷물에 비해 물 자체의 절대량이 작은 민물의 경우 외부 환경의 변화에 대단히 민감하게 반응합니다. 여름이 되면 바닷물보다 그 절대량이 작은 민물은 훨씬 빠르게 수온이 올라갑니다. 이렇게 수온이 상승하면 물속의 산소 농도는 급격히 낮아지게 되지요. 또 홍수가 나거나 산사태 등으로 흙이 강물에 쏟아져 들어와도 산소 농도는 순식간에 감소합니다. 물속의 산소가 흙에 있던 다양한 무기염류와 결합하여 사라지기 때문이죠. 혹은 갑작스러운 녹조 현상이 일어나기도 합니다. 이런 여러 가지 이유로 수중 산소 농도가 낮아지면 아가미만으로는 생존에 필요한 산소를 모두 공급하기는 아무래도 힘들게

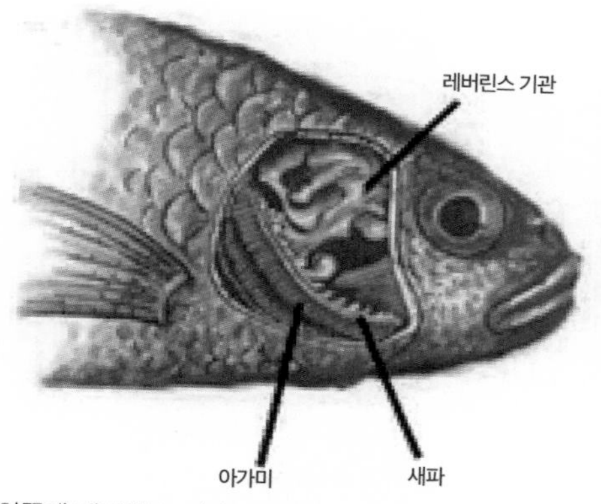

<그림23> 위쪽에 레버린스 기관, 아래쪽에 아가미가 있다. 동남아시아 베타의 해부도

됩니다. 이런 수중 상황에 대응이 가능한 물고기들만이 민물에서 살아남을 수 있습니다. 물고기들이 산소와 접촉할 수 있는 방법은 두 가지입니다. 하나는 물에 녹아 있는 산소를 물과 함께 들이마시는 것. 이는 아가미로 이미 하고 있지요. 다른 하나는 공기 중의 산소를 들이마시는 것이죠. 입으로 공기 중의 산소를 마시면 해부학적 특성상 이 산소는 식도를 거쳐 위와 소장 그리고 대장을 거치게 됩니다. 그래서 어떤 물고기는 장호흡을 하고 또 다른 물고기는 래버린스 기관이란 걸 만들었듯이 또 다른 종류는 폐를 만들었습니다.

폐는 장호흡을 하는 물고기들과 비슷하게 소화기관의 일부가 발달하면서 형성됩니다. 하지만 그 부위가 소장이 아니라 식도 쪽입니다. 식도의 한 부분이 부풀어 올라 주머니처럼 발달하고 그 주변에 실핏줄들이 집중되면서 폐로 발전한 것이죠. 〈그림24〉는 폐의 진화 과정을 보여줍니다. 처음에는 식도의 한쪽이 부풀어 올라 주머니가 됩니다. 이때는 입으로 삼킨 공기가 이 주머니에 모여서 공기 호흡을 했겠지요. 이때 공기 중

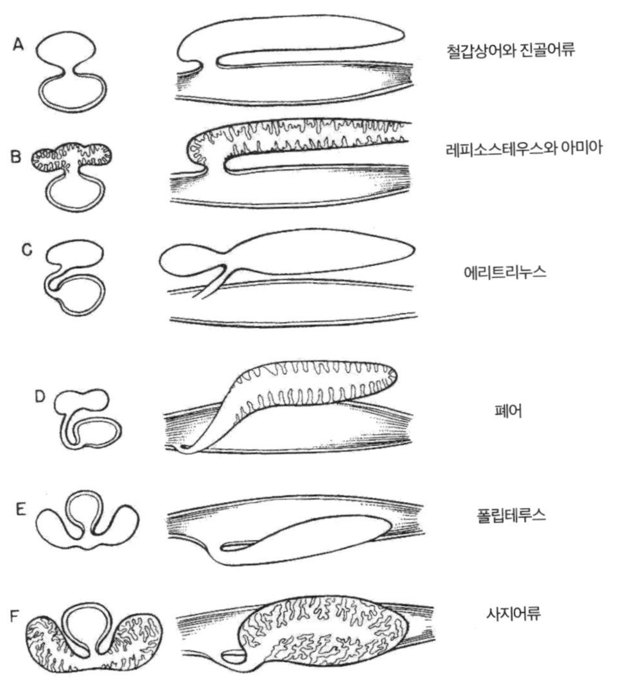

<그림24> 다양한 물고기와 사지어류의 폐와 부레들

의 산소는 주머니의 막을 통해 혈액으로 확산됩니다. 그럼 막의 표면이 더 넓어지면 아무래도 공기 호흡 효율이 높아지겠지요? 그래서 진화는 막의 표면을 주름지게 해서 표면적을 넓힙니다. 처음에는 주름 정도만 졌다면 진화가 거듭되면서 주름진 표면 자체에 다시 작은 주름이 지면서 점점 복잡한 구조가 됩니다.

또 주머니의 크기도 점점 커지게 되죠. 그리고 식도와 나눠집니다. 물론 완전히 분리되진 못해서 목에 식도와 기도를 나누는 장치가 마련되지요. 후두개가 바로 그 장치로 먹은 음식이 기도로 넘어가는 걸 막아주는 역할을 합니다. 이 과정은 물속에서만 일어나진 않았습니다. 이렇게 원시적인 폐를 갖춘 물고기 중 일부가 육지에 진출했고, 육지에 진출한 사건은 폐의 기능을 더욱 강화시키고 그 구조를 더 심화시켰던 겁니다. 결국 폐는 산소 농도가 자기 마음대로 변하는 민물에 살았던 물고기들에 의해서 만들어졌던 것이죠. 그런데 지금껏 물고기로 통칭했지만 사실 고생대 민물로 진출해 폐를 발전시켰던 어류는 조기어류와 육기어류 두 종류로 나뉩니다. 두 어류에 대해선 뒤에서 더 자세히 다루도록 하죠.

이 중 우리가 만나는 대부분의 물고기들이 속한 조기어류는 이 폐를 부레로 발전시킵니다.* 이들은 폐를 공기 호흡을 하는 데 쓰기보다는 물속에서 이동하는 데 주로 쓰이는 부력기관으로 변화시켰는데 이것이 부레죠. 부레를 가지게 된 조기어류는 물속에서 보다 원활한 이동이 가능해졌습니다. 또한 상승과 하강에 드는 에너지를 감소시켜 생존력을 높였죠. 이렇게 부레를 가지면서 보다 강한 경쟁력을 가지게 된 조기어류는 다시 바다로 진출하여 자신을 쫓아냈던 판피어류와 연골어류를 물리치고 바다의 주인 자리를 차지하게 되었습니다. 중생대 초기 어룡이 멸종된 원인 중 하나가 이들의 귀환이라는 주장도 있습니다. 하지만 앞서 언급했던 것처럼 바다에서는 조기어류에 비해 경쟁력이 떨어지는 육기어류는 영광스러운 귀환을 할 수 없었습니다.

---

* 부레와 폐 중 어느 것이 먼저 만들어졌는지에 대해서는 부레가 먼저라는 가설과 폐가 먼저라는 가설 두 가지가 있습니다.

물고기에서 육상 척추동물로 진화하기

그럼 왜 조기어류는 육상에 진출하지 못하고 육기어류만 진출했을까요? 이 부분에 대한 속 시원한 해답은 없습니다. 뭐 여러 요인이 있었겠지요. 육기어류의 지느러미는 속에 근육이며 뼈가 들어 있다 보니 장시간 헤엄을 치게 되면 지구력이 딸렸을지도 모릅니다. 반대로 물이 얕은 곳에선 바닥을 짚으며 다니기가 더 편했을 수도 있고요. 또 육기어류에선 폐가 되었던 부위가 조기어류에선 부레가 되었다는 점도 지적해야겠네요. 많은 연구자들이 폐가 진화해서 부레가 되었다고 하지만 일부에서는 부레가 먼저 생겨나고 이어 폐로 진화했다는 주장도 있습니다.

흔히 접하는 잘못된 진화의 상식 하나가 여기서도 나타납니다. 물고기에서 양서류로, 양서류에서 파충류로, 파충류에서 포유류로 척추동물이 진화했다는 내용이죠. 실제로는 포유류의 조상과 파충류의 조상, 양서류는 서로 독립적으로 진화했다고 대부분의 과학자들은 생각합니다.

일단 육상 진출의 단계를 살펴보죠. 보통 육상진출 과정은 다섯 단계로 나눕니다. 먼저 앞서 이야기했던 육기어류, 그 다음은 원시사지동물prototetrapods, 수생 사지동물watertic tetrapods, 진정 사지동물true tetrapods 육상 사지동물terrestrial tetrapods 정도의 단계로 나뉩니다.

〈그림25〉의 에우스테노프테론Eusthenopteron 을 보시죠. 겉으로 보기에는 잉어나 가물치랑 별 차이가 없어 보입니다. 실제로 그저 민물에서 살았던 수생동물입니다만 이후 나타나는 초기 사지동물들과 해부학적 공

<그림25> 에우스테노프테론

<그림26> 판데리크티스

통점을 가지고 있습니다. 즉 육기어류이면서 아직 사지동물의 전형적인 특징은 가지고 있지 않은 거지요.

〈그림26〉은 약 3억 8,000만 년 전 데본기에 살았던 판데리크티스Panderichthys 입니다. 겉으로 보기에는 지느러미가 아래로 이동한 모양 정도고 아직 물고기처럼 보입니다. 아마 물 밑바닥을 훑으며 먹이를 먹었을 것으로 보입니다. 아래쪽으로 향한 지느러미를 이용해서 이동했겠지요. 그런데 저 지느러미 속이 조금 특별합니다. 아직 관절은 보이지 않지만 지느러미 속 뼈 끝이 여러 갈래로 갈라져 있는 거죠. 겉으론 지느러미지만 안에서는 발가락이 만들어지고 있는 장면입니다. 그리고 하나 더 머리가 사지동물과 비슷하게 커진 점도 볼 수 있습니다.

〈그림27〉의 틱타알릭Tiktaalik은 3억 7,500만 년 전에 살았던 육기어류와 초기 사지동물의 과도기를 보여주는 화석이지요. 네발이 마치 거북의 발과 비슷한 모양입니다. 발인지 지느러미인지 구분이 잘 가지 않는 저

<그림27> 틱타알릭

지느러미에는 손목뼈와 손목뼈에서 뻗어 나온 손가락 비슷한 녀석들이 숨어 있습니다. 손가락이라고 하기에는 조금 애매해서 지느러미 줄fin rays 라고 합니다. 지느러미와 이어지는 견갑골과 오훼골을 가지고 있는 점도 중요합니다. 오훼골은 좀 낯설죠? 사지동물의 가슴에 있는 뼈로 어깨뼈, 빗장뼈와 함께 팔이음뼈를 구성합니다. 포유류에서는 퇴화되어 어깨뼈의 돌기가 되어 우리에게 낯선 거지요. 양서류나 파충류 조류에게선 선명하게 존재감을 드러냅니다. 견갑골은 흔히 날개뼈라고도 하죠. 그리고 흉곽이 이전 선조들에 비해 더 튼튼해진 걸 볼 수 있습니다. 즉 물밖에 나가서도 가슴을 지탱하는 데 도움이 되도록 발전한 거지요. 더 중요한 것은 이 틱타알릭은 목을 가진 (현재로서는) 최초의 물고기란 거지요. 일반적인 물고기들은 머리와 몸통 사이, 즉 목이 있을 부위에 뼈로 된 아가미 덮개가 있습니다. 그래서 머리를 자유롭게 움직이지 못하지요. 하지만 틱타알릭은 머리와 가슴의 견갑골 사이의 아가미 덮개가 사라지고 나름 훌쭉한 목을 가진 모습이 겉으로도 확연히 드러납니다. 얕은 물에 고개를 들고 있거나 땅 위에서 먹이를 잡아먹을 때 이전보다 자유롭게 움직일 수 있는 거지요.

눈과 콧구멍도 마치 악어처럼 위쪽에 있는데 이는 수면 위로 머리 윗

<그림28> 아칸토스테가

부분만 들어올려 외부 상황을 살피거나 공기 호흡을 하는 데 퍽 유리했을 겁니다. 사실 틱타알릭과 가장 닮은 현존 생물은 악어죠. 틱타알릭이 물과 육지를 오갔지만 거의 대부분 수생생활을 했다고 여기는 이유이기도 합니다.

〈그림28〉은 틱타알릭보다는 조금 덜 하지만 그래도 꽤 유명세를 타고 있는 아칸토스테가Acanthostega 입니다. 겉으로 드러나는 모양을 봐도 틱타알릭보다 훨씬 육상 척추동물에 가까운 모습이지요? 이제 머리는 제법 육상 척추동물과 닮아있습니다. 사지도 보다 분명합니다. 사실 아칸토스테가는 현재까지 발견된 것으로는 최초로 네 다리를 가진 척추동물입니다. 그리고 발가락도 선명하게 보이지요. 하지만 육상 척추동물은 아닙니다. 우선 갈비뼈가 육상 척추동물보다 짧아 육상에서 흉곽을 유지하기 힘들었을 것으로 보이고, 발의 구조도 오래 걷기에는 무리가 있습니다. 발가락 사이의 물갈퀴도 있었지요. 아가미도 가지고 있고요. 아마 수초가 많은 얕은 물에서 살기에 적합하지 않았나 생각합니다.

그러나 발가락이 분명한 것뿐만 아니라 주로 뒷다리를 이용해서 이동했다는 점은 육상 척추동물로 한걸음 더 다가간 모양이지요. 하지만 아칸소스테가는 우리의 직계 조상은 아닙니다. 당시 육상 척추동물로 진화하는 과정에서 나타난 그리고 현존하는 후손을 남기지 못하고 사라진 무수한 생명 중 하나지요. 만약 아칸소스테가가 우리의 조상이라면 현재 육상 척추동물은 상당히 다른 모습일 겁니다. 아칸소스테가가 유명해진 또 다른 이유는 발가락이 8개 정도 되는 모습 때문이기도 하거든요.

다음 친구는 〈그림29〉의 이크티오스테가Ichthyostega 입니다. 이 친구도 3억 7,400만 년에서 3억 5,900만 년 사이인 후기 데본기에 살았던 것으로 알려져 있는데 최초의 네발동물 중 하나이지요. 앞서의 아칸소스테가에 비해 좀 더 아래쪽으로 내려간 다리와 위로 빳빳이 치켜든 머리가 인상적입니다. 양서류 중에서도 영원이나 도롱뇽과 비슷한 모습이죠. 해부학적으로 보면 아가미도 있지만 주로 허파를 사용해 산소를 얻은 것으로 보입니다. 이전까지의 중간 단계 동물들도 허파를 가지고는 있지만 산소를 얻는 과정은 주로 아가미였고 허파가 보조였던 것과 차이가 있지요. 또 이전 아칸토스테가나 틱타알릭이 주로 꼬리와 몸통 움직임으로 추진력을 얻었다면 이 녀석은 주로 다리로 이동하고 꼬리는 균형을 잡는 데 썼을 것으로 보입니다.

해부학적 모습은 확실히 이전 녀석들보다 육상에 더 적응한 모습입니

<그림29> 이크티오스테가

다. 하지만 갈비뼈가 서로 겹쳐져 있어서 몸을 옆으로 움직이지 못했습니다. 또 앞다리가 회전운동을 할 수도 없었죠. 즉 개나 도마뱀이 왼쪽 다리를 앞으로 옮기고 다시 오른쪽 다리를 앞으로 옮기는 식으로 걷는데 이 친구는 그게 불가능했던 거죠. 결국 이 친구가 육지에서 움직일 때는 물개가 몸을 아래위로 흔들면서 앞 지느러미를 동시에 앞으로 내미는 것처럼 움직였을 겁니다.

그런데 이 녀석은 발가락 개수가 6개였습니다. 앞서의 아칸토스테가와 이 녀석의 발견으로 과학자들은 고민에 빠집니다. 현존하는 모든 육상 척추동물은 발가락이 다섯 개입니다. 겉으로 보기에는 소처럼 하나로 혹은 말처럼 둘로 보이기도 하고 개나 고양이처럼 네 개로 보이기도

<그림30> 하네르페톤

<그림31> 둘레르페톤

하지만 해부학적으로 살펴보면 아예 다리가 없는 고래에서 인간에 이르기까지 모두 발가락(혹은 손가락)은 다섯 개입니다. 그래서 과학자들은 원래 발가락이 다섯 개인 것이 육상에 진출하기 전에 이미 결정된 사항이라고 생각했지요. 그런데 과도기 생물들 중 초기 생물들이 모두 다섯 개 이상의 발가락을 가지고 있는 거지요. 더구나 뒤에 나오는 툴레르페톤 역시 발가락이 여섯 개입니다.

결국 더 많은 발가락을 가지고 있다가 육상 진출 후 발가락의 개수가 다섯 개로 줄었다는 것이 현재의 결론입니다. 하지만 아직 해소되지 않은 논쟁이 있습니다. 다섯 개로 줄어든 것이 최초에 한 번 일어나고 그 뒤 양서류와 파충류의 분화가 일어났는지 아니면 양서류와 파충류형(파충류와 포유류)에서 각각 따로 발생했는지가 바로 그것입니다.

이크티오스테가 뒤로 하네르프페톤Hynerpeton, 툴레르페톤Tulerpeton 등의 초기 사지형 동물들도 있습니다. 이들은 모두 3억 9,000만 년 정도에서 3억 6,000만 년 정도 사이인 후기 데본기에 발견된 화석들이지요. 하지만 이들은 육상 생활에 확실히 적응했다기보다는 물에서 주로 살지만 필요에 따라 육상생활도 겸한 동물들이라 볼 수 있습니다. 그래서 이들을 현재와 같은 네발동물tetrapod로 구분하진 않습니다. 진정한 의미의 네발동물은 석탄기가 되어야 나타나지요.

4억 2000만 년 전

턱이 있는 물고기

3억 7000만 년 전

육상척추동물의 등장

2억 년 전

포유류의 2심방 2심실

4장

등뼈를 가진 동물

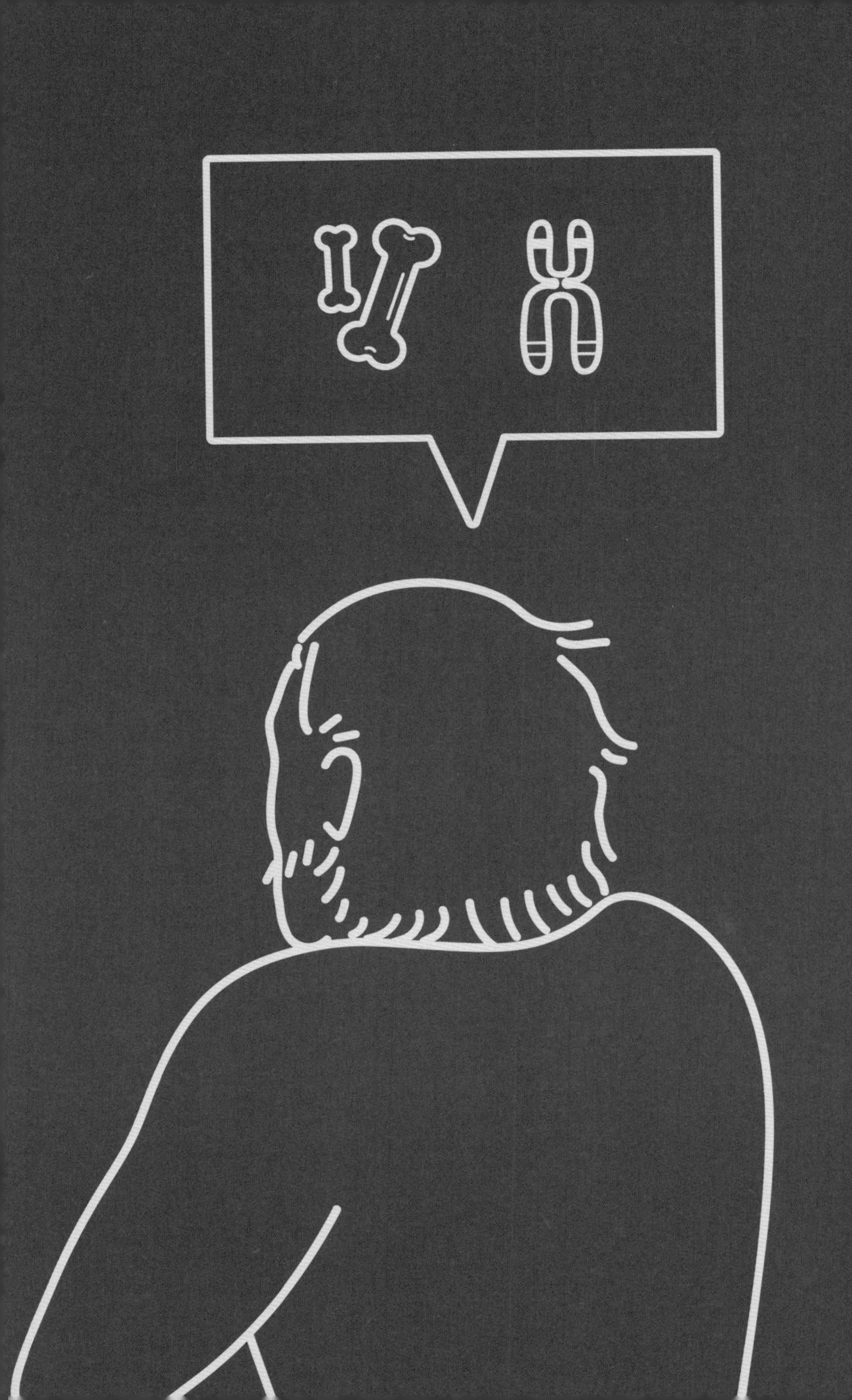

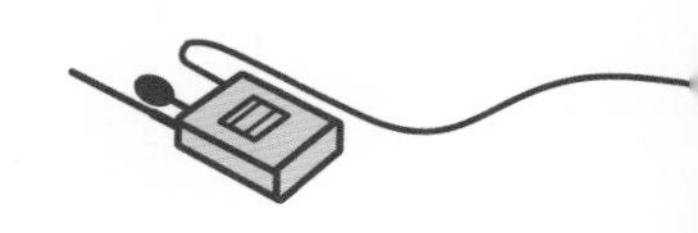

옛날 이야기 중 이런 게 있습니다. 문어가 멸치에게 시비를 겁니다. "거기, 생선 축에도 못 끼는 쪼끄마한 놈은 좀 비켜라." 멸치가 당당히 받아칩니다. "뼈도 없이 흐느적거리는 놈이 어디 뼈대 있는 집안 출신에게 가라 마라야!" 너무 작아 간과하기 쉽지만 멸치의 말이 맞습니다. 멸치 같은 작은 녀석도 우리처럼 뼈대 있는 집안인 척추동물에 속해 있습니다.

우리는 동물을 척추동물과 무척추동물로 주로 나누곤 하죠. 그러나 사실 척추동물이 동물계 전체에서 차지하는 지분은 40분의 1 정도도 되질 않습니다. 아주 소수지요. 우리가 소속되어 있는 '뼈대 있는' 척추동물 가문의 계보와 함께, 우리보다 더 많은 지분을 차지하는 동물들은 우리와 어떤 점에서 다른지도 살펴보는 시간을 이쯤해서 가질까 합니다. 복잡한 동물의 갈래 속에서 인간이 어디쯤에 있는지 한 번 정리해 보죠. 책 앞에 수록되어 있는 계통도 4쪽을 함께 보시면서 이 장을 읽어 나가시길 권합니다. 워낙 방대하다 보니 모든 계통을 싣진 못했지만 도움이 되시길 바랍니다.

뼈대 있는 가문의 계보 정리

지금으로부터 7억 년 정도 전에 척추동물은 다른 척삭동물과 작별하면서 독자적인 길을 걷기 시작합니다. 그럼 척삭notochord을 먼저 이야기해야겠지요? 다들 척추 안에 척수, 척추신경이 지나고 있다는 건 아실 겁니다. 이 신경은 뇌와 머리 아래 온몸의 감각기관 그리고 운동기관을 연결하는 아주 중요한 부분이죠. 그래서 척삭동물은 이 척추신경을 보호하는 일종의 튜브를 만드는데 이걸 척삭이라고 합니다. 척추동물은 아주 어릴 때 이 척삭을 가지고 있다가 등뼈, 즉 척추가 생기면서 척삭이 사라지지요. 그럼 나머지 척삭동물들은 어떤가 하면 어릴 때는 가지고 있다가 커서는 사라지는 종류도 있고, 머리 쪽에 척삭을 평생 지니고 사는 동물(두삭동물)도 있으며 꼬리 쪽에 평생 지니고 사는 동물(미삭동물)도 있습니다.

척추동물의 가장 가까운 친척인 다른 척삭동물 중에는 깜짝 놀랄 만한 동물도 있는데 대표적인 것이 미더덕과 멍게입니다. 겉으로 보기에는 차라리 거북손이나 전복하고 비슷해 보이지요. 정확히 분류를 하자면 척삭동물문 피낭동물아문 해초강에 속하는 어엿한 척삭동물입니다. 이들의 어린 시절을 보면 왜 이들이 척삭동물에 속하는지 이해가 갑니다. 〈그림32〉에서 보이는 것처럼 멍게 유생은 꼭 올챙이를 닮았습니다. 중추신경과 그를 둘러싼 척삭도 보이고, 머리 부분에는 눈도 있고 뇌 같은 고등기관들이 있지요. 이쯤 되면 우리와 친척뻘은 된다는 게 이해가 됩니

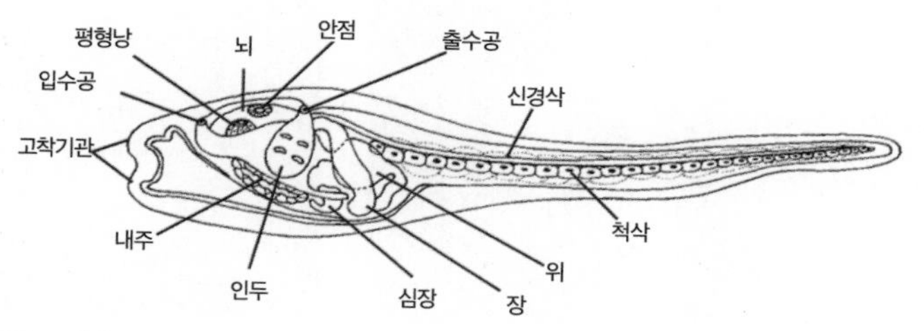

<그림32> 멍게 유생

다. 하지만 멍게 유생은 자라면서 신체 부위를 정리하게 됩니다. 입수공과 출수공을 통해 바닷물을 마셔 그 속의 플랑크톤을 먹이로 삼고 나머지 물을 내놓는 일을 반복하고, 그 사이 번식을 위해 정자를 내보내고, 난자를 만드는 일 이외에 신체가 하는 일이 없습니다. 그러니 필요 없어진 뇌며 신경이며 눈을 분해해서 다른 일에 쓰는 것이죠. 우리가 아는 멍게가 되는 겁니다.

그럼 이제 척추동물을 살펴봅시다. 흔히 저지르는 실수 중 하나가 척추동물을 어류, 양서류, 파충류, 조류, 포유류로 나누는 겁니다. 이는 마치 전라남도라는 광역자치단체를 종로구나 서초구 등과 같이 취급하는 것과 마찬가지입니다. 일단 척추동물은 크게 턱이 있는 동물과 턱이 없는 동물로 나눕니다. 각기 유악동물과 무악동물이라고 하지요. 하악수술한다고 할 때의 그 악顎자입니다. 턱이란 뜻이지요. 우리 인간이 턱이 있으니 다른 척추동물들도 턱을 가지고 있으리라 생각하지만 사실 턱이 생긴 건 척추동물이 다른 척삭동물과 헤어지고도 한 2억 년 이상이 걸린 일입니다. 지금도 턱이 없는 척추동물들이 살고 있지요. 심지어 우리가 먹기까지 합니다. 바로 먹장어지요. 경상남도와 부산 지역에서 꼼장

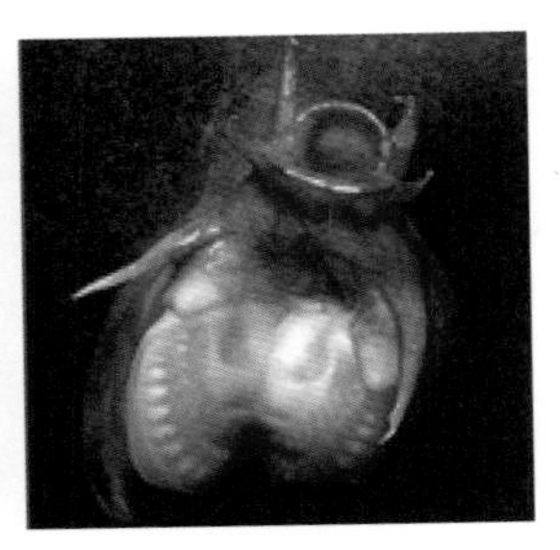

<그림33> 먹장어의 입이 닫힌 모습(왼쪽)과 열렸을 때의 모습(오른쪽)

어라고 부르는 녀석들입니다.

사실 이 먹장어와 민물장어가 서로 비슷하다고 생각하실지 모르지만 민물장어 입장에서는 참으로 가소로운 이야기지요. 민물장어는 우리처럼 모두 턱이 있는 유악동물이고, 먹장어는 무악동물이니까요. 먹장어의 머리, 특히 입 부분을 보신 적이 있나요? 요사이는 수도권에서도 많이들 먹고 있긴 하지만 우리가 보는 먹장어는 이미 손질을 거친 다음이라 보지 못한 경우가 대부분일 겁니다. 먹장어 입을 보면 왜 무악동물을 따로 나누는지 실감하실 겁니다. 아래턱이 없이 머리의 앞부분 거의 전체가 입인데 아래위로 열리는 게 아니라 사방으로 열립니다. 우린 먹장어가 더 친숙하지만 사실 먹장어를 식용으로 먹는 건 우리나라와 일본뿐이고, 전 세계적으로 보면 무악어류 중 더 친숙한 것은 칠성장어입니다. 아가미구멍이 7개라서 붙여진 이름인데 우리나라와 일본뿐 아니라 유럽에서도 많이 먹지요. 물론 칠성장어도 입을 보면 괴이한 건 사실입니다.

그럼 유악동물은 또 어떻게 나눌까요? 이제 턱이 있으니 같은 계통 아니냐고 생각하시겠지만 뼈를 가지고 또 나눕니다. 단단한 뼈를 가지면 경골어류, 물렁뼈로만 이루어지면 연골어류라고 하지요. 원래 이 두 가

<그림34> 칠성장어의 입

지 말고도 판피어강과 극어강이라고 더 있었는데 모두 멸종해 지금은 두 가지 종류입니다. 연골어류의 대표적인 동물이 상어와 가오리지요. 이들의 가장 큰 특징은 뼈가 온통 물렁뼈로 이루어져 있다는 것인데, 그것 말고도 부레가 없어 가만히 있으면 물 밑으로 가라앉는다는 특징도 가지고 있습니다. 그래서 이들은 대신 간에 지방을 저장해서 부력을 조금 얻고 잠시도 쉬지 않고 헤엄을 치지요. 가만히 있으면 계속 아래로 가라앉기 때문입니다.

이제 드디어 온전한 척추에 턱도 있고 뼈도 딱딱한 경골어류까지 왔으니 완전히 정리가 된 걸까요? 아쉽게도 아직 한 단계가 남아 있습니다. 현존하는 경골어류는 크게 두 종류입니다. 하나는 바다나 민물의 물고기 모두가 해당되는 조기어류고요. 나머지 하나는 육기어류입니다. 조기어류는 피부가 변해서 지느러미가 된 물고기들입니다. 지느러미 안에 뼈가 있긴 해도 가시 같은 형태지요. 현존하는 물고기들 중에 앞에서 다른 종류라고 했던 것 이외에 거의 모든 물고기가 이 종류입니다. 앞서 살펴보았듯이 바다와 강에서 대성공을 거둔 종류지요. 그리고 나머지 하나는 육기어류인데 지느러미 안에 살과 뼈가 들어 있는 물고기지요. 현재

폐어와 실러캔스 딱 두 종류만 존재합니다. 그런데 바로 이 육기어류가 육상 척추동물의 조상입니다. 즉 조기어류는 우리의 직계가 아니라 한 4억 년 전에 갈라진 방계인 셈이지요. 결국 육상 척추동물은 초기의 척삭동물로부터 척추동물로, 다시 유악어류로, 경골어류로, 그리고 육기어류로 이어지는 척추동물의 한 갈래의 현재 진화 단계에 해당하는 동물인 셈입니다.

우리는 어디에 있을까

척삭동물이 동물계 전체에서 차지하는 지분이 아주 작다고 했지요? 그럼 동물계 전체가 어찌 나뉘는지도 한 번 알아볼까요? 동물계는 크게 측생동물아계와 진정후생동물아계로 나뉩니다. 아이고, 이름이 좀 이상하지요. 아계란 계보다는 조금 작지만 문보다는 좀 더 넓은 범위를 이야기합니다. 원래 생물을 분류할 때는 종-속-과-목-강-문-계가 기본입니다. 사람을 예로 들면 사람종-사람속-사람과-영장목-포유강-척삭동물문-동물계 이렇게 되는 거지요. 하지만 분류를 하다 보니, 그리고 계속 새로운 종류의 생물을 발견하다 보니 이렇게 7단계로는 좀 애매한 부분들이 생깁니다. 그래서 버금 아亞를 써서 아계, 아문, 아강 이런 식으로 중간 단계를 나누기도 합니다. 반대로 윗 상上자를 써서 조금 더 넓은 범위를 나타내기도 하지요. 상강, 상목, 상과 같은 식으로요. 어찌 되었건 동물은 전체적으로 동물계animal kingdom에 속합니다만 측생동물과 진정후생동물은 서로 워낙 기본 구조에 차이가 있어 계까지는 아니더라도 아계 정도로 나누자는 이야기인 거지요.

측생동물이란 명칭은 동물계 전체로 봤을 때 본류의 옆 가지 정도라는 의미로 동물이 처음 지구에 나타났을 때, 다른 동물들과 애초에 분리가 된 딴 집 동물이란 뜻입니다. 동물들 대부분이 같은 종류의 세포들이 모여 만든 조직(상피조직이나 근육조직)을 가지고 있는데, 이 녀석들은 그런 조직조차 없지요. 단세포생물 중 일부가 동물로 진화하는 과정 아주

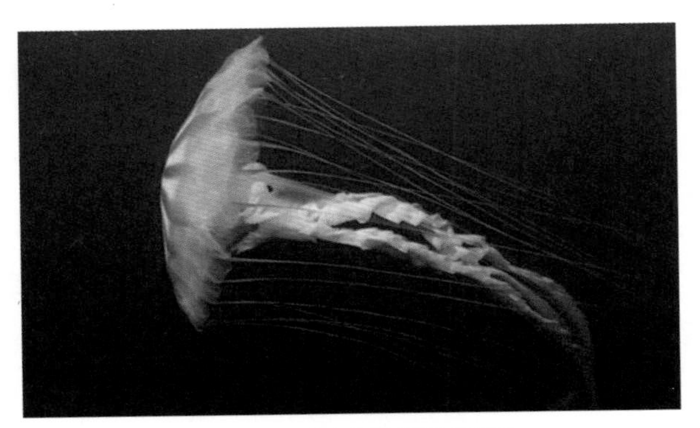

<그림35> 방사대칭동물인 해파리

초기에 본류에서 떨어져나간 친구들입니다. 크게 해면동물문과 판형동물문으로 나뉩니다. 해면동물은 말 그대로 스폰지 모양인데요, 사실 스폰지의 어원이 이 해면sponge이죠.

그럼 진정후생동물아계란 간단히 말해서 나머지 본류에 해당하는 동물을 일컫는 분류군이지요. 이들은 다시 어떤 대칭을 따르느냐에 따라 방사대칭 동물과 좌우대칭 동물로 나눕니다. 방사대칭 동물군이란 해파리나 말미잘, 산호 같은 녀석들을 이야기합니다. 방사대칭이란 피자 같은 거지요. 좌우나 앞뒤의 구분이 없습니다. 아무 방향으로 잘라도 양쪽이 같은 모양이지요. 이런 걸 방사대칭이라 하고, 이런 대칭구조를 가진 동물을 방사대칭 동물이라 합니다.

이에 반해 나머지 동물은 좌우대칭입니다. 장어를 반으로 자른다고 가정합시다. 도마에 장어를 놓고 가운데를 툭 자르면 한쪽은 머리고 반대쪽은 꼬리니 같지 않습니다. 이번에는 장어를 아래쪽과 위쪽으로 나눈다고 생각해 보지요. 위쪽에는 눈, 뇌, 등지느러미 등이 있고 아래쪽에는 입, 배지느러미, 소화기관 등이 있어서 또 대칭적이지 않습니다. 이번에는 장어를 길이 방향으로 좌우로 나누면 양쪽이 거의 같지요. 이렇게 왼쪽과 오른쪽이 대칭을 이루는 동물를 좌우대칭 동물이라고 합니다.

좌우대칭 동물은 다시 여덟 가지 종류로 나눕니다. 직유동물문, 능형동물문, 무장동물문, 모악동물문, 편충동물상문, 촉수담륜동물상문, 탈피동물상문, 후구동물상문인데요 이름이 다들 낯설지요? 사실 직유동물문, 능형동물문, 무장동물문, 모악동물문은 저도 그 실체를 한 번도 본적이 없습니다, 대부분이 물에 사는 다른 동물 몸속에서 기생하고 있다고 합니다. 그냥 문이 아니라 '상문'이라 붙어 있는 이들은 몇 개의 문을 합쳐서 하나로 묶은 것이죠. 이들 모두를 살펴보는 건 큰 의미가 없으니 대표적인 것만 보도록 하죠. 편충동물상문에 속하는 동물문은 모두 일곱 개인데 이들 또한 대부분 들어본 적도 없는 동물들입니다.

촉수담륜동물상문으로 가면 다시 아홉 개의 문이 있는데 그 중 환형동물문과 연체동물문은 그래도 익숙한 동물들이 있습니다. 환형동물문에 속하는 대표적인 동물이 지렁이입니다. 그 외에도 갯지렁이나 거머리도 여기에 속합니다. 연체동물문에는 우리가 아는 많은 바다생물이 속하죠. 조개가 일단 이곳에 속합니다. 흔히 껍데기가 두 개라고 이매패류라고도 하지만 분류로는 연체동물문의 부족강에 속합니다. 다리足가 도끼斧 모양이란 뜻이지요. 그리고 보통 껍데기가 하나인 소라나 고동 같은 경우는 다리足가 배腹에 달렸다고 복족강이라고 합니다. 또 오징어나 낙지, 문어도 연체동물에 속하는데 이들은 머리에 다리가 달렸다고 두족강이라고 합니다.

탈피동물상문에도 우리 눈에 익은 동물들이 꽤 있습니다. 전체적으

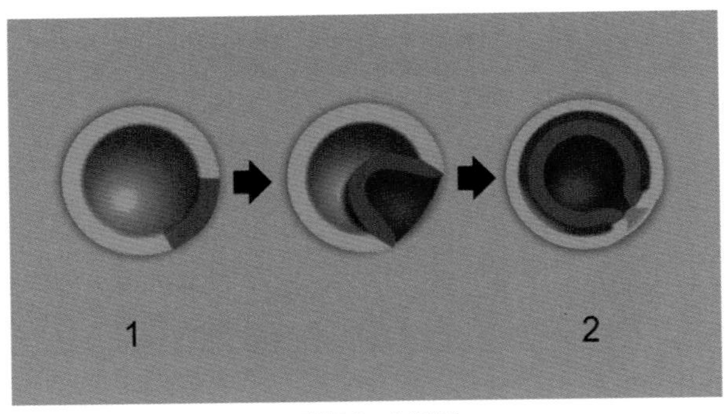

<그림36> 낭배기

로는 9개의 동물문이 있는데 우리에게 익숙한 절지동물이 여기 소속됩니다. 즉 다리가 여섯 개이고 몸이 머리, 가슴, 배로 나뉘는 곤충이나 다리가 여덟 개이고 몸이 머리·가슴과 배 두 부분으로 나뉘는 거미, 다리가 열 개인 게, 새우 등의 갑각류, 그리고 다리가 아주 많은 지네나 노래기 같은 다지류가 여기에 속하지요.

그리고 드디어 척삭동물이 속한 후구동물상문입니다. 후구동물이란 이름이 붙은 건 처음 개체가 만들어질 때(이를 발생이라고 표현합니다)의 특징 때문입니다. 정자와 난자가 만나서 수정란을 만들면, 이 수정란은 맹렬하게 분열하여 여러 개의 세포가 됩니다. 그런 뒤 이 세포들이 모두 알의 표면으로 나가고 가운데가 텅 빈 공갈빵 같은 모습이 되는데 이때를 상실기라고 합니다. 그 뒤 알 표면의 한쪽이 안으로 꿈뻑 꺼지게 되지요. 〈그림36〉의 이 단계를 낭배기라고 합니다. 그리고 이렇게 꺼진 한쪽은 이후에도 계속 빈 구멍으로 남습니다. 이 구멍이 나중에 무엇이 되느냐를 가지고 선구동물과 후구동물로 나눕니다. 이게 입이 되면 선구동물, 항문이 되면 후구동물이지요. 그러니 후구동물이라고 하면 입보다 항문이 먼저 생겼다고 생각하면 되겠지요. 앞서 말한 동물은 모두 선구동물이고 지금 이야기하는 동물들만 후구동물이죠. 후구동물에 속하는 녀석들로는 척삭동물과 불가사리, 성게 등이 속한 극피동물 그리고 반삭동물, 진와충동물 등이 있습니다. 우리가 주로 접하기로는 척삭동물과 성게, 불가사리, 해삼 등이 되겠습니다. 그러니 성게가 선구동물인 개미나 문어보다는 우리와 훨씬 가까운 셈입니다.

사람의 위치는 동물계에서 어디?

이렇게 정리를 해 보면 동물계 전체는 총 38개의 문으로 나눌 수 있습니다. 그 중 하나가 척삭동물문인 거지요. 그리고 척삭동물은 다시 14개의 강으로 나뉩니다(책의 앞부분 계통도에서 이를 다룹니다). 멸종한 동물을 빼고 말이지요. 그 12개의 강 중 절반인 7개가 척추동물이고 나머지 절반은 척추가 없는 동물입니다. 다시 7개의 척추동물 중 어류가 연골어강, 조기어강, 육기어강 세 종류고 육지에 사는 종류가 양서강, 파충강, 조강, 포유강 네 종류인 거지요.

포유강, 즉 포유류는 다시 원수아강과 수아강으로 나뉩니다. 원수아강이란 새끼가 아닌 알을 낳는 포유류고 수아강은 새끼를 낳는 포유류입니다. 수아강은 다시 유대하강(후수하강)과 태반하강(진수하강)으로 나눕니다. 유대하강이란 불완전한 새끼를 낳아 육아낭에서 키우는, 쉽게 말해 배에 주머니가 있는 캥거루나 코알라 같은 유대류를 말하고 태반하강이란 나머지 포유류 전체를 말합니다.

태반하강은 다시 빈치상목, 아프로테리아상목, 로라시아상목, 영장상목으로 나누는데요, 빈치상목은 말 그대로 이가 없거나 불완전한 녀석들로 개미핥기와 나무늘보, 천산갑 등이 속합니다. 아프로테리아상목은 지금의 아프리카 쪽에서 진화한 동물들이고 로라시아상목은 지금의 아시아와 북아메리카 등지에서 진화한 동물들입니다. 이 대륙은 신생대 내내 서로 워낙 떨어져 있었던지라 독립적으로 진화한 것이죠. 그런데 재미있는 건 현재 우리가 아프리카에서 주로 보는 동물들 중 상당수가 아프로테리아상목이 아니란 겁니다. 사자나 하이에나, 기린, 얼룩말, 하마, 코뿔소는 모두 로라시아상목으로 아시아에서 아프리카로 귀화한 동물들이죠. 아프리카 고유의 동물이라면 코끼리 정도가 우리가 아는 동물로는 유일합니다. 물론 낯선 동물들은 꽤 되지요.

그리고 영장상목이 남는데요. 여기에 우리와 원숭이 같은 영장목이 속해 있습니다. 그 외에도 나무두더지목과 쥐목, 토끼목도 이쪽에 속하지요. 그럼 영장목은 또 어떻게 나뉠까요? 영장목은 크게 곡비원아목과 직비원아목으로 나눕니다. 코 형태를 가지고 나누는 거지요. 곡비원아목에 속하는 녀석들은 대부분 마다가스카 섬에 사는 원숭이들이죠. 직비원아목은 다시 원숭이하목과 안경원숭이하목으로 나뉩니다. 그리고 원숭이하목은 다시 남아메리카에 사는 신세계원숭이들(광비원소목이라 합니다)와 구세계(아시아와 아프리카)의 협비원소목으로 나눕니다.

구세계의 영장류는 다시 사람상과와 긴꼬리원숭이상과로 나누지요. 사람상과의 사람 외 다른 원숭이들은 꼬리가 없는 것이 특징입니다. 사람상과는 다시 긴팔원숭이과와 사람과로 나누지요. 이제 다 왔습니다. 사람과에는 오랑우탄과 고릴라, 침팬지, 보노보 그리고 사람이 속합니다. 이렇게 동물 사이에서 우리가 어느 위치인지 정도를 정리해 봤습니다.

털이 생기기 전

앞서 척추동물을 털이 있는 동물과 털이 없는 동물로 나눈다고 했습니다. 그럼 털은 왜 생긴 걸까요? 이를 알기 위해선 척추동물의 기원부터 차근차근 추적해 볼 필요가 있습니다.

척추동물의 조상을 확인할 수 있는 화석은 고생대 5억 3,000만 년 전에 바다 속 지층에서 발견되었습니다. 고생대의 시작인 캄브리아기에 고생물학자들이 흔히 '캄브리아 대폭발'이라고 부르는 시기가 있었습니다. 우리가 보아왔던 대부분의 동물문이 바로 이 시점에서 시작하기 때문이죠. 즉, 다양한 동물들의 폭발적인 진화방산이 일어난 시기라는 뜻입니다. 그 이전 수십억 년 동안 지구에서 생명의 흔적이라곤 세균이나 단세포생물이 다였고, 다세포생물이라고 해도 이배엽성동물Diploblastica 밖에 보이지 않았는데 갑자기 척추동물, 연체동물, 절지동물 등 현존하는 거의 모든 동물들의 선조가 갑자기 나타납니다.

사실 생물학자들도 처음 진화론을 받아들일 때는 척추동물은 가장 발달한 동물이니 제일 마지막에 나타났을 것이라고 생각했습니다. 사람이 척추동물의 하나라는 것도 이런 기대 섞인 추측(?)에 일조했을 것입니다. 그런데 이 척추동물이 게나 지렁이, 문어의 조상들과 거의 비슷한 시기에 나타나버린 거죠. 다윈도 이 캄브리아기의 대폭발을 놓고 꽤나 고심을 했습니다. 자신의 진화론이 만약 잘못된 것으로 판명된다면 바로 캄브리아기 때문일 것이라고 얘기했을 정도였으니까요. 물론 캄브리아기

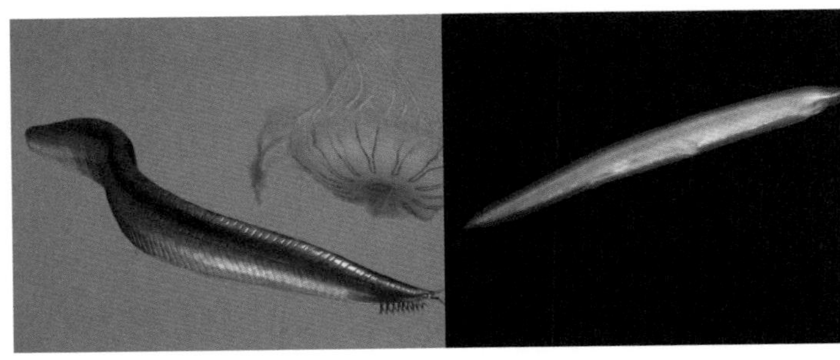

<그림37> 피카이아　　<그림38> 피카이아와 비슷한 창고기

의 선조는 완전한 척추를 가지고 있지는 않았고 다만 척삭이라는 구조를 가지고 있었을 뿐입니다. 이들 선조는 제대로 된 지느러미도 아가미와 같은 훌륭한 호흡기관도 없었고 심지어 턱도, 이빨도 없었습니다. 즉 길쭉한 유선형의 작은 몸집을 한 벌레와 비슷한 모습이었습니다.

이들 조상 생물 중 하나는 피카이아Pikaia 입니다. 〈그림37〉에서 보이듯이 머리 앞쪽에 한쌍의 촉수가 있죠. 머리만 떼어놓고 보면 꼭 갈치처럼 보이지만 아직 제대로 된 지느러미가 발달되지 않은 모습입니다. 그러니 아마 빠르게 헤엄을 칠 순 없었겠지요. 지금은 피카이아와 비슷한 창고기라는 척삭동물이 있습니다. 하지만 일부 과학자는 피카이아가 정말 척삭동물이었는지에 대해 의문을 가지기도 합니다. 워낙 오래된 화석이라 불분명한 지점이 없지는 않으니까요.

당시의 또 다른 척삭동물로는 하이쿠이크티스Haikouichthys와 밀로쿤밍지아Myllokunmingia도 있습니다. 하이쿠이크티스는 피카이아와 같은 캐나다의 버제스 셰일이란 지층에서 발견되었고, 밀로쿤밍지아는 중국 윈난성 쿤밍시의 캄브리아 지층에서 발견되었습니다. 그림으로만 보자면 하

<그림39> 하이쿠이크티스 **<그림40>** 밀로쿤밍지아

이쿠이크티스나 밀로쿤밍지아나 서로 비슷해 보이지요. 어찌 되었건 이 둘은 눈이 선명하게 보인다는 측면에서 피카이아보다는 조금 더 진화가 이루어진 모습이라고 볼 수도 있습니다.

캄브리아기의 생물종의 대폭발은 곧 생물들 사이의 격렬한 생존 경쟁이 벌어지는 결과를 낳았습니다. 아니, 순서가 바뀐 것일 수도 있습니다. 생물들 사이의 격렬한 생존 경쟁이 생물종의 대폭발을 만든 것일 수도 있지요. 캄브리아기에 시작된 이런 경쟁은 이후로도 계속 이어집니다. 그리고 선조들은 이 생존 경쟁의 와중에 여러 가지 형태로 진화합니다. 피부가 포식자의 공격에서 견디기 위해 딱딱한 갑옷으로 변하기도 하고, 천적으로부터 달아나기 위해, 또는 먹이를 쫓기 위해 지느러미를 갖추기도 합니다. 보다 효율적인 호흡기관인 아가미를 갖추고 눈과 같은 감각기관도 발달하지요. 운동기관과 감각기관이 자리 잡는 과정에서 이들을 제어하는 중추신경도 따라서 발전하게 됩니다. 벌레처럼 보이던 원시적인 척삭동물이 그래도 대충 물고기의 모습을 갖추게 된 거죠.

이때의 대표적인 동물은 코노돈트conodont입니다. 턱이 없는 뱀장어 모습이지요. 약 5억 2,000만 년 전에 등장했고 2억 년 전 정도에 멸종했습니다. 3억 년을 넘게 존재했으니 꽤나 성공한 동물이었습니다. 현재 이들과 가장 가까운 동물로는 앞서 이야기한 먹장어나 칠성장어 등이 있습니

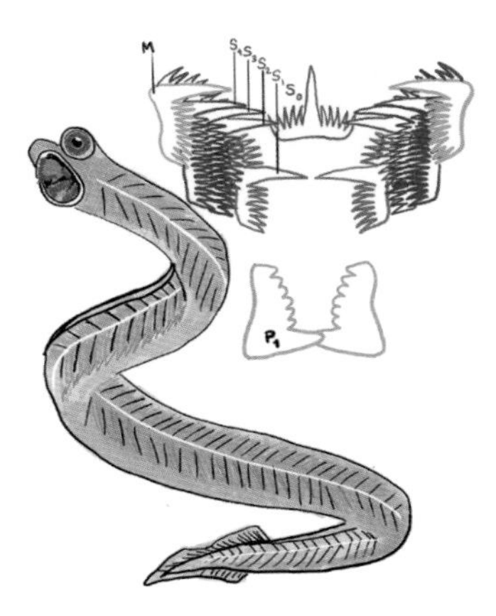

<그림41> 코노돈트

다. 코노돈트란 이름은 원뿔con 모양의 이빨dont이란 뜻으로 처음 발견된 이 동물의 화석이 원뿔 모양의 이빨 화석이었던 데서 유래했습니다.

그리고 그 과정에서 제대로 된 두개골과 척추를 갖춘 최초의 척추동물이 나옵니다. 캄브리아기 다음 시기인 오르도비스기(약 4억 8,830만 년 전~4억 4,370만 년 전) 때의 이야기입니다. 오르도비스기의 물고기들은 아직 턱이 없었고 그래서 이름도 턱이 없다는 뜻의 무악어류Agnatha라 합니다. 흔히 고생대 초의 대표적 어류로 꼽히는 갑주어ostracoderm도 바로 이 무악어류입니다. 오르도비스기 후기에 처음 모습을 드러내었고 물고기들의 시대로 알려진 데본기*에 전성기를 보냅니다. 갑주어는 원래 하나의 단일 계통이 아닙니다. 다만 턱이 없고 머리와 때에 따라서 몸통 앞부분에 딱딱한 골질판이 덮여 있던 고생대 오르도비스기 물고기들을 말합니다. 저 판 때문에 갑주어란 이름이 붙었지요. 〈그림42〉에서 보듯이 지금의 물고기와는 상당히 달라 보이는 모습이지요. 눈이 머리 위쪽 가운데 모여 있는 것이 귀엽게 보이기도 합니다. 갑주어는

* 5억 6,000만 년 정도에서 2억 3,000만 년 전 사이 시기를 고생대라고 합니다. 고생대는 다시 순서대로 캄브리아기, 오르도비스기, 실루리아기, 데본기, 석탄기, 페름기로 6 구간으로 나누어집니다. 자세한 내용은 책 연대표 참고.

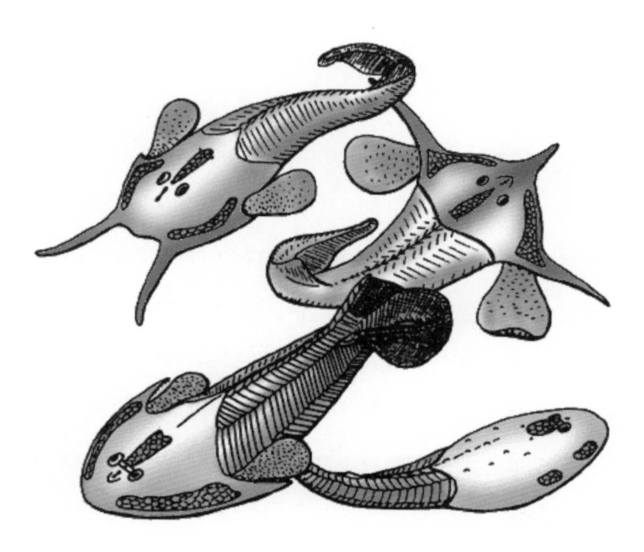

<그림42> 다양한 갑주어들

턱이 없다고는 하지만 꽤 중요한 진화적 혁신을 이루었습니다. 이전까지의 척삭동물들이 아가미를 먹이를 먹는 용도와 호흡하는 용도로 이용했는데 이들은 아가미를 오직 호흡 전용으로 사용했다는 점입니다. 이전까지 척삭동물들은 아가미의 섬모를 이용해서 먹이를 끌어들여 먹었는데 이들은 입 부분의 근육을 사용해서 먹이를 먹었던 것이죠. 이는 섬모를 사용할 때보다 더 큰 먹이를 먹는 데도 도움이 되었고, 또 아가미를 통한 호흡을 더 효율적으로 하는 것에도 도움이 되었습니다. 이들은 또 최초로 머리를 감싼 뼈를 가진 동물이기도 했지요.

아가미에서 턱으로

이들 조상어류에서 턱을 가진 어류, 유악어류들이 나타납니다. 그런데 턱이란 무얼까요? 또 어떤 진화적 근거를 가진 걸까요? 턱은 물고기들의 호흡 기관인 아가미로부터 진화했습니다. 그래서 턱을 살펴보기 전에 먼저 아가미에 대해 조금 살펴보고 넘어가도록 하지요. 〈그림43〉에서 보이는 것처럼 아가미가 있는 동물이 입으로 물을 들이마시면 이 물은 아래쪽 아가미를 따라 밖으로 흘러나갑니다. 이때 아가미의 얇은 표면에 거미줄처럼 얽혀있는 모세혈관과 만나 산소와 이산화탄소를 교환하는 형식으로 호흡을 하는 거지요.

아가미는 이를 효율적으로 하기 위해 표면적을 최대한 넓히는 방향으로 진화했습니다. 그리고 입안으로 들어온 물이 아가미 밖으로 빠져나가

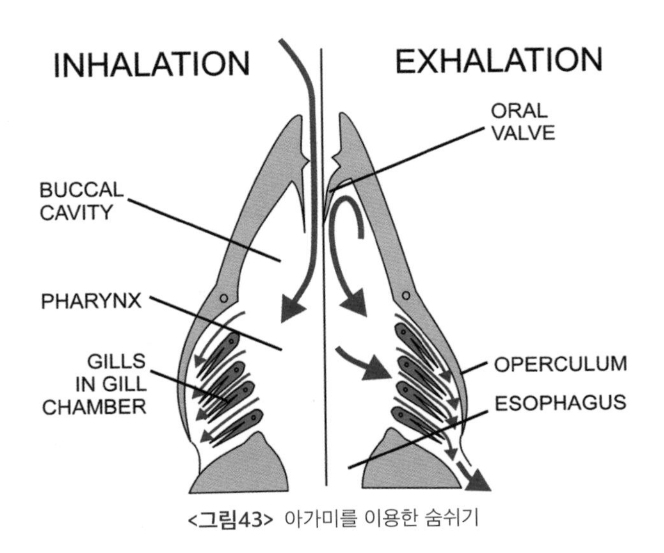

<그림43> 아가미를 이용한 숨쉬기

는 과정이 매끄럽게 이루어지도록 구조도 만들어졌지요.

하지만 입을 벌린다고 물이 마냥 들어오진 않습니다. 그래서 초기에는 호흡을 하려면 헤엄을 쳐야 했지요. 그러면 앞쪽의 물이 입안으로 들어오게 되니까요. 그러나 물고기도 쉬고 싶을 때가 있는데 항상 헤엄치는 건 아무래도 싫었나봅니다. 그래서 발달한 것이 턱이지요. 아래턱이 생기면서 오므렸던 입을 벌리면 입안 공간이 넓어지면서 압력이 낮아지고 물이 들어오게 됩니다. 다시 아래턱을 닫으면 입 속 공간이 좁아지면서 그 압력으로 아가미를 통해 물이 빠져나갑니다. 그러다 이 턱 위에 돌기가 이빨이 되면서 먹이를 공격하고 삼키는 용도로도 바뀐 것이지요.

현존하는 물고기들은 대부분 두 개의 턱을 갖고 있습니다. 우리 눈에 보이는 턱은 인두 턱oral jaws이라고 하는데 입을 벌리고 닫으며 먹이를 물고 씹는 데 쓰이지요. 하지만 겉으로 드러나지는 않지만 목 부근에 또 하나의 턱, 구강 턱pharyngeal jaws을 가지고 있습니다. 먹이를 더욱 잘게 나눠 위장으로 보내는 역할을 합니다. 모든 물고기가 그런 것은 아니어서 상어나 가오리 같은 연골어류는 인두 턱이 없고 구강 턱만 갖고 있습니다.

턱이 가장 먼저 모습을 드러낸 것은 판피어류(강)Placodermi였습니다. 턱이 생기자 아가미를 통한 호흡 활동이 더 효율적이게 되었고 더 다양한 생물들 먹이로 선택할 수 있게 되었습니다. 이런 이점을 가진 판피어류들은 자신들의 조상인 무악어류와의 생존 경쟁에서 승리합니다.

뒤이어 물렁뼈를 가진 연골어류가 나타났고 다시 경골어류가 등장합니다. 그런데 이들 어류는 단계통군은 아니었습니다. 즉 갑주어에서 판피어로 판피어에서 다시 연골어류로 이어지고 경골어류로 이어지는 식의 진화가 아니라 독자적인 경로에 따라 진화가 이루어진 측계통적 진화였

<그림44> 판피어류 중 최강자였던 둔클레오스테우스

던 것이죠. 자신들의 먼 후손 뻘과 벌인 경쟁에서 패배한 무악어류는 다른 패배한 종들과 마찬가지로 대부분 멸종해 버려서, 현재 무악어류라 칭할 수 있는 생물들은 앞서 보았던 먹장어와 칠성장어 등 몇 종류만 살아남았을 뿐입니다. 무악어류와의 경쟁에서 처음으로 승리를 거둔 것은 유악어류 중에서도 가장 먼저 나타난 판피어류였습니다. 뒤이어 나타난 유악어류인 연골어류와 경골어류는 당시 바다의 주인이었던 판피어류와 힘든 경쟁을 치러야 했습니다. 당시 판피어류 중 대표적인 종은 둔클레오스테우스 테렐리Dunkleosteus terrelli로 몸길이가 10m에 달하고 무게가 4톤이 나가는 당시 바다에서 최강의 포식자였습니다. 이런 판피어류와의 경쟁이 힘겨웠던 경골어류들은 이들 포식자를 피해 민물로 자신의 영역을 옮길 수밖에 없었지요.

물고기의 흔적

물고기를 잡으면 가장 먼저 손질하는 부분이 내장과 아가미입니다. 상하기 쉽고, 이 부분을 떼지 않으면 요리에서 비린내가 나는 경우가 많기 때문입니다. 앞서 아가미와 턱의 관계에 대해 잠깐 언급을 했는데 이 부분을 조금 더 자세히 살펴보죠. 〈그림45〉를 보시죠. 왼쪽은 자궁 속 배아의 모습입니다. 색깔이 칠해진 부분은 예전 우리 선조가 물고기였을 때 아가미뼈에 해당하는 부분입니다. 지금 물고기의 아가미 구조와 비슷하게 보이죠. 물고기들도 배아의 상태에서 저 왼쪽과 유사한 모습이 나타나고 이후에 아가미로 변해도 구조상 큰 차이가 없습니다. 그러나 사람은 시간이 지날수록 저와 다른 모습이 되지요. 〈그림45〉의 오른쪽은

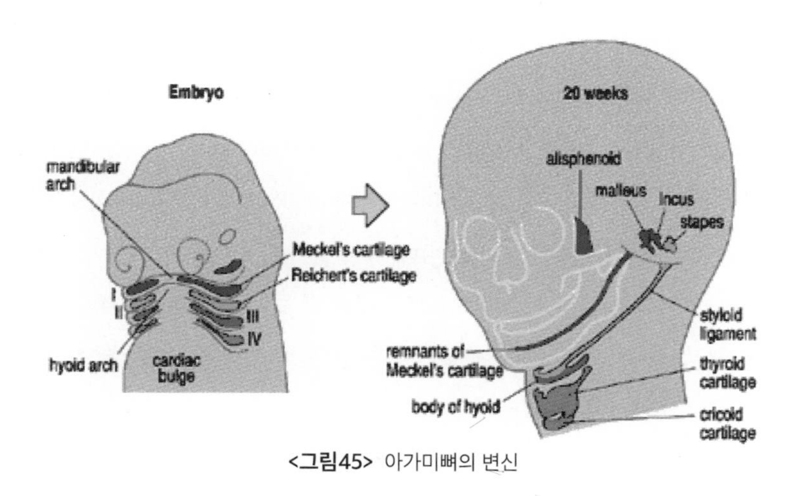

<그림45> 아가미뼈의 변신

20주가 지난 태아의 모습입니다. 이제 제법 얼굴 꼴이 갖추어져 가네요. 그런데 빨갛고 노랗고 녹색에 푸른색인 부분들이 아주 많이 변하기도 했고 또 위치가 바뀌었습니다.

먼저 빨간색은 몇 개로 나눠졌죠. 눈 옆의 작은 뼈는 나비뼈라고 합니다. 눈 둘레는 일곱 개의 뼈로 눈확이라는 걸 만들고 있는데 그 중 하나죠. 그리고 귀에서 아래턱으로 길게 뻗어 있는 건 멕켈 연골이라고 합니다. 그 아래 노란색 선이 멕켈 연골과 평행하게 길게 뻗어 있는 게 보이죠. 그건 경상 설골 인대라고 합니다. 둘 다 아래턱과 혀가 움직이는 데 중요한 역할을 하지요. 귀에는 뼈 세 개가 자그마하게 뭉쳐 있는데 각각 망치뼈, 모루뼈, 등자뼈라고 합니다. 셋이 모여 음파를 증폭시키는 역할을 합니다. 턱 아래쪽의 녹색 뼈는 설골이라고 하고 그 아래 푸른색은 위는 방패 연골 아래는 반지연골입니다.

육상 생물이 되면서 더 이상 아가미가 필요 없어지지만 아가미를 이루는 뼈는 그리 쉽게 사라지지 않지요. 마치 더 이상 사랑니가 필요 없지만 나면서 우리를 골치 아프게 하듯이 말이지요. 그러나 다행히 아가미를 이루던 뼈들은 모양이 바뀌어 우리 두개골과 턱의 일부가 되면서 나름 자기 역할을 다하고 있습니다. 이 과정을 조금 더 자세히 살펴볼까요?

〈그림46〉은 조금 복잡해 보이지만 아가미가 어떻게 변화되는지를 보여줍니다. 맨 왼쪽은 칠성장어입니다. 턱이 없는 무악어류입니다. 보시다시피 아가미를 지지하는 뼈들은 모두 아가미에 모여 있습니다. 바로 옆은 연골어류인 상어입니다. 맨 앞쪽의 아가미뼈들이 위턱과 아래턱을 이루고 있는 게 보이시죠? 가운데는 원시적인 조기어류인 주걱철갑상어의 모습입니다. 마찬가지로 아가미에서 위턱과 아래턱으로 변한 모습이 보이

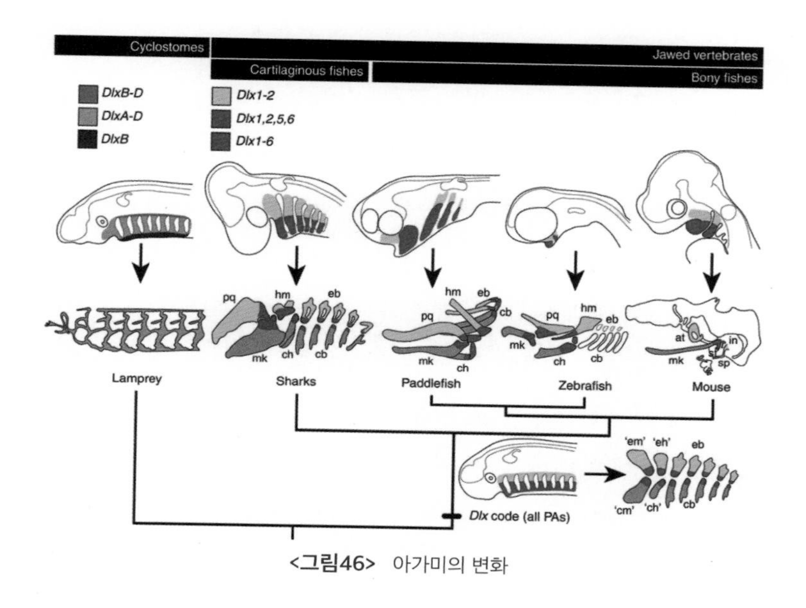

<그림46> 아가미의 변화

지요. 연골어류보다 훨씬 복잡한 모습입니다. 그 옆은 잉어과에 속하는 제브라피쉬Zebrafish입니다. 원래 아가미였던 부분은 다들 턱과 두개골의 일부가 되었고 대신 아가미 부분은 따로 추가되었습니다. 이제 맨 오른쪽 그림의 쥐로 가면 아가미는 흔적도 없이 사라지고 맙니다.

처음 아가미가 만들어졌을 때 두 가지 목적을 가졌다고 과학자들은 생각합니다. 아주 가는 모세혈관이 넓게 자리 잡은 여러 겹의 틈으로 물이 들어갔다 빠져나오는 과정에서 산소와 이산화탄소의 기체 교환을 하는 것이 하나였고, 다른 하나는 그 과정에서 물속에 존재하는 다양한 이온들(나트륨 이온, 칼륨 이온, 염화 이온, 칼슘 이온) 등을 흡수하는 것이었죠. 칠성장어의 아가미는 그런 기능에 아주 충실한 초기 모델의 모습을 보여줍니다. 그런데 물이 더 빠르게 공급되려면 그저 입만 벌리고 있어선 곤란합니다. 그래서 발달한 것이 턱입니다. 아래턱과 위턱이 열리면서 입 안의 부피가 커지면 물이 밀려들어 오고, 아래턱과 위턱을 닫으면 입 내부의 부피가 줄어드니 입속의 물이 아가미를 통해 빠져나가는 거죠. 이 과정에서 물이 식도로 넘어가지 못하도록 식도를 막는 후두덮개가 생깁니다. 이때야 폐가 없을 터이니 기도라고 있을 리가 없지요. 그러나 이 후두덮개는 나중에 폐가 생기고 폐로 가는 길(기도)과 위로 가는 길(식도)이 나뉠 때 이 둘을 번갈아 덮는 역할을 하게 되지요.

그리고 턱과 이빨이 결합합니다. 그 과정에서 먹이 사냥법이 더 정교해지지요. 턱이 없을 때는 딱딱한 먹이를 먹을 수 없었는데 턱이 생기고 턱 안쪽으로 딱딱한 돌기, 즉 이빨이 결합하면서 딱딱한 껍질의 먹이도 먹고, 턱의 강력한 깨무는 힘으로 먹이의 저항도 제압할 수 있으니 더 좋은 거고요. 처음부터 지금 우리가 가진 형태의 이빨이 난 건 아니었습니다. 아직 턱이 발달하기 전 입 부분 표면이 매끈한 선조와 약간 우둘투둘한 선조가 있었겠지요. 그런데 매끈한 선조보다 우둘투둘한 선조가 더 먹이를 제압하고 물어뜯는 데 경쟁력이 있었던 거죠. 그러면서 차츰 형태를 잡아갔습니다. 연구에 따르면 이빨을 만드는 유전자는 물고기의 비늘을 만드는 유전자와 같습니다. 그러다 점차 이 부분이 이빨로 진화한 거지요.

이제 육지로 올라오면서 아가미는 완전히 필요 없어졌습니다. 그러면서 아가미를 구성하던 뼈의 일부는 귀로 가선 자그마한 귓속뼈 세트가 된 거죠. 『우리 안의 물고기Inner fish』의 저자 닐 슈빈의 말처럼 우리 안에는 물고기였던 시절의 흔적이 턱, 후두덮개, 귓속뼈, 눈확 등 곳곳에 스며들어 있습니다.

심장이 벌렁벌렁

동물로 진화하면서 바뀐 것 중 하나가 순환계가 생긴 것이죠. 인간으로 치면 심장과 혈관이지요. 물론 동물이라고 하더라도 히드라나 말미잘, 산호 같은 동물들은 따로 순환계가 필요하지 않습니다. 다세포라고는 하지만 거의 대부분의 세포들이 외부와 접하고 있기 때문에 세포막을 통해 산소를 공급받는 데 하등 지장이 없기 때문입니다. 하지만 생물의 구조가 복잡해지고 외부와 접하지 않는 세포들이 증가하자 이들에게 산소와 영양분을 공급해줄 전문적인 물류 시스템이 필요하게 됩니다. 주문한 물건을 가지고 오는 택배 노동자와 집 앞에 내놓은 쓰레기를 수거하는 청소 노동자들의 역할을 우리 몸 안에서도 누군가가 해야 하는 거지요.

피든 물이든 순환을 하려면 무엇인가가 펌프 역할을 해야 합니다. 작은 동물들의 경우 이 역할을 순환계 주변의 근육이 맡아 하지요. 근육이 수축과 팽창을 반복하면서 순환계가 움직입니다. 하지만 덩치가 커지면 순환시스템이 차지하는 몫이 훨씬 커집니다. 덩치가 크다고 할 때 대표적인 동물이 바로 척추동물이지요. 고래며 코끼리부터 독수리, 도마뱀, 두꺼비나 도롱뇽에 이르기까지 다른 동물과는 덩치 차이가 납니다. 비슷한 정도는 문어나 오징어 같은 두족류 정도만 있을 뿐이지요.

어찌 되었건 산소와 영양분의 공급 그리고 이산화탄소와 노폐물을 배출하는 과정에서 순환계의 몫이 커지면 이제 펌프 역할을 제대로 할 전문적인 기관, 즉 심장이 필요해집니다. 곤충도 크기는 작지만 일종의 심장을 가지고 있습니다. 곤충뿐만이 아니라 다른 절지동물들도 심장을 가지고 있는데 우리가 아는 방식의 심장이라기보다는 혈관 주변에 분포한 근육질의 관 형태입니다. 어찌 되었건 우리에게 익숙한 모습의 심장은 척추동물에게서 주로 관찰이 되지요.

일단 척추동물 중 가장 먼저 심장을 가졌던 물고기들의 피의 순환을 살펴봅시다. 몸속을 돌아 정맥을 타고 심방으로 들어온 피는 심실로 이동한 후 대동맥을 거쳐 아가미로 갑니다. 아가미에서 피는 이산화탄소를 내보내고 산소를 들여오지요. 산소를 한껏 머금은 피는 다시 혈관을 타고 온몸을 돈 뒤 정맥을 타고 심장으로 돌아오는 것으로 한 주기의 순환을 마칩니다. 순서대로 정리해 보면 심실→동맥→아가미→동맥→모세혈관→정맥→심방의 순서입니다. 그래서 물고기 심장은 피를 받는 심방도 하나, 피를 내보내는 심실도 하나입니다. 아주 간단한 구조이죠. 하지만 육지에 올라오면서 이 심장의 구조가 조금 복잡해집니다.

물고기가 가진 1심방 1심실 형태의 심장은 속도가 느리다는 치명적인 약점을 가지고 있습니다. 심장을 떠난 피는 아가미로 향하는데 이곳에서 아주 얇은 모세혈관으로 퍼집니다. 모세혈관에서 피는 아주 속도가 느려집니다. 혈관 자체가 아주 가는 이유도 있지만 아가미의 모세혈관에서 산소와 이산화탄소를 교환하기 위해선 너무 빨라도 안 되기 때문이지요. 따라서 아가미를 돌아 나온 피의 속도는 아주 느려집니다. 그리고 다시 온몸을 도는 과정에서 또 모세혈관으로 퍼집니다. 이때도 마찬가지로 산소와 이산화탄소를 교환하고, 영양분을 공급하고 노폐물을 수거하는 일을 하면서 느릿느릿 갑니다. 이렇게 피의 속도가 느리면 공급할 수 있는 산소와 영양분의 양에도 제한이 있기 마련이지요. 물속 세상에서는 이런 방식이 통할 수 있을지 몰라도 육지에서는 통하지 않습니다. 일단 외부 온도가 하루에도 급격히 변하고, 부력이 사라진 상태에서 움직이려면 근육운동도 더 활발해야 되지요. 특히 아가미 대신 폐로 호흡하기 시작한 것도 중요한 전환점이 됩니다.

개구리나 두꺼비 같은 양서류는 2심방 1심실 구조를 가집니다. 즉 피를 받는 심방이 두 개인 거죠. 한쪽 심방은 온몸을 돌면서 영양분과 산소를 주고, 대신 이산화탄소와 노폐물을 잔뜩 받아온 피가 모이는 곳입니다. 다른 한쪽은 폐를 돌아 이산화탄소를 내보내고 산소를 한껏 머금은 피가 들어오지요. 폐가 생기면서 일어난 변화입니다. 이렇게 되면 심장에서 나간 피가 모세혈관 한 곳만을 걸치고 다시 돌아오니 이전보다 혈액이 도는 속도가 빨라집니다. 그러나 두 개의 심방으로 모인 피는 하나의 심실에서 합쳐지죠. 한쪽 심방에서 온 피는 신선한 산소가 많은 피고 다른 쪽 심방에서 온 피는 이산화탄소가 많은데 이 둘이 섞여서 다시 온몸을 도는 동맥으로 그리고 폐로 가는 동맥으로 나눠어 흐릅니다.

이렇게 두 심방의 피가 섞여 온몸을 도니 혈액의 산소 농도가 아주 높아지기 힘듭니다. 산소와 이산화탄소 기체 교환은 원래 농도차에 의해 이루어지는데 혈액의 산소 농도가 높질 않으니 아주 효율적으로 이루어지긴 힘듭니다. 그래도 양서류는 덩치도 작고 또 피부호흡에 많이 기대고 있으니 그럭저럭 버틸 만한 것이죠.

그러나 파충류로 오면 이 문제를 어떻게든 해결해야 했습니다. 파충류는 덩치도 더 크고(개구리와 악어를 비교해 보면 확실히 차이가 나지요) 또 피부가 촉촉하게 젖은 상태가 아니라 비늘로 덮여 있기 때문에 피부호흡 효율도 떨어집니다. 그래서 파충류의 심장은 2심방 불완전 2심실로 진화합니다. 이제 심실도 두 개가 되어 온몸을 돌아 우심방으로 들어온 피는 우심실을 통해 폐로 가고, 폐에서 산소를 잔뜩 머금고 온 피는 좌심방으로 들어와선 좌심실을 통해 온몸으로 가게 되었지요. 하지만 불완전한 2심실입니다. 좌심실과 우심실 사이가 완전히 막혀 있는 것이 아니라 조금 뚫려 있는 상태지요. 그래서 양서류처럼 완전히 섞이지는 않지만 일부 섞이는 걸 감내해야 했습니다.

파충류의 경우 이 정도의 심장으로도 버틸 수 있습니다. 변온동물이니까요. 어류와 양서류, 파충류는 모두 변온동물입니다. 즉 외부 온도에 따라 신체 내부의 온도도 변하는 거지요. 이런 경우 포유류나 조류처럼 체온을 항상 일정하게 유지하는 경우보다 에너지를 덜 써도 됩니다. 실제로 뱀의 경우 자기 덩치 반 정도 되는 먹이를 먹고 나면 보름이고 한 달이고 버틸 수 있습니다. 포유류라면 굶어 죽기 딱 좋은데 말이지요. 하지만 이제 포유류나 조류는 사정이 달라집니다. 항상 체온이 일정한 정온동물이지요. 같은 덩치의 파충류에 비해 몇 배나 더 많은 에너지를 소비합니다. 그에 따라 필요한 산소도 훨씬 많아지지요. 그래서 둘의 심장은 2심방 2심실이 됩니다. 이제 폐를 돌아 나오는 순환과 온몸을 도는 순환은 완전히 분리됩니다. 이에 따라 호흡 효율도 훨씬 좋아졌지요.

등뼈를 가진 동물의 계보와 변천사를 이번 장에서 알아보았습니다. 이번에는 우리의 몸 속에 있는 감각기관들이 어떻게 형성되고 어떤 역할을 맡게 되었는지 살펴보도록 하지요.

20억 년 전

세균이 특정 화학 물질을 감지하기 시작

8억 년 전

달팽이관 청각세포의 기원

5억 7000만 년 전

시각의 발생

5장 감각의 진화

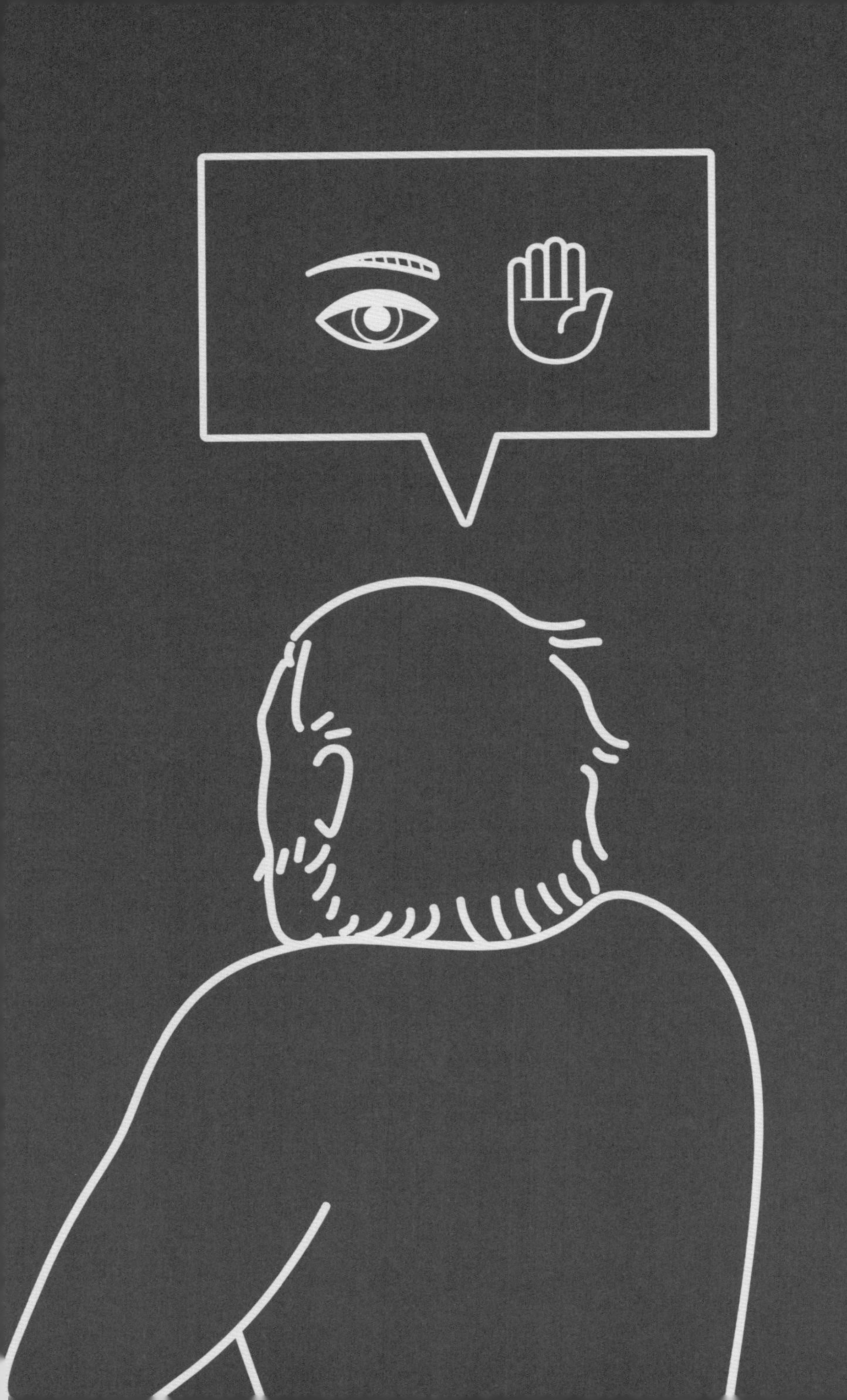

이번 장에서는 감각sense에 대해 알아보겠습니다. 흔히 오감five sense이라고 해서 인간은 다섯 개의 감각을 가진다고 하지만 실제 인간이 느끼는 감각은 그보다 훨씬 많습니다. 빛을 느끼는 시각, 파동을 느끼는 청각, 각종 화학물질을 느끼는 후각과 소리를 듣는 청각, 외부에서 가해지는 압력을 느끼는 피부 감각, 온도의 변화를 느끼는 감각, 중력과 가속도 등을 느끼는 균형 감각 등이 인간이 가지는 감각입니다. 그리고 내부 감각으로 배고픔을 느끼고 뇌에서는 이산화탄소의 농도를 파악합니다. 순환계에는 소금의 농도를 파악해서 갈증을 느끼는 감각기관도 있지요.

생물 전체로 범위를 확장하면 감각의 종류는 더 많아집니다. 지구 자기장을 느끼는 철새들, 전기장의 변화를 느끼는 일부 물고기, 자외선을 보는 새들과 곤충, 적외선을 보는 뱀, 후각이 예민해 인간보다 훨씬 많은 종류의 화학물질을 느끼는 동물들, 수분 함량의 변화를 감지하는 일부 곤충들도 있습니다.

이렇듯 여러 가지 감각을 느끼는 감각 기관들은 그 유래도, 작동 방식도 서로들 많이 다릅니다. 가장 먼저 생긴 것은 후각이고 그 다음이 촉각입니다. 시각은 비교적 늦게 발생했지요. 그리고 생물의 종류에 따라 그 비중도 천차만별이지요. 두더지의 경우 시각은 거의 쓸모가 없지만 인간은 전체 정보의 80% 정도를 시각에서 얻습니다. 또 개나 고양이의 경우 시각에 대한 의존은 인간에 비해 낮고 대신 청각과 후각에 대한 의존도가 높습니다. 새들의 경우 후각에 대한 의존도가 인간보다 낮고 시각에 대한 의존도는 인간보다 더 높기도 하고요. 이렇듯 인간을 비롯한 각각의 동물은 필요에 따라 다양한 감각기관을 이용하면서 혹은 포기하면서 각자 그때 그때의 생태계에 적응하며 진화하게 되는데 이번 장에서 상세히 알아보도록 하겠습니다.

보기 시작하다

흔히 창조론자들이 진화론을 반박하기 위해 이야기하는 '사막의 카메라'가 있습니다. 사막에 카메라가 하나 떨어져 있으면 사막의 모래에서 카메라가 진화했다고 보기보다는 누군가 카메라를 떨어트린 것으로 여기는 게 자연스럽다는 이야기입니다. 모래가 아무리 우연이 겹쳐도 사진기가 될 리는 만무하니까요. 그러면서 카메라보다 훨씬 복잡한 구조의 눈이 진화를 거쳐서 만들어지는 것은 불가능에 가까운 이야기라고 주장합니다.

얼핏 들으면 맞는 이야기 같죠. 더구나 눈으로 진화하는 중간 과정에서 아직 어중간한 구조는 제대로 된 기능도 하지 못할 텐데 그런 과정을 견디면서 진화를 한다는 것이 말이 되느냐는 주장까지 듣고 보면 정말 그럴싸하게 느껴집니다. 망막이며 수정체, 홍채, 유리체와 신경세포, 시각세포 등이 아주 정교하게 어우러진 눈은 진화론을 반박하는 확실한 증거처럼 보입니다. 그러나 눈이야말로 진화를 증거하는 아주 멋진 산물이라는 사실은 이미 여러 연구들을 통해서 밝혀졌습니다. 이를 먼저 살펴보도록 합시다.

앞서 언급했듯이 인간은 자신이 받아들이는 정보의 80% 가까이를 시각에 의존합니다. 인간뿐만 아니라 영장류와 새, 날아다니는 곤충들이 그러하죠. 나머지 동물들은 그 정도까지 많이 시각에 의존하지는 않지만, 지하나 동굴 혹은 심해에 사는 동물을 제외한 대부분의 동물에게 시각은 중요한 감각기관입니다.

그런데 눈을 가진 최초의 생물로부터 현재 눈을 가진 모든 동물이 진화한 것은 아닙니다. 생물의 역사에서 눈은 독립적으로 여러 번 발생했습니다. 잠자리나 게, 지네와 같은 절지동물과 문어, 오징어, 낙지 같은 연체동물도 눈을 만들었으며 고등어, 개구리, 도마뱀, 원숭이 같은 척추동물도 눈을 만들었습니다. 만약 이들 모두의 단일 조상이 먼저 눈을 만들었다면 그 조상은 동물계 전체의 조상이 되어야 마땅합니다.

해파리도 나름의 눈이 있죠. 동물계는 총 38개의 문으로 구성되어 있는데 해파리는 그 중 자포동물문에 속합니다. 이들은 방사대칭동물군에 속하고 눈을 가진 나머지 절지동물과 연체동물 그리고 척삭동물은 좌우대칭 동물군에 속해서 동물계의 아주 초기에 서로 갈라진 것으로 판단하고 있습니다. 따라서 이들 모두의 조상은 최소한 삼배엽성 동물이 처음 등장했을 때로 돌아가야 합니다. 만약 그렇다면 해면동물이나 판형

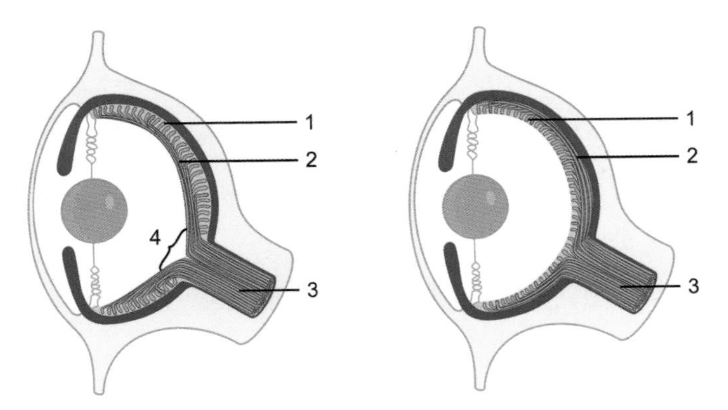

<그림47> 그림 왼쪽은 척추동물의 눈 구조. 오른쪽은 연체동물의 눈 구조. 비슷해 보이지만 시신경과 시각세포의 배열이 반대로 되어 있다.

동물을 제외한 나머지 36문의 동물에게도 최소한 눈을 가졌었던 흔적이 있어야 합니다. 마치 동굴에 사는 동물 중 일부가 눈이 퇴화되었어도 그 흔적은 가지고 있는 것처럼 말이죠. 하지만 36문 중 최소한 절반 이상에서 눈을 가졌었던 어떤 흔적도 발견할 수가 없습니다. 이는 눈이 각각의 동물군에서 독립적으로 진화했다는 첫 번째 증거입니다.

또한 서로 다르게 눈이 진화하다 보니 각각의 동물은 서로 다른 구조의 눈을 가지고 있습니다. 척삭동물문의 눈과 가장 유사해 보이는 문어의 경우도 해부학적으로 관찰해 보면 눈의 구조가 다릅니다. 더구나 연체동물 중에는 문어나 낙지, 오징어와 같은 두족류만 눈을 가지고 있는 것이 아니며 심지어 전복과 같은 동물들도 원시적인 눈을 가지고 있습니다. 또한 곤충의 눈은 척삭동물의 눈과는 전혀 다른 구조입니다.

이들은 홑눈을 기본 구조로 가지며, 겹눈의 경우 이런 홑눈이 모여 만들어집니다. 눈의 개수도 2개가 아니라 5개가 기본이죠. 거미의 경우 8개의 눈으로 앞뒤와 양옆을 봅니다. 우리와는 전혀 다른 구조지요. 거기에다 눈의 발생을 책임지는 유전자 또한 서로 많이 다르니 이들 모두에게서 눈은 독립적으로 진화했다는 건 이미 증명된 셈입니다.

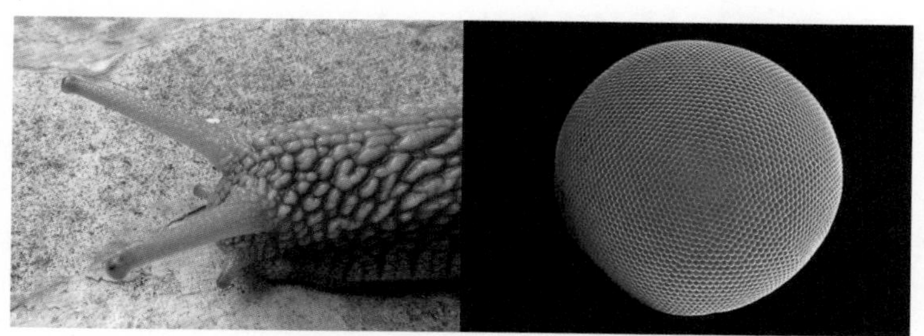

<그림48> 달팽이의 튀어나온 눈 **<그림49>** 남극크릴새우의 눈

하지만 눈을 가진 공통조상은 없더라도 눈의 시작인 안점은 우리 생물 모두의 공통조상으로부터 물려받았을 가능성이 큽니다. 그리고 눈으로 가는 중간 과정에 이른 생명체들이 있다는 사실은 앞서 창조론자들의 주장을 완벽하게 반박하는 좋은 증거가 됩니다. 눈이 어떤 진화 과정을 거치는지를 실제 생물들을 통해 살펴보도록 하겠습니다.

모든 눈의 시작은 안점eye-spot입니다. 안점은 단세포생물이나 일부 무

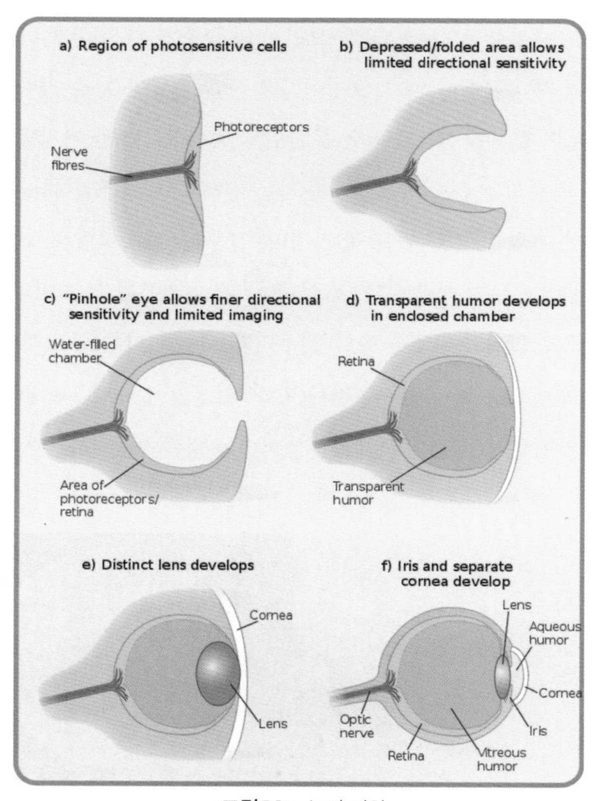

<그림50> 눈의 진화

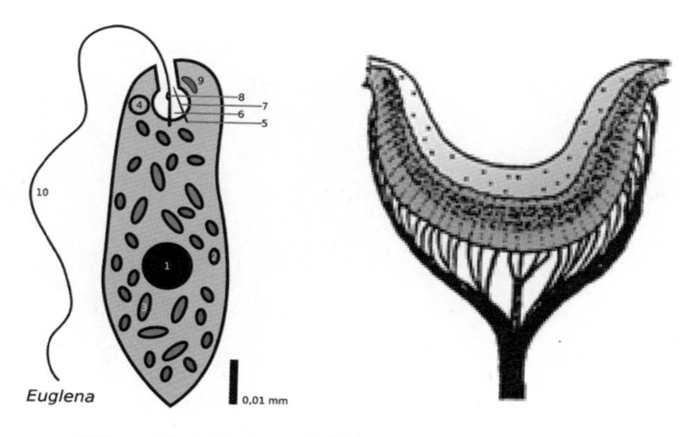

<그림51> 단세포생물인 유글레나의 안점(빨간 반점)(왼쪽)
<그림52> 해양복족류의 한 종류인 파텔라의 움푹 파인 눈 구조(오른쪽)

척추동물이 가지고 있는 가장 간단한 시각기관입니다. 단세포생물의 경우 안점은 광수용성 단백질로 구성됩니다. 유글레나Euglena나 클라미도모나스Chlamydomonadales 같은 단세포생물들은 세포막에 플라보단백질flavoprotein이나 로돕신rhodopsin단백질이 박혀 있습니다. 이들이 빛을 받으면 구조가 변하고 이를 운동기관인 섬모나 편모로 전달해 빛의 방향으로 혹은 빛의 반대 방향으로 움직입니다. 〈그림51〉은 안점을 가지고 있는 단세포생물인 유글레나의 모습입니다. 밝고 어두운 정도만 파악하는 것도 이들의 생존과 번식에는 커다란 도움이 됩니다. 낮에는 수면으로 올라가 플랑크톤을 먹고 밤에는 아래로 내려오는 생활 패턴을 가진 단세포생물들은 빛이 있고 없고를 감지하는 것으로부터 자신의 행동패턴을 바꿉니다. 광합성을 하는 생물들도 마찬가지로 빛이 감지되면 광합성을 하기 유리한 위치로 옮길 수 있으니 이 또한 도움이 되지요.

다세포생물 중에는 해파리나 불가사리 등이 안점을 가지고 있습니다.

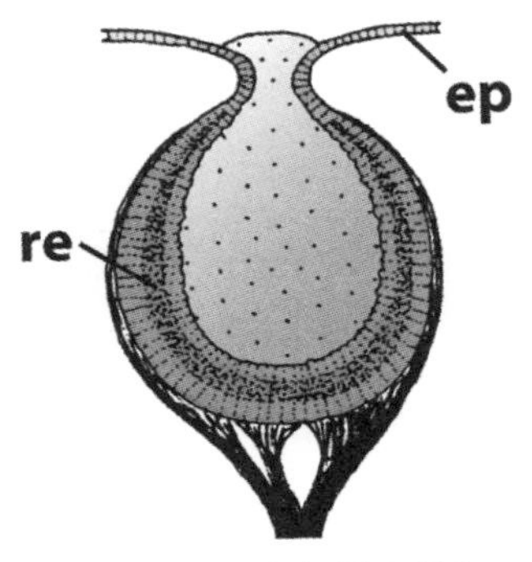

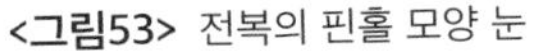
<그림53> 전복의 핀홀 모양 눈

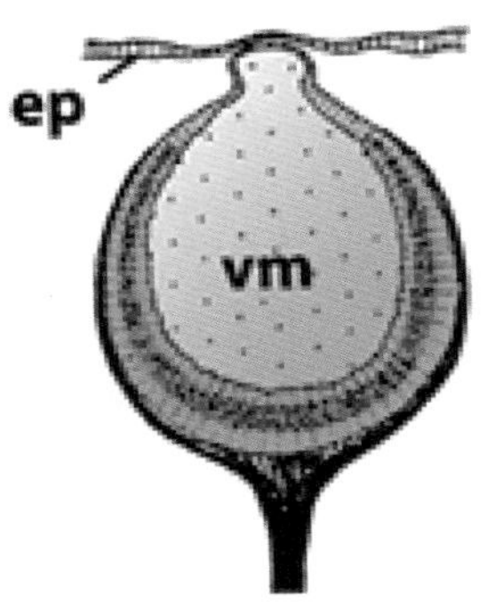

<그림54> 눈알고둥의 닫힌 눈

피부 표면의 안점에는 빛을 느끼는 광수용단백질이 있고 그 뒤로 신경이 연결되어 있습니다. 물체를 볼 순 없고 단지 어둡고 밝은 정도만 파악할 수 있죠.

다음 단계로 빛을 받아들이는 광수용체가 있는 부분이 피부 안쪽으로 들어가면서 움푹 파입니다. 이제 광수용체가 받아들이는 빛의 방향이 제한될 수밖에 없고 이를 통해 빛의 방향을 알 수 있습니다. 빛의 방향을 파악하는 것은 또 다른 종류의 이점입니다. 빛의 방향으로 가는 것이 유리한 경우나 반대로 가는 것이 유리한 경우 모두 도움이 됩니다. 하지만 아직도 사물을 분간할 수도, 색을 구별할 수도 없습니다. 하지만 광수용체가 하나에서 여러 개로 늘어나면서 빛의 강도를 느낄 수 있습니다. 빛의 밝기를 구분하는 것이죠. 〈그림52〉처럼 해양복족류의 한 종류인 파텔라가 이런 원시적인 눈을 가지고 있습니다.

이제 광수용체 앞쪽의 움푹 파인 부분 앞쪽을 피부가 거의 다 덮어버리는 단계입니다. 〈그림53〉의 전복이 가진 핀홀 모양 눈입니다. 광수용체

앞쪽은 아주 작은 구멍 하나만 남습니다. 그리고 빛을 받아들이는 광수용체가 뒤쪽에 반구 모양으로 자리 잡습니다. 광수용체들이 있는 곳을 망막이라고 불러도 될 정도가 되었습니다. 좁은 구멍으로 들어온 빛은 핀홀 카메라로 들어올 때와 같이 뒤쪽 망막에 상을 맺게 됩니다. 드디어 물체의 모습을 인지할 수 있게 되었습니다. 그러나 물체가 얼마나 먼 곳에 있는지는 분간할 수 없습니다. 놀랍게도 전복이 이런 눈을 가지고 있다는 것이죠.

다음 단계로 망막 앞쪽의 핀홀 부분이 완전히 닫힙니다. 〈그림54〉의 눈알고동이 가진 눈이 이런 모습입니다. 물론 빛이 들어와야 되므로 투명한 피부로 덮습니다. 그리고 망막과 투명한 피부 사이의 빈 공간을 체액이 채웁니다. 공기의 흐름에 의해 상이 흔들리는 현상이 사라지게 되고, 망막에 직접 공기가 닿아 생기는 부작용도 없어집니다. 이제 안정적인 상을 볼 수 있게 된 것이죠. 이런 눈을 가진 동물이 눈알고둥입니다.

이제 각막이 핀홀 구멍을 완전히 메우고 자리를 잡았습니다. 그리고 각막 뒤로 수정체가 생깁니다. 〈그림55〉의 대서양 고동이 가진 눈입니다. 수정체가 빛을 굴절시켜 더 선명한 상이 맺히죠. 그리고 상이 주로 맺히는 망막 가운데 시각세포가 집중됩니다. 이제 멀고 가까운 물체의 상을 선명하게 하기 위해 수정체의 두께를 조절할 수 있습니다. 그에 따라 물체까지의 거리도 대강 파악이 됩니다. 마지막으로 수정체와 각막 사이에 홍채가 생깁니다. 홍채는 빛의 세기에 따라 크기가 변하죠. 이를 통해 어두울 때와 밝을 때 들어오는 빛의 양을 조절해서 망막을 보호하고 상의 밝기도 조절할 수 있게 됩니다. 인간의 눈이 이 단계에 해당합니다.

빛이 있는지 없는지를 겨우 느끼는 안점에서 인간의 눈처럼 모든 것

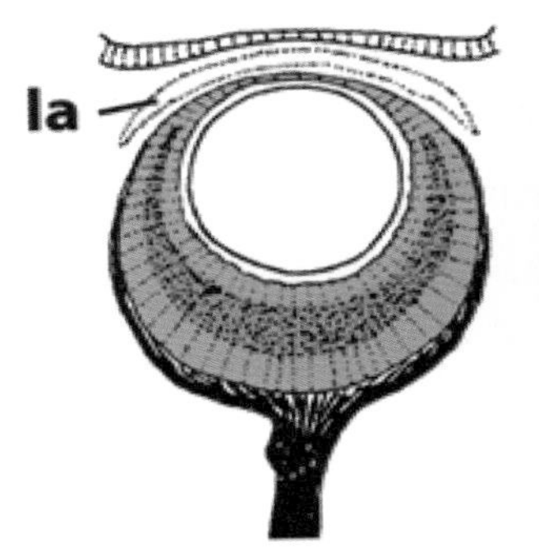

<그림55> 대서양 고동의 수정체가 생기기 시작한 눈

<그림56> 홍채까지 모두 갖춘 사람의 눈

을 갖춘 눈으로 진화하려면 얼마나 시간이 걸릴까요? 과학자들의 연구에 따르면 아무리 늦더라도 36만 년 정도면 충분하다고 합니다. 아주 긴 시간이긴 하지만 고생대의 시작이 지금으로부터 4억 5천만 년 전인 것을 생각하면 아주 짧은 시간이라 볼 수 있습니다. 인간을 비롯한 척추동물만이 아니라 절지동물이나 연체동물 등 다양한 동물들이 독립적으로 자신의 환경에 맞게 눈이 진화하는 데 아주 충분한 시간이 있었다는 뜻입니다. 그런 의미에서 눈의 진화는 창조론의 증거가 아닌, 진화론이 얼마나 정확한 이론인지를 보여주는 증거입니다.

잘 듣기와 잘 균형 잡기

차를 탔습니다. 뒷좌석에 편하게 앉아 눈을 감습니다. 스르르 차가 출발합니다. 눈을 감고 있어도 우린 지금 좌회전을 하는지 아니면 우회전을 하는지 알 수 있습니다. 혹은 오르막을 오르는지 아니면 내리막을 가는지도 압니다.

어떻게 이 모든 걸 보지 않고도 알 수 있을까요? 우리 몸이 오른쪽으로 회전을 하는지 아니면 왼쪽으로 돌고 있는지 혹은 앞구르기나 뒷구르기를 하는지를 알아채는 건 귀의 고막 안쪽에 있는 반고리관이란 감각기관 때문입니다. 세 방향의 고리로 구성된 이 곳에서 우리가 어느 방향으로 회전을 하는지를 감지하는 거죠. 마치 휴대폰에 내장되어 있는 오실로스코프가 휴대폰의 흔들림을 통해 우리가 걷는지 아니면 뛰는지를 아는 것처럼 말이지요.

이 반고리관 옆에는 이석기관이라는 감각기관도 있습니다. 이석기관은 간단히 말해서 중력의 방향과 가속도를 느낍니다. 우리가 매트리스에 누운 채 눈을 감고 있을 때, 누군가 매트리스를 기울이면, 머리 쪽으로 기우는지 아니면 발쪽으로 기우는지 또는 왼쪽인지 오른쪽인지를 알아채는 건 전정기관이 중력의 방향이 변하는 걸 감지해서 뇌에 알려주기 때문입니다. 또 차에 타고 있을 때 속도가 빨라지는 것과 느려지는 걸 느끼는 것도 이 이석기관에서 파악합니다.

반고리관이 느끼는 회전감각과 이석기관이 느끼는 중력감각과 가속도 감각을 합해서 균형감각이라고도 합니다. 또 반고리관과 이석기관을 합해서 전정기관이라고도 합니다. 예전에는 이석기관을 전정기관이라고 배우기도 했는데 사실 전정기관은 이 둘을 합한 명칭인 거죠. 이 두 감각의 신호는 대뇌로도 가지만 소뇌로도 갑니다. 소뇌는 이 정보를 토대로 우리 몸의 균형을 유지하지요. 그런데 왜 이 두 감각기관은 함께 있게 된 걸까요? 그리고 또 왜 굳이 귀에 있는 걸까요? 그 이유는 이들 감각기관이 어떻게 감각을 느끼는지를 파악하면 자연스레 알 수 있습니다. 우선 반고리관이 우리 몸의 회전을 감지하는 프로세스를 살펴보죠.

반고리관은 세 개의 고리로 이루어져 있습니다. 전반고리관, 후반고리관 그리고 수평 반고리관이 서로 직각으로 교차하고 있지요. 전반고리관은 정면 방향에서 45°로 돌아가 있고 후반고리관은 135°, 수평반고리관은 수평면에서 30° 위로 돌아가 있습니다. 그리고 양쪽 귀에 하나씩 있으니 쌍을 이루고 있는 거죠. 그래서 전후, 좌우, 앞뒤쪽의 회전을 각각 감지할 수 있습니다.

각각의 반고리관은 0.3~0.5mm의 굵기로 내부는 림프액이란 액체로 채워져 있습니다. 그리고 각 고리의 아래쪽에는 팽대부란 곳이 있는데 이곳에 감각세포가 있고, 각 감각세포는 섬모를 밖으로 내놓고 있습니다. 머리가 회전을 하면 반고리관 안의 림프액이 움직입니다. 림프액의 움직임에 따라 섬모도 같이 움직이지요. 이때 림프액의 움직임은 고리 안에서 시계 방향과 반시계 방향 두 가지가 있을 수 있습니다. 즉 우리가 머리를 왼쪽으로 회전하거나 오른쪽으로 회전하는 두 가지 상황을 상상해 보면 귓속 림프액의 움직임은 정반대가 되겠지요. 이때 섬모도 림프액의 움직임에 따라 서로 반대 방향으로 움직이게 됩니다.

이 섬모의 움직임이 어떤 방향이냐에 따라 감각세포를 흥분시키기도 하고 흥분을 억제시키기도 합니다. 그런데 우리 귀는 좌우 양쪽에 하나씩 있잖아요. 그래서 왼쪽 귀의 반고리관이 흥분하면 반대로 오른쪽 귀의 반고리관은 흥분이 억제됩니다. 이 신호를 각각의 감각세포와 연결된 신경세포가 받아 뇌로 전달하면 어떤 방향의 회전인지를 뇌가 감지할 수 있는 거지요.

이석기관은 그럼 어떻게 중력감각을 느끼는 걸까요? 반고리관 세 개가 서로 연결된 곳 바로 옆에 두 개의 작은 주머니가 있습니다. 각각 구형낭球形囊과 난형낭卵形囊이라고 하는데 이들이 바로 이석기관입니다. 구형낭은 수직 운동을 감지하고 난형낭은 수평운동을 감지합니다. 이 주머니 아래쪽에는 감각세포들이 있는데 이들 또한 섬모를 위로 뻗고 있습니다. 이 감각 세포 위쪽 공간에는 젤라틴 상태의 액상 물질이 가득 차 있고 그 위에는 칼슘염과 단백질로 된 자갈 모양 또는 모래 모양의 이석耳石이 있습니다. 머리의 자세가 바뀌면 이석은 중력 방향으로 끌리면서 움직이게 되고, 그 아래 젤라틴 상태의 물질을 끌어당깁니다. 그러면 젤라틴 물질 속에 있던 감각세포의 섬모가 따라서 움직이게 되고 세포를 자극하여 흥분을 일으키는 거지요.

결국 반고리관이나 이석기관 모두 감각세포의 섬모 움직임을 이용해서 회전과 중력을 느끼는 것이지요. 그런데 이는 청각 또한 마찬가지입니다. 우리가 소리를 받아들이는 과정은 귓바퀴-귓구멍-고막-귓속뼈-달팽이관의 순서입니다. 고막은 공기의 진동을 고막 안쪽에 차 있는 림프액의 진동으로 바꾸는 역할을 하고 귓속뼈는 음파를 증폭시키는 일을 합니다. 증폭된 음파는 림프액을 통해 달팽이관으로 전달됩니다. 달팽이관 안쪽도 역시 림프액으로 가득 차 있는데 이 림프액의 진동을 유모세포 hair cell라는 감각세포가 느낍니다. 유모세포라는 이름 자체가 섬모를 가지고 있다는 뜻입니다. 유모세포의 섬모가 음파의 진동에 따라 흔들리고 이 흔들림은 청각세포의 세포막에 있는 이온 채널을 열거나 닫게 되는데 이를 통해 유모세포 내부의 일련의 움직임이 시작되고 연결되어 있는 청신경으로 정보를 전달하게 됩니다. 결국 소리를 받아들이는 감각세포도 섬모를 이용한다는 점에서는 앞서 살펴본 전정기관의 감각세포들과 동일합니다. 이는 이 세 가지 감각기관의 세포가 모두 같은 근원을 가지고 있다는 걸 의미합니다.

척추동물은 모두 반고리관을 가지고 있습니다. 특히 턱이 있는 어류는 모두 세 개의 반고리관을 가지고 있으며 무악어류인 칠성장어는 2개의 반고리관을, 먹장어는 1개의 반고리관을 가지고 있습니다. 그런데 생각을 해 보면 평형감각은 이동에 필수적입니다. 내가 지금 올라가고 있는지 아니면 내려가고 있는지, 왼쪽으로 도는지 오른쪽으로 도는지를 아는 건 눈이 있든 없든 아주 중요하죠. 그렇다면 척추동물이 아닌 다른 동물

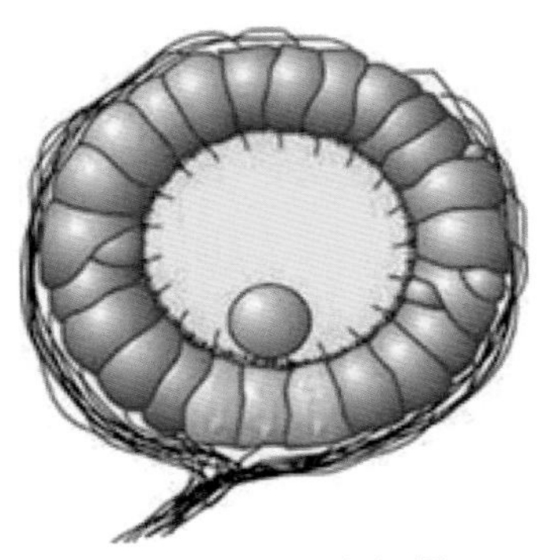

<그림57> 평형감각기관 평형포

들도 당연히 평형감각기관이 있을 겁니다. 이들의 평형감각기관은 평형포statocyst라고 합니다. 연체동물이나 자포동물, 극피동물과 두족류, 갑각류들이 가지고 있지요. 또 일부 생물들은 이를 통해 소리도 들을 수 있습니다. 큰지느러미 오징어Bigfin squid는 이를 통해 30~500hz의 저주파를 듣습니다. 〈그림57〉처럼 생긴 기관입니다. 가운데 평형석이란 돌이 있고 주변으로 감각세포들이 둘러싸고 있는데 다들 섬모를 내고 있습니다. 평형석이 움직이면 그를 섬모를 통해 파악하는 기본적인 원리는 척추동물의 전정기관과 다르지 않습니다.

그런데 이렇게 오징어 같은 연체동물이나 불가사리 같은 극피동물, 갑각류까지 이런 평형감각기관을 가지고 있다는 것은 모든 동물의 선조, 초기 동물의 조상이 이런 평형감각기관을 가지고 있었고, 지금의 다양한 동물들에게 그 유산을 물려줬다고 생각하는 것이 합리적일 겁니다. 동물이 근육을 써서 스스로 움직이기 시작하면서부터 이런 평형감각은 필수적이었을 테니 당연한 것처럼 보입니다. 그리고 척추동물의 전정기관 또한 마찬가지로 이 평형포로부터 진화한 것이라고 추측할 수 있을 겁니다. 아직 전정기관이 실제로 평형포로부터 진화한 것인지에 대해선 확실한 증거를 가지고 있진 못하지만요. 그리고 척추동물의 청각 또한 이런 연장선상에서 이루어진 것으로 볼 수도 있습니다.

어찌 되었건 동일한 종류의 감각세포가 하나는 듣는 기관으로 다른 하나는 균형을 잡는 기관으로 발전해서 머리의 양 옆에 자리 잡고 있다는 사실은 꽤나 흥미로운 일입니다. 하긴 다른 이의 말을 잘 듣는 것이 마음의 균형을 잡는 데 도움이 될 수도 있으니 둘 다 일맥상통하는 느낌이기도 합니다.

피부감각

흔히 오감이라고 할 때 마지막을 차지하는 감각이 피부감각입니다. 그러나 사실 하나의 감각이라고 치부할 순 없지요. 중·고등학교 때 배웠듯이 촉각, 압각, 통각, 냉각, 온각 등 다섯 가지의 감각로도 나눌 수 있습니다. 우선 피부에 닿는 느낌이 있고, 또 피부를 누르는 압력도 있습니다. 날카로운 물체가 피부를 찌르는 통증과 둔중한 물체에 의해 피부가 받는 타격도 통증이긴 하지만 서로 다른 느낌이죠. 여기에 화학물질에 대해 느끼는 감각도 있고, 차갑고 따뜻한 온도 변화에 대해서도 느낍니다. 그리고 아주 차가운 물질이 닿으면 통증을 느끼기도 하지요.

그런데 좀 더 생각을 해 보자면, 우리 피부가 느끼는 감각은 굉장히 복잡합니다. 애인과 손을 잡고 걸을 때처럼 어떤 물체가 계속 닿고 있는 걸 느끼기도 하고, 안마의자에 앉아 있을 때는 진동을 느끼기도 하고, 바늘에 찔리면 아주 좁은 범위의 극히 빠른 통증을 느끼기도 하고, 몽둥이로 엉덩이를 맞았을 때는 꽤 넓은 면적에서 오래 둔중한 아픔을 느끼기도 합니다. 기름을 만졌을 때는 미끄러운 느낌, 나무 표면의 까끌거리는 느낌, 강아지 털을 쓰다듬을 때의 부드러운 느낌 등 아주 다양하죠.

이런 다양한 느낌을 모두 파악하기 위해서는 수용체의 종류가 다양해야 합니다. 이런 기계적 혹은 물리적 자극에 반응하는 수용체들 중 어떤 수용체는 아주 작은 자극에도 반응하는가 하면 또 다른 수용체는 비교적 큰 자극에만 반응하지요. 또 자극이 계속 되어도 처음에만 반응하는 수용체도 있고, 지속되는 자극에 계속 반응하는 수용체도 있습니다. 자극이 조금 떨어진 곳에서 일어나도 반응하는 종류와 아주 좁은 범위의 자극에만 반응하는 수용체도 있습니다. 메르켈 소체, 루피니 소체, 마이스너 소체, 라멜라 소체, 모낭 수용체, 자유 신경 말단 등 다양한 종류의 수용체들이 각기 반응에 참가하는 거죠. 감각신경을 통해 전달 받은 뇌가 이를 통합해서 어떤 상태인지를 판단합니다.

그런데 우리는 피부에서만 이런 감각을 느끼지는 않습니다. 운동을 쉬다가 오랜만에 근력운동을 하면 온몸의 근육에서 비명을 지른다고들 이야기하지요. 실제로는 비명을 지르는 건 근육세포가 아니라 그곳 주변에 포진한 감각세포의 수용체들입니다. 또 스트레칭을 할 때도 근육이 쭉 늘어나는 느낌, 당기는 느낌, 뭉쳤던 근육이 풀리는 느낌 등을 받기도 하는데 이 또한 마찬가지입니다.

이들 수용체들은 모두 유모세포입니다. 즉 세포 표면에 섬모들이 나 있는 거죠. 외부 자극에 의해 이들 섬모가 움직이면 그에 따라 주변 세포막의 이온 채널이 열리고, 그곳으로 이온이 들락날락하면 그에 따라 세포 내부에 있던 소포체가 세포막에 붙어 자신이 가지고 있던 신경전달물질을 아래쪽 신경세포와의 사이 공간(시냅스)로 내놓는 거죠. 즉, 이들은 모두 공통조상을 가지고 있는 친척들입니다. 섬모를 가진 유모세포가 일부는 귀에서 청각을 담당하거나 균형감각을 맡게 되고, 피부에서는 피부에 닿는 물리적 자극을 담당하게 된 것이지요.

물고기의 옆선은 이런 피부감각의 아주 오래된 버전입니다. 생선을 잘 살펴보면 몸통 중간에 아가미 부근에서 꼬리까지 옆으로 길게 점선 형태가 보이는데 이를 옆선이라고 합니다. 실제로 선이 있는 건 아니고 이 부근의 비늘이 옆과 달리 속으로 파여 있기 때문에 그리 보이는 것이지요. 이 옆선 안으로 물이 들어가면서 그 안의 감각세포 중 일부가 가진 유모세포의 섬모를 자극합니다. 그 자극에 따라 섬모가 움직이면서 정보를 전달하는 거죠. 이를 통해 물고기는 물살의 흐름과 방향 등을 파악합니다.

이런 촉각이 가장 발달한 곳은 손가락 끝과 입술 등입니다. 시각 장애인들이 점자책을 읽을 때 손가락 끝을 이용하는 이유도 손가락 끝이 가장 섬세한 감각을 유지하기 때문이지요. 연인과의 스킨쉽이 손끝을 닿는 것으로 시작하는 것도, 뽀뽀나 키스가 성행하는 이유도 그 감각의 섬세함에 일부 이유가 있습니다. 이 부분에 집중적으로 배치된 감각세포가 메르켈 원반Merkel's disk을 수용기로 가진 메르켈 세포입니다. 주로 가벼운 촉각 그리고 그 촉각의 변화에 반응합니다. 즉, 아주 살짝 닿을 때도 그 자극을 느끼게 해주고 자극이 계속 이어지고 있는지를 파악하게 해 주는 거지요. 또한 수용 범위가 굉장히 좁아서 높은 두 점 식별 능력을 가집니다. 두 점 식별 능력이란 피부 위의 두 부위가 자극될 때 이 둘을 다른 자극으로 받아들이는 능력으로, 다른 감각세포에 비해 메르켈 세포가 더 좁은 범위의 두 점 자극을 식별할 수 있습니다. 연인이 손가락 끝으로 아주 조금씩 내 손가락 끝을 훑을 때의 그 미묘한 느낌을 알게 해주는 거죠.

메르켈 세포는 인간이 아직 온몸이 수북한 털로 덮여 있던 시절에도 맨살이 드러나는 부위, 손바닥이나 발바닥, 입술, 항문 점막 그리고 유선에 많이 존재했던 세포고 현재도 그런 부위에 많이 분포하고 있습니다. 다른 피부 감각세포는 대부분 진피층에 있는 데 비해 메르켈 세포는 아주 가벼운 접촉에도 반응을 하기 위해서 진피층이 아닌 표피층에 존재합니다. 또한 포유동물 대부분에서 모낭에도 다수 존재합니다. 즉 가벼운 접촉에 대한 민감한 반응을 위해 피부에 압력을 전달하지 않는 털과의 가벼운 접촉에도 반응할 수 있도록 분포하는 것입니다. 등을 돌리고 있는 고양이의 털을 아주 가볍게 만져도 고양이가 고개를 뒤로 돌리는 이유지요.

그런데 이 메르켈 세포는 자극을 받게 되면 말단에서 신경전달물질로 세로토닌을 분비합니다. 세로토닌은 연결된 신경세포의 수상돌기를 자극하고 이는 대뇌로 이어지죠. 그래서 세로토닌계 약물을 먹으면 촉감이 평소보다 예민해지기도 합니다.

피부감각세포 중에는 화학물질에 반응하는 세포들도 있습니다. 이들 세포와 반응하는 대표적인 물질이 캡사이신이죠. 김장을 할 때 고춧가루 양념이 팔에 묻었을 때 따가운 느낌이 나는 것이 바로 이 때문입니다. 이 또한 우리 선조가 물고기였을 아주 먼 시절에 이미 발현된 것이죠. 바로 앞서 이야기한 옆선입니다. 이 옆선에는 유모세포 외에도 물에 섞여 있는 각종 화학물질을 감지하는 세포들도 있습니다. 이들 또한 멀리 보면 코와 입의 후각 및 미각세포들과 그 기원이 같다고 볼 수 있습니다.

또한 온도 변화에 대해 반응하는 세포들도 있지요. 이전보다 온도가 내려가거나 올라갈 때 이를 느끼는 감각기관인데 이들 또한 하나가 아닙니다. 따뜻하거나 뜨거운 걸 느끼는 게 다르고, 시원하고 차가운 걸 느끼는 게 다른 거죠. 먼저 세포막에 있는 TRV-3이라는 수용체는 33℃가 되면 이온 채널이 열립니다. 이렇게 온도에 의해 열리는 이온 채널을 온도의존성 이온 채널이라고 하는데요, 이 채널이 열려 신호가 뇌로 가면 뇌는 자율신경을 통해 땀을 흘리게 하면서 체온을 낮추게 하죠. 하지만 온도가 더 높아지면 더운 정도가 아니라 뜨겁고 위험합니다. TRV-1은 42°C가 되면 열립니다. 그럼 우린 뜨겁다는 일종의 통증을 느끼죠. 이 수용체는 일종의 통각 수용체로 우리에게 아픔을 느끼게 합니다. 이 채널은 앞서 이야기한 캡사이신에 의해서도 열립니다. 그래서 매운 걸 먹으면 뜨겁다는 느낌이 나고, 실제로 땀도 흐르는 것이지요. TRV-2라는 수용체는 52°C 이상에서 열리는데 TRV-1보다 더 강한 통증 신호를 전달합니다. 아주 위험한 온도라는 신호지요.

여름 저녁 해가 지고 바람이 불면 시원한 느낌이 들지요. 이를 감지하는 건 CMR1이란 수용체인데 8~28°C사이에서 열립니다. 이 수용체는 또 멘톨에 대해서도 반응하지요. 그래서 박하향을 맡을 때 시원한 느낌이 드는 것이고요. 하지만 이보다 더 낮은 온도에서는 ANKTM1이라는 수용체가 반응합니다. 이때는 아프다는 느낌이 들지요. 얼음을 오래 물고 있거나, 추운 겨울 노출된 피부가 아프게 느껴질 때 이 수용체가 역할을 하는 거지요. 이 또한 통각수용체이기도 합니다.

이들 또한 물고기의 옆선에 있는 수온을 느끼는 감각세포들과 그 기원이 동일하다고 볼 수 있습니다. 즉, 우리 피부의 각종 감각세포의 기원은 아주 먼 옛날 고생대 초기 바다에 살던 선조 물고기가 진화를 통해 만들어낸 감각세포인 것이죠.

맛을 보다

파리가 음식 위에 앉아 앞다리를 비비는 모습을 직접은 아니더라도 다양한 영상을 통해 본적이 있을 겁니다. 이 모습은 파리가 음식을 먹기 전 다리에 묻은 먼지를 터는 것이 아니라 이 음식이 먹을 만한지 아닌지 맛을 보는 장면입니다. 우리는 흔히 맛은 혀로 본다고 생각합니다. 인간의 경우는 맞습니다. 물론 혀만이 아니라 입과 식도 위쪽의 다른 부분으로도 맛을 느끼긴 하지만 인간과 포유류는 대부분 혀를 통해 맛을 느낍니다. 혀에 미각세포가 집중되어 있기 때문이지요.

하지만 다른 동물로 범위를 확대하면 혀가 아닌 몸의 다른 부위에 미각세포가 자리하고 있는 경우가 굉장히 많습니다. 파리 다리에 미각세포가 있는 것처럼, 물 바닥에 사는 물고기들은 변형된 앞가슴 지느러미에 미각세포를 가지고 있어, 이를 통해 바닥의 먹이를 알아냅니다. 사실 입 안에 들어오고 난 다음에 맛을 아는 것보다는 입에 집어 넣기 전에 맛을 아는 것이 더 좋겠지요. 먹어 봤는데 똥맛이면 얼마나 끔찍하겠어요. 사람도 손가락 끝으로 슬쩍 만져서 맛을 느낄 수 있다면 편리하겠지요.

미각세포가 몸의 어디에 있건 많은 동물들이 맛을 느낍니다. 그중에서도 인간은 다섯 종류의 맛을 느낀다고 합니다. 일부 과학자들은 지방의 맛과 고분자 탄수화물의 맛도 느끼는 미각세포가 있다고 주장하지만 아직 완전히 증명되지 못한 가설이이지요. 현재 확인된 건 짠맛, 단맛, 신맛, 쓴맛, 감칠맛입니다. 매운맛은 피부감각세포 중 통각을 담당하는 세포가 느끼는 피부감각이고 떫은맛은 역시 피부감각세포 중 압각을 담당하는 세포가 느낍니다. 그 외에는 대부분 후각세포가 느끼는 것이고, 미각세포에 의해 확인되는 건 저 다섯 가지가 현재로선 전부입니다. 그렇다면 인간은 왜 저 다섯 가지 미각을 가지게 된 것일까요?

미각이란 우리가 먹는 음식에 들어 있는 성분을 삼키기 전에 확인하자는 의미에서 발달한 것입니다. 따라서 미각 중 일부는 우리에게 필요한 영양분이 있는 음식을 고르는 역할을 합니다. 대표적인 것이 단맛이죠. 단맛은 포도당이나 과당, 설탕, 꿀 등 당의 맛입니다. 우리 몸에 필요한 에너지를 제공하는 탄수화물 중 이들은 특별한 소화 과정을 거치지 않고 가장 빠르게 흡수됩니다. 즉 에너지로 만들기에 가장 좋은 성분이지요. 흔히 힘들게 일을 하거나 식사를 한 지 오래되면 '당이 당긴다'고 이야기하는데 아주 정확한 표현이지요. 갓 태어난 아이들이 가장 선호하는 맛이기도 합니다. 주로 오각형이나 육각형의 고리 구조를 가진 탄수화물을 파악하는 것입니다.

감칠맛은 아미노산의 맛입니다. 아미노산은 단백질의 재료죠. 우리 몸에서 물 다음으로 많은 양을 차지하는 단백질을 만들려면 아미노산을 섭취하는 것 또한 대단히 중요한 일입니다. 자연스레 미각 중 하나는 이들을 파악하는 임무를 맡았습니다.

짠맛은 나트륨의 맛입니다. 나트륨은 우리 몸의 모든 세포에서 중요한 역할을 합니다. 나중에 다시 다루겠지만 세포막을 통해 가장 빈번하게 드나드는 물질이 나트륨 이온입니다. 나트륨 이온의 농도를 일정하게 유지하는 것은 우리가 일상을 사는 데 필수적인 일이죠.

이 세 맛과 달리 신맛과 쓴맛은 경계하기 위해 생겨났습니다. 신맛은 산acid의 맛이죠. 좀 더 정확히는 수소 이온의 맛입니다. 열매와 같은 식물성 재료나 이미 죽은 사체들이 부패하면 유기산이 형성되기 시작합니다. 흔히 우리가 쉬었다고 이야기하는 상황이죠. 이런 음식을 먹으면 장내에서 난리가 납니다. 수소 이온에 의해 장내 산도(pH)가 바뀌면 기존의 장내 환경에 적응해 있던 장내 세균들이 몰살당하고 영양분의 흡수에 문제가 생깁니다. 설사를 하게 되는 이유 중 하나입니다. 또한 부패 과정에서 생긴 독성 물질이 장내에서 문제를 일으키기도 하죠. 부패 과정을 거치면서 늘어난 세균이나 곰팡이 중 일부도 체내에서 독성물질로 작용합니다. 이를 걸러내기 위해 신맛을 파악하도록 진화한 것이죠.

쓴맛도 위험 물질을 걸러내는 장치입니다. 쓴맛은 대개 알칼로이드의 맛인데 질소 원자를 가지는 화합물로 염기성을 띱니다. 이런 알칼로이드 중 일부는 식물이 동물에게 먹히는 걸 방지하기 위해 만들어낸 독성 물질입니다. 아직 여물지 않은 열매, 나뭇잎 혹은 구근이나 가지에 주로 분포하고 있습니다. 이들 물질을 걸러내기 위한 장치가 쓴맛을 느끼는 것이죠. 그래서 갓난아이들은 본능적으로 쓴맛과 신맛을 내는 음식을 먹으면 뱉어냅니다. 흔히 허브라고 부르는 독특한 향을 내는 식물들도 사실은 이런 알칼로이드의 일종을 만든 것이죠.

그래서 동물의 미각은 어떤 음식을 주로 섭취하느냐에 따라 종마다 다릅니다. 육식동물과 초식동물, 그리고 꿀 등을 주로 섭취하는 곤충에 따라 미각 수용 세포의 종류와 비율이 다른 것이죠. 육식동물의 경우 쓴맛에 대한 민감도가 초식동물보다 높습니다. 식물은 독을 만드는 것보다 비용이 덜 드는, 독성은 없고 쓴맛만 나는 물질을 만드는 경향이 있기 때문이죠. 식물을 주로 먹는 초식동물의 경우 쓴맛에 대한 민감도를 낮추지 않으면 먹이에 대한 선택지가 확연히 줄어들 수밖에 없습니다. 반면 주로 육식을 하는 동물은 쓴맛의 민감도를 높이는 편이 독성물질로부터 안전을 유지하는 더 좋은 방편이 됩니다. 인간의 경우 초기에는 주된 먹이가 열매와 꽃의 꿀이었으니 당연히 단맛이 발달했고, 육상동물 대부분이 그러하듯이 짠맛 또한 발달했습니다. 그리고 육식을 겸하게 되면서 감칠맛 또한 발달해 있습니다. 그리고 신맛과 쓴맛 또한 열매와 애벌레 등을 섭취하는 과정에서 자연스럽게 확보되었죠. 그리고 다른 육상 척추동물과 마찬가지로 미각을 주로 확인하는 세포는 입 내부 그 중에서도 혀에 집중되어 있습니다.

하지만 인간은 초식동물은 아니었기에 쓴맛에 대해 민감도가 높은 편입니다. 갓난아이는 이를 확실히 보여주죠. 그러나 인간은 학습의 동물. 부모를 따라 조금씩 쓴맛에 길들여집니다. 익은 고기를 먹기 시작하면서 우리 몸에 부족한 바이타민이나 여타 다양한 영양분을 확보하기 위해선 신선한 풀을 먹어야 했고, 또 음식이 쉬이 상하는 걸 막기 위해 허브를 첨가했기 때문이죠. 그래서 인간의 미각은 어찌 보면 동물 세계에서 가장 균형 있게 발달했는지도 모릅니다.

맛을 느끼는 과정

혀의 상피세포 사이에는 맛봉오리taste bud란 미각 조직이 있습니다. 여러 개의 미각세포가 마치 귤 모양으로 모여 있죠. 미각세포의 끝부분은 미세융모가 잔뜩 나서 맛을 내는 입자를 기다립니다. 미각세포들 사이사이에는 지지세포가 들어가 있고, 아래쪽에는 기저세포가 받치고 있죠. 미각세포는 10일 정도의 수명을 가지고 있어 10일이 지나면 기저세포에서 새로운 미각세포가 생성되어 그 자리를 대체합니다. 기저세포는 또한 상피세포로부터 유래된 것입니다. 즉 미각세포는 상피세포의 일부가 분화한 세포인 것이죠. 미각세포는 여러 면에서 후각세포와 유사한 모습을 보이지만 후각세포가 일종의 신경세포로서 스스로 활동전위를 만드는 반면 미각세포는 상피세포의 일부이기 때문에 활동전위를 만들지 않고 다만 이어진 신경세포를 자극하는 신경전달물질을 분비한다는 점에서 다릅니다.

혀를 내밀고 거울을 자세히 보면 우둘투둘한 돌기 수천 개가 앞면을 감싸고 있습니다. 이 돌기를 유두라고 부릅니다. 이 유두 하나에 수백 개의 미뢰(맛봉오리)가 있고 미뢰 하나에는 50~100개 정도의 미각세포가 있습니다. 즉 혀 하나에 수천만 개가 넘는 미각세포들이 저마다 맛을 느끼는 것입니다. 이 미각세포들은 어떤 식을 맛을 느끼는 걸까요?

먼저 짠맛을 어떻게 느끼게 되는지 살펴보려면 세포막을 중심으로 한 전기적 상태(전위)에 대해 먼저 이해해야 합니다. 일상적 상황에서 세포 밖은 나트륨 이온의 농도가 높아 전기적으로 플러스 상태를 유지하고 내부는 마이너스 상태를 유지하는데 이를 휴지 전위resting potential라고 합니다. 이는 나트륨-칼륨 펌프라는 세포막의 막단백질을 통해 유지됩니다. 나트륨-칼륨 펌프는 꾸준히 세포막 안쪽의 나트륨 이온 3개를 밖으로 내보내고 대신 칼륨 이온 2개를 안으로 집어넣습니다. 세포 내부의 입장에서 플러스 이온 3개가 나가고 2개가 들어오니 플러스 전기를 띠는 입자의 수가 줄게 되지요. 또 세포 내부에는 마이너스 전기를 띠는 고분자 단백질과 염소 이온이 풍부합니다. 반대로 세포 바깥은 지속적으로 나트륨 이온이 늘어나서 플러스 상태를 유지합니다.

이는 짠맛을 느끼는 미각세포에서도 마찬가지입니다. 평상시 항상 바깥은 플러스 상태고 안쪽은 마이너스 상태가 되는 거죠. 그런데 우리가 소금기가 있는 음식을 먹으면 상황이 변합니다. 소금은 물에 녹아 나트륨 이온(Na^+)와 염화이온(Cl^-)로 분리됩니다. 그래서 세포막 바깥의 나트륨 이온 수가 평소보다 훨씬 많이 증가하지요. 이때 짠맛을 느끼는 미각세포 꼭지 부분에 있는 상피 나트륨 이온 채널이란 곳을 통해 나트륨 이온이 세포 내로 수루룩 들어오게 되지요. 플러스 전기를 띠는 나트륨 이온이 세포 내로 들어오면 내부가 마이너스 상태에서 플러스 상태로 바뀌게 되는데 이를 탈분극Depolarization이라고 합니다. 이런 변화는 다시 세포막의 칼슘 채널을 엽니다. 칼슘 이온이 세포 안으로 들어오면 신경전달물질 소포를 활성화시키게 되고 이 신경전달물질은 수용체 세포 바로 밑의 신경세포를 자극하게 됩니다. '아, 짜다' 하고 느끼는 순간이지요.

그런데 이 상피 나트륨 채널(ENaC)은 혀뿐만이 아니라 신장의 세뇨관, 폐, 피부, 생식기, 결장 등의 상피세포에도 있습니다. 이곳에서 이 채널은 나트륨 이온의 재흡수를 촉진해서 체액의 농도와 혈압을 조절하는 시스템의 일부로 쓰입니다. 이 채널은 아밀로라이드란 물질에 의해 차단됩니다. 그럼 나트륨 흡수가 일어나지 않게 되고 그 여파로 오줌 생성이 빨라집니다. 쥐의 경우 미각에서 짠맛을 느끼는 것은 대부분 이 상피 나트륨 채널에 의한 것이지만 사람의 경우에는 이 상피 나트륨 채널은 전체 짠맛의 약 20% 정도를 책임지는 것으로 여겨집니다.

결국 우리가 느끼는 짠맛은 나트륨 이온에 의한 현상입니다. 그래서 나트륨 이온과 비슷한 이온들도 짠맛을 느끼게 합니다. 나트륨은 알칼리 금속인데 주기율표를 보면 그 위와 아래에 리튬과 칼륨이 있습니다. 이들도 나트륨처럼 이온을 만들고 또 이온의 크기도 비슷하죠. 그래서 이들도 짠맛을 냅니다. 또한 나트륨과 이온 크기가 아주 비슷한 칼슘을 포함하는 염화칼슘 또한 짠맛을 냅니다.

신맛을 느끼는 과정은 짠맛과 유사합니다. 신맛은 앞서 말했던 것처럼 산성 물질을 파악하는 맛입니다. 더 정확하게는 산성 물질에 풍부하게 존재하는 수소 이온을 느끼는 것입니다. 산성 물질을 느끼는 미각세포는 수소 이온과 반응하는 세 가지 막 수용기를 가지고 있습니다. 첫째는 짠맛을 느끼는 데 이용되었던 상피 나트륨 채널입니다. 이 채널은 나트륨 이온만 통과시키는 것이 아니라 수소 이온도 통과시킵니다. 짠맛과 신맛이 같은 막수용기를 이용하기 때문에 우리는 신맛이 있는 음식에서 짠맛을 덜 느끼고 또 샐러드에 발사믹 드레싱을 뿌리면 싱거움을 느끼지 못합니다. 어찌 되었건 수소 이온이 세포 내로 들어가면 그 다음은 짠맛과 동일합니다. 막전위가 변하고, 전위의 변화는 칼슘 이온을 유입하게 만듭니다. 칼슘 이온은 신경전달물질을 분비하는 소포를 활성화시키죠.

하지만 신맛을 느끼는 또 다른 방법도 있습니다. 수소 이온 의존성 채널을 이용하는 것입니다. 수소 이온 의존성 채널은 수소 이온을 통과시키는 것이 아니라 수소 이온이 존재하면 채널이 열리거나 닫히는 채널입니다. 대표적인 것이 칼륨 이온을 세포 밖으로 내보내는 칼륨 채널입니다. 칼륨 채널 주변의 세포막 바깥에 수소 이온이 존재하면 채널이 닫힙니다. 이렇게 되면 세포 내 칼륨 이온의 농도가 높아지고, 이 또한 수소 이온이 들어오는 것처럼 막전위를 변하게 합니다. 역시 칼슘 채널이 열리고 칼슘 이온이 유입되지요.

신맛과 짠맛은 비슷한 수용체로 맛을 느끼지만 쓴맛과 단맛 그리고 감칠맛은 완전히 다른 수용체로 맛을 느낍니다. 이 셋의 수용기는 모두 G단백질 결합수용체GPCR라는 것입니다. 세포막에 있는 단백질 중 가장 흔한 것이 G단백질인데, 이 단백질과 결합한 수용체를 G단백질 결합수용체라고 합니다. 이들은 해당 물체(단맛이면 포도당이나 과당 등이 될 것이고, 쓴맛이면 알칼로이드가 되겠지요. 또 감칠맛이면 아미노산, 그 중에서도 특히 글루타메이트와 뉴클레오타이드란 물질입니다)과 결합하면 구조가 바뀝니다. 그러면서 붙어 있던 G단백질과 분리가 되지요. 분리된 G단백질은 또 다른 세포 내 물질을 활성화시키는 일련의 활동을 시작합니다. 그리고 그 결과는 탈분극으로 이어지지요. 이후 과정은 동일합니다. 탈분극이 되면서 칼슘 채널이 열리고 칼슘이 신경전달물질을 가진 소포를 활성화해서 이어진 신경에 정보를 전달하는 거지요. '달다', '감칠맛이나', '쓰네', 이런 식으로요.

그런데 왜 이렇게 미각세포들이 맛을 느끼는 과정이 비슷한 걸까요? 어찌 보면 이는 당연하다고 할 수 있습니다. 변이를 통해 들어온 이온이 세포 내부의 전위를 바꾸면 칼슘 채널이 열리는 진화가 일어납니다. 칼슘이 들어와서는 소포체를 활성화시켜 신경전달물질을 분비하게 만듭니다. 신경전달물질은 세포와 시냅스로 연결된 신경세포의 수상돌기에 가서 신경세포를 다시 활성화시킵니다. 이런 일련의 기작이 만들어지면 그 다음은 응용일 뿐입니다. 이온 채널이 아닌 G단백질과 연결된 수용체에 변이가 일어나고 이 변이가 이온 채널을 열어 세포 내부의 전위를 바꾸는 시스템이 구축되는 건 다른 방식으로 맛을 느끼는 시스템을 구축하는 것보다 훨씬 쉬운 일입니다. 자연히 진화는 가장 간단한 방식으로 이루어지고 우리는 동일한 방식에 막의 수용체만 달라진 여러 종류의 미각세포를 가지게 된 것이지요.

하지만 재미있는 사실은 이런 미각세포를 가지고도 우린 서로 다른 맛을 느낀다는 겁니다. 자라면서 맛본 음식이 다르고 문화가 다르기 때문이지요. 우린 아미노산을 주로 해산물과 콩류 발효음식으로부터 얻어온 역사가 있습니다. 된장, 간장, 고추장과 각종 젓갈 등이지요. 반대로 유럽인들의 경우 치즈나 고기 뼈를 이용한 소스에서 아미노산을 맛보게 됩니다. 그래서 서로 아미노산의 감칠맛을 느끼는 음식의 호불호가 갈라지지요. 맛이란 것이 진화를 기본으로 하지만 그것만 가지고는 설명되지 않는 영역이 있는 거지요.

냄새를 맡다

가장 최초의 감각은 무엇이었을까요? 이 책은 거꾸로 가다 보니 이쯤 해서 다 눈치채셨을 것입니다. 바로 후각입니다. 우리에게 가장 중요한 감각이 무엇이냐고 했을 때 후각을 꼽는 사람이 절대 다수는 아닐텐데, 왜 후각이 가장 먼저 발생했을까요. 아주 오래전, 그러니까 5억 년 이전의 지구로 돌아가 봅시다.

당시의 지구의 생물은 모두 바다에만 살고 있었습니다. 대부분의 동물은 운동기관도 감각기관도 거의 갖추지 못한 상태에서 그저 입을 벌리고 바닷물을 들이마셔 그 중 플랑크톤이나 바다를 떠도는 작은 유생들을 삼키는 걸로 먹이를 얻을 뿐이었지요. 그 중 일부는 바다 밑바닥에 가라앉은 다른 동물의 사체를 먹어치우는 청소부 역할을 자처하고 나섰습니다. 아직 제대로 된 먹이 사냥이 시작되기 전의 일이죠. 그러나 아주 초기 단계의 생태계에도 나름의 경쟁은 있는 법. 이런 청소부들 중 일부는 경쟁자보다 더 먼저 사체를 찾는 방법을 확보했고, 더 많이 먹고 더 많이 번식을 하면서 바다 밑바닥의 청소부 세계를 장악해 나갔을 것입니다. 이들은 어떻게 경쟁자보다 먼저 사체를 찾을 수 있었을까요?

우리는 현재 청소부 역할을 하는 바다 밑바닥의 동물들을 통해서 이를 유추해 볼 수 있습니다. 지금도 바다 밑바닥에 사는 동물들은 사체가 바닥에 떨어지면 기가 막히게 알아차리고 달려듭니다. 그곳이 밝을 리 만무합니다. 햇빛이 뚫고 들어갈 수 있는 깊이는 고작 200m가 최고입니다. 그것도 아주 맑은 날, 아주 깨끗한 바다, 한낮에 가능한 깊이입니다. 밤에는 아예 깜깜할 것이고, 해가 뜬 직후나 해가 지기 전, 그리고 구름이 잔뜩 낀 날에는 불과 몇십 m만 들어가도 깜깜하니 눈은 별 소용이 없습니다. 마찬가지로 소리도 무용지물입니다. 이미 죽은 시체가 소리를 낼 리 없고, 천천히 가라앉으니 바닥과 부딪히는 소리도 그리 클 리가 없습니다. 결국 냄새를 맡는 것이 이들이 먹이를 찾는 가장 쉽고 유력한 방법입니다.

지금의 바다 청소부들이 그러하듯이 아주 먼 옛날 처음 바다 밑바닥을 청소하겠다고 나선 동물들 또한 마찬가지였을 것입니다. 사체가 부패하면서 생기는 각종 화학물질들 중 일부는 바닷물에 녹아 퍼지는데, 가까운 곳은 농도가 높고 멀리 갈수록 농도가 낮습니다. 이 농도차를 파악하고 사체가 있는 방향을 파악하는 것이 가장 효과적인 방법이죠. 굳이 물을 일부러 마실 일도 아닙니다. 그때나 지금이나 바다에 사는 동물들은 바닷물을 들이켜 그 속에 포함된 산소를 흡수하는 방식으로 호흡을 하고 있으니 그 물에 녹아 있는 분자를 파악하기만 하면 됩니다.

청소부 중 일부에서 피부 표면의 세포막에 그 냄새 분자와 반응하는 수용체가 만들어지는 것이 첫 번째 일이었을 것입니다. 하지만 그런 막 수용체가 처음부터 그 분자를 잡기 위해 만들어졌을 리도 없습니다. 사체에서 만들어지는 유기 분자 중 일부는 살아있는 생물의 내부에서도 자주 만들어지는 물질이고, 따라서 그 농도를 감지하는 일은 자신의 내부 항상성 유지를 위해서도 필요했을 것입니다. 혹은 사체에서 만들어지는 유기분자와 구조가 비슷한 다른 유기분자가 생물체 내에서 만들어졌을 수도 있습니다. 어떤 경우든 그런 내부 유기분자를 감지하기 위해 세포막에 존재하던 막 수용체가 바닷물이 들어오는 입구 내부의 신경세포에 발현되면 되는 일입니다. 물론 그런 막 수용체만 있다고 다 냄새를 맡을 수는 없습니다. 막 수용체가 확인한 정보로 제대로 된 방향으로 움직이는 일련의 과정이 마련되어 있어야 하지요.

하지만 신경세포는 자체가 그런 일을 하도록 만들어진 녀석입니다. 세포 내부에서의 프로세스를 통해 축색돌기(신경세포의 세포체에서 길게 뻗어나온 가지) 말단에서 신경전달물질이 분비될 것이고, 이어진 신경세포를 통해 근육으로 정보가 전달됩니다. 이 과정이 처음에는 아주 어설펐을 것입니다. 하지만 어설프더라도 아예 작동하지 않는 것보다는 유리하죠. 근육이 무작위로 움직이더라도 냄새 분자를 확인한 막 수용체에 의해 계속 자극을 받아 움직이기만 한다면 그렇지 않은 상태보다 사체에 접근할 가능성이 커지고, 결과적으로 생물에게 유리하게 작용합니다.

이런 일련의 과정은 또한 짝짓기에도 유리합니다. 넓은 바다에서 제대로 된 짝을 찾는 일은 쉽지 않습니다. 그래서 일부 동물은 한 거주지에 집단을 이뤄 짝을 찾기 쉽도록 진화합니다. 하지만 이런 집단 거주지(군락)는 먹이가 풍부한 경우에 형성됩니다. 먹이가 풍부하지 않은 경우 군락을 이루는 것은 집단 빈곤 상태에 빠지기 쉽죠. 따라서 어린 개체가 성적으로 성숙할 때까지 크기 위해선 집단을 이루기보다는 각자도생하는 것이 유리한 경우가 많습니다. 이런 종의 경우 짝짓기를 하는 시기가 돌아오면 어떻게든 다른 경쟁자보다 빨리 짝을 찾는 것이 가장 중요한 일 중 하나가 됩니다. 이 때도 같은 종의 다른 성을 가진 녀석을 찾는 과정에서 후각은 결정적으로 유리한 무기가 될 수 있습니다.

그 기원이 어떤 것이든 후각, 즉 물에 녹아있는 분자들을 파악하는 일은 동물의 감각 중 가장 먼저 생성되어 발달한 감각입니다. 사실 후각의 기원은 단세포생물에서도 찾아볼 수 있습니다. 가장 단순한 생물이라 볼 수 있는 세균의 경우도 특정한 화학물질의 자극에 반응하여 그 물질 쪽으로 움직이거나 반대로 피해 달아나는 행동을 합니다. 이런 행동을 주화성chemotaxis이라 하는데 그 전제는 일단 그 물질에 대한 정보를 획득하는 것이죠. 박테리아 세포막의 특정 수용기가 특정 물질과 접촉하면 그 과정에서 구조가 바뀝니다. 그에 따라 막의 이온 채널을 열거나 닫는 등의 과정을 통해 섬모나 편모를 움직이게 하는 것이죠.

하지만 막 수용체는 보통 특정 물질 하나하고만 반응하는 경우가 대부분입니다. 따라서 여러 물질에 대해 반응하기 위해서는 다양한 막 수용체가 필요하지요. 하지만 세포 하나가 여러 개의 막 수용체를 가지기는 벅찹니다. 그래서 단세포생물들의 경우 가지고 있는 수용체의 숫자가 적어서 반응을 할 수 있는 물질의 종류가 한정적입니다. 그러나 다세포생물로 진화하면서 이런 한계를 극복할 수 있게 되지요.

우리가 꽃 냄새, 썩는 냄새, 체취 등 다양한 냄새를 맡을 수 있는 것은 물속 환경에서 다양한 막 수용체를 계속 만들어왔던 물고기 선조들 덕분인 거지요. 그러나 후각을 책임지는 물고기의 코가 우리와 다른 점이 하나 있습니다. 바로 코가 식도나 기도가 있는 목으로 이어져 있지 않다는 것입니다. 물고기는 코로 숨을 쉬지 않으니 그리고 폐가 따로 없으니 코가 그리로 이어질 필요가 없습니다. 그래서 물고기 코는 그저 쏙 들어간 주머니 형태입니다. 그곳에 후각세포가 있고, 신경세포가 연결되어 있을 뿐이지요. 그러다 육지에 올라와서 폐가 생기니 이제 코의 역할이 하나 더 늘어난 겁니다. 우리 인간은 코로도 입으로도 숨을 쉬지요. 숨이

가빠지면 가능한 많은 양의 공기를 빨아들이려고 입을 벌리고 숨을 할딱할딱 쉬긴 하지만, 우리를 비롯해 침팬지나 고릴라처럼 우리와 아주 가까운 동물들은 숨을 쉴 때는 주로 코로 쉽니다.

그리고 코는 눈과도 연결됩니다. 원래 물속에 살던 우리의 선조 물고기는 따로 눈물을 흘릴 필요가 없었습니다. 물을 맞대고 있으니까요. 그래서 눈꺼풀도 없습니다. 눈꺼풀은 눈물이 나면 자연스레 깜빡이면 눈 전체에 골고루 발라주는 역할을 하는데 눈물을 흘리지 않으니 그도 필요없는 것이죠. 생선이 모두 눈을 뜨고 있는 이유입니다. 어찌 되었건 육지 생활을 하면서 각막이 마르는 걸 방지하기 위해 눈물샘이 생기고 시시때때로 눈물을 조금씩 흘려줍니다. 이렇게 나온 눈물을 받아 모으는 곳이 눈 아래에 있는 눈물주머니인데 이곳으로 모인 눈물은 코눈물관을 통해 코로 내려갑니다. 거기서 자연스레 식도로 넘어갑니다. 그래서 비염에 걸리면 눈 아래쪽이 간지러운 것입니다. 어찌 되었건 육상으로 진출한 선조들은 코에서도 커다란 변화를 겪은 것이지요.

우리는 어떻게 냄새를 맡나?

사람이 냄새를 맡을 수 있는 데에는 코의 형태가 중요한 역할을 합니다. 코의 생긴 모양에 따라서 공기의 유입 방향이 결정되기 때문입니다. 만약에 지금과 같은 형태의 코가 없다면 공기가 수평으로 바로 유입되어서 비강의 천장에 위치한 후각상피에 닿기 힘듭니다. 비강의 위쪽 후각상피는 항상 촉촉이 젖어 있는데 이 곳에 후각수용체와 보조세포, 그리고 기저세포가 있습니다. 이 중 보조세포Bowmand's gland(보먼샘)가 계속해서 점액을 분비해서 젖은 상태를 유지합니다. 냄새 분자가 액체에 녹아 있는 상태라야 인지가 가능하기 때문입니다. 이는 우리 조상이 물속에서 냄새를 맡던 환경을 재현하는 것이기도 하지요.

기저세포는 약 2개월에 한 번씩 분화하여 새로운 후각신경세포가 됩니다. 냄새 분자와 결합하는 후각수용체는 후각신경세포의 세포막에 있는 20~30여 개의 무운동성 후각 섬모에 있습니다. 사람의 코에는 대략 500만 개 정도의 후각신경세포가 있고 그 섬모에 분포하는 수용체의 종류는 1,000여 개 정도가 있습니다. 하지만 우리가 맡을 수 있는 냄새는 천 가지가 아니라 그보다 몇십 배 더 많지요. 이는 하나의 냄새 분자가 한 종류의 후각수용체와만 결합하지 않기 때문입니다. 하나의 냄새 분자는 여러 종류의 후각수용체를 자극할 수 있고 뇌는 결합한 후각수용체의 조합에 따라 각기 다른 냄새로 판단을 하지요.

그런데 이런 사람의 후각수용체를 만드는 유전자는 크게 두 종류로 나뉩니다. 하나는 클래스1class I이라고 하고 다른 하나는 클래스2class II라고 합니다. 클래스1은 우리의 선조 물고기 때부터 존재하던 유전자죠. 그런데 이 유전자는 우리가 흔히 아는 물고기들만 가진 건 아닙니다. 척추동물이 속한 척삭동물문 중에는 앞서 살펴본 멍게나 미더덕처럼 평생 척추가 만들어지지 않는 동물들이 있습니다. 이들과 우리가 공유하는 것이 있으니 바로 클래스1 후각수용체 유전자입니다.

우리의 먼 조상이 물에서 육지로 넘어온 사건은 진화의 한 분기점이 됩니다. 네 다리가 생기고, 발에는 발가락이 생겼죠. 척추와 구분되는 경추가 생겨 목을 가눌 수 있게 되고, 골반이 생기면서 허리뼈와 꼬리뼈를 구분할 수 있게 되었습니다. 이 시점에서 새로운 후각수용체가 생깁니다. 이를 클래스2 수용체class II tetrapod specific receptor라고 합니다. 육지라는 새로운 조건 때문에 물과는 다른 종류의 수용체가 필요했던 것이죠.

물론 클래스1이 무용지물이 된 건 아닙니다. 앞서 이야기했던 것처럼 육지는 건조하지만 육상 척추동물의 코 안쪽 후각을 담당하는 후각상피세포의 표면은 항상 촉촉하게 젖어 있죠. 냄새 분자는 이 다당류와 물이 섞인 점액질의 물질에 녹고 나서야 세포막의 막 수용체와 결합하게 됩니다. 후각상피세포는 여전히 물속에 있는 것이죠.

우리는 후각수용체가 모두 코에 있을 것으로 생각하지만 생각보다 다양한 후각수용체가 몸에 있습니다. 심지어 코에는 없고 몸에만 있는 후각수용체도 있죠. 그리고 몸에 존재하는 후각수용체가 코에 존재하는 후각수용체보다 더 오래된 것일 가능성이 높습니다. 오늘날 포유류가 가지고 있는 후각수용체는 대부분 클래스2지만 클래스1 후각수용체도 여전히 10~20%는 됩니다. 그리고 코가 아닌 포유류의 몸에서 발현되는 후각수용체 다수는 1군입니다. 오래된 것들이 코가 아닌 다른 부위에 존재하는 거죠. 결국 후각수용체는 처음부터 코를 위해 만들어진 것이 아니라 온몸에서 화학물질을 감각하기 위해서 만들어진 것인데, 코에 집중해 발현하면서 후각으로 변모한 것이라고 할 수 있습니다.

그리고 우리의 선조가 영장류가 되면서 또 다시 후각에서 변화가 일어납니다. 숲에서 나무를 타기 시작하면서 다른 감각보다 시각의 중요성이 훨씬 커졌습니다. 인간의 뇌에서 감각을 처리하는 부분 중 시각이 가장 커진 이유였지요. 반대로 후각의 중요성은 떨어졌고, 자연스레 후각상피 세포의 수도 줄고, 세포막의 막 수용체 종류도 줄어들었습니다. 여기에는 또 우리의 자세가 바뀐 것도 큰 영향을 줍니다. 아무리 냄새 물질이 공기 중에 휘발하는 가벼운 물질이라고 해도 산소나 질소보다는 훨씬 무겁습니다. 그래서 땅바닥에서 멀어질수록 희미해집니다. 코를 땅에 대고 사는 동물보다 나무나 하늘을 나는 동물은 후각 역할이 약해질 수밖에 없습니다. 나무 위 생활을 선택한 영장류는 시각과 청각을 고도로 발달시킨 대신 후각의 상당 부분이 퇴화된 거죠. 결국 인간의 후각 능력은 개에 비하면 1만 분의 1 수준으로 내려옵니다.

하지만 앞서 이야기한 것처럼 몸은 여전히 생존에 중요한 후각수용체를 보존하고 있습니다. 이들은 코에서와는 전혀 다른 기능을 합니다. 코에 있는 OR2AT4 후각수용체는 백단향(샌달로어)을 감지하지만 백혈구 표면에서는 그 기능이 달라집니다. 이 수용체는 세포 분열을 억제하고, 세포 사멸을 촉진합니다. 또 각질세포에서는 세포 분열을 활성화해 상처 치유를 촉진합니다. OR51B5라는 후각수용체는 플라스틱 가소제로 쓰이는 아이소노닐알코올을 감각하는데, 백혈구에서는 암세포 분열을 억제합니다. OR2J3 후각수용체는 비누나 세제의 방향제로 사용되는 헬리오날을 감지하는데 췌장의 장크롬친화세포에서는 세로토닌 분비에 관여하지요. 생각해 보면 후각수용체의 이런 투잡two-job은 당연한 걸 수도 있습니다. 세포는 세포막의 막 수용체를 통해 정보를 확보하고 그에 따라 다양한 물질대사를 하게 됩니다. 후각수용체도 막 수용체 중 하나이니 세포 내 물질대사의 시발점으로 활용할 수 있는 것이죠. 거기다 후각수용체가 결합하는 냄새 분자란 것이 대부분 생물이 만들어낸 유기화합물이다 보니 우리 몸에서도 정보 전달 물질로 사용하기도 하고요.

동물의 역사에서 가장 오래된 감각인 후각은 이렇듯 여러 변화를 거치면서 지금의 모습을 갖추고 있습니다. 이제 인간은 더 이상 경계를 하거나 짝을 찾는 데 후각을 쓰진 않습니다. 그러면 또 어떻습니까? 후각은 우리가 맛보는 음식의 고유한 향미를 느끼게 해주고, 사랑하는 이의 체취에 행복을 느낄 수 있게 해주고 더구나 악취 나는 이들을 경계하는 데도 쓰일 수 있으니까요. 이 또한 진화가 준 선물이라 하겠습니다.

35억~38억 년 전

모든 생물의 공통 조상

30억 년 전

광합성을 통한
산소 생성

20억 년 전

미토콘드리아 선조
세균의 출현

18억~17억 년 전

진핵생물의 출현

6장

생명의 시작

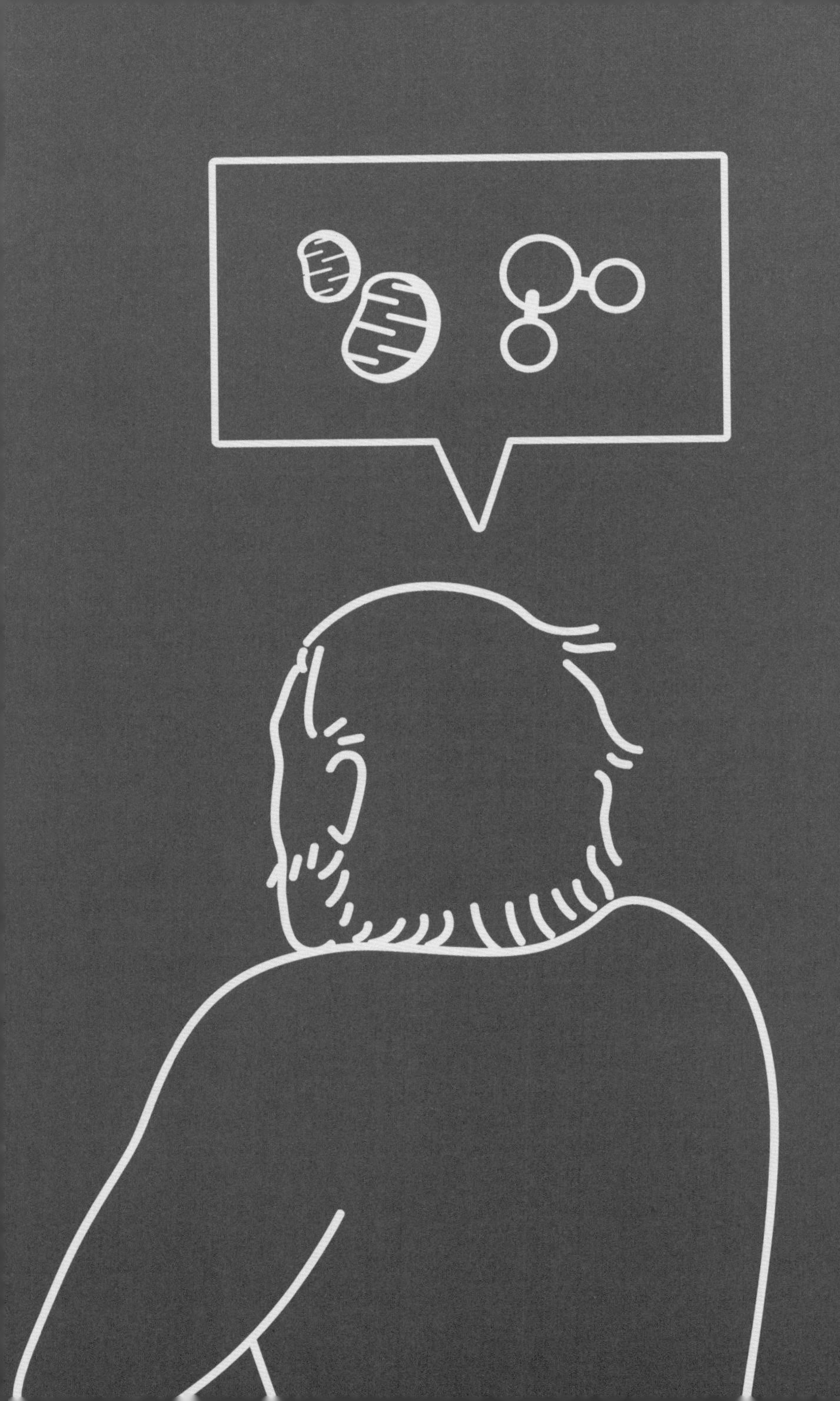

이제 여행의 막바지에 도달했습니다. 처음 문명의 출현부터 시작했던 이야기는 영장류와 포유동물 척추동물을 지나, 이제 생명의 시작 즈음과 맞닿고 있지요.

우린 스스로가 인간이기에 인간에게 가장 많은 관심을 가지고 있습니다. 당연하지요. 그러나 또 한편, 지금의 인간이 있기까지 존재했던 그리고 지금도 우리와 같이 존재하는 지구의 생명 또한 귀한 존재인 건 사실입니다. 우주적으로 보더라도 우리와 같은 생명의 존재는 꽤나 희박하고 진귀한 현상이기도 하니까요. 이번 장에서는 생명의 기원이자 기초를 살펴봅니다. 앞서 조금 다루었던 번식과 성에 대해서도 한층 더 깊이 알아보고자 합니다. 모르면 모를수록 신비롭고 경이로우며 아름다운 대상이 되는 다른 미신과 달리, 생명의 과학은 알면 알수록 신비롭고 경이롭고 아름답기 마련입니다.

생존과 번식

이 책을 읽다 보면 생존율과 번식률에 대한 언급이 참 많다고 느끼셨을 것입니다. 진화는 이 두 가지에 의해 결정적인 장면을 만들기 때문이기도 하고, 앞으로 다룰 초기 생명의 변천 과정을 설명하는 데 있어서도 매우 중요합니다. 그래서 이쯤해서 살펴보고 가면 좋겠습니다. 생존율은 알이나 새끼가 성체가 될 때까지 생존하는 확률을 의미합니다. 번식률은 일정 기간 동안 암수 한 쌍이 낳은 알이나 새끼 중 자라서 완전 성숙기에 이르는 비율이지요. 예를 들어 육식동물은 초식동물에 비해 생존율이 상대적으로 높습니다. 하지만 번식률이 높은 건 아니지요. 왜냐하면 초식동물이 육식동물보다 특정 기간 동안 낳는 알이나 새끼가 더 많기 때문입니다. 즉 표범이나 사자는 생존율이 50% 정도가 되지만 한 해에 한두 마리 정도만 낳습니다. 반면 토끼는 생존율이 10% 정도지만 한 해에 몇십 마리의 새끼를 낳지요. 그래서 토끼의 번식률이 사자나 표범에 비해 크게 떨어지지 않습니다.

이번에는 생존율과 번식율이 만드는 어마어마한 차이를 무려 수학적(!)으로 증명해 보고자 합니다. 너무 겁먹진 마시길. 그저 곱셈과 거듭제곱일 뿐입니다. 진화는 세대를 거듭하면서 일어나는 일입니다. 진화는 개체가 변하는 것이 아니라 개체가 낳은 자손들이 어미와 다르고, 이런 다른 무리들 사이의 경쟁에 의해 일어나기 때문에 세대를 거듭할수록 진화의 모습이 뚜렷이 나타납니다.

또한 우리 인간은 전체 생물 중에서도 한 세대가 굉장히 긴 편에 속한다는 사실 또한 염두에 두었으면 합니다. 개는 대략 1년이나 2년이면 새끼를 낳을 수 있죠. 사자나 호랑이 같은 대형 포식자도 불과 몇 년이면 새끼를 낳을 수 있습니다. 쥐 같은 아주 작은 동물들은 불과 열흘하고 며칠 정도면 새끼를 낳을 수 있죠. 풀은 1년에 한 번씩 꽃을 피우며 번식을 하고, 세균들은 불과 몇 분만에도 한 세대가 갈립니다. 따라서 대부분의 생물들은 우리보다 더 빠르게 진화할 수 있습니다. 그럼 우리 인간의 진화에 대해 알아보지요. 우리 인간은 태어나서 다시 자손을 볼 때까지를 한 세대라고 한다면 얼추 25~30년 정도가 걸립니다. 예전에는 지금보다 더 젊어서 결혼을 하고 아이를 낳았으니 대략 20년 정도를 한 세대로 볼 수 있을 겁니다. 백 년이면 대략 다섯 세대가 지나고 천 년이면 50세대가 지나지요. 인류가 문명이라 부를 만한 것을 이룬 것이 1만 년 정도 되니 문명 이래 인류는 500세대가 지난 셈입니다. 또 호모 사피엔스가 지구상에 등장한 것으로 치면 1만 세대 정도 지난 것이 되지요.

20만 년 전 호모 사피엔스가 등장했을 때 서로 다른 특징을 가진 두 집단이 있었다고 가정해 보지요. 그 차이에 의해 한쪽이 번식률이 0.1% 정도 더 높았다고 생각합시다. 즉 한쪽에서는 한 세대가 지나면 개체수가 2.001배가 되고 다른 집단은 2배가 된다고 가정하는 겁니다. 또 두 집단은 처음에 모두 1,000명으로 시작했다는 가정도 합니다. 한쪽은 20년 뒤 2,001명이 되고 다른 집단은 2,000명이 됩니다. 이렇게 100세대가 지나면 즉 천 년이 지나면 차이가 1.05배가 됩니다. 1,000세대가 지나면 차이가 1.65배 정도 되지요. 여기까지는 뭐 그러려니 할 수 있습니다. 하지만 1만 세대가 지나면 무려 148배가 됩니다. 만약 번식률이 1% 정도 차이면 어떨까요? 100세대가 지나면 1.64배, 1,000세대가 되면 146배가 됩니다. 압도적이지요. 세대를 거듭할수록 조그마한 차이가 엄청난 결과를 낳게 되고 경쟁에서 밀리는 쪽은 소리 없이 사라지게 되는 거지요.

실제로는 저보다 더 다이내믹한 변화가 일어납니다. 유럽으로 진출한 인류의 선조들 중 피부색이 검은 사람과 조금 덜 검은 사람의 차이를 살펴보지요. 앞서 살펴보았듯이 바이타민 D를 생성하기 위해선 진피층까지 자외선이 들어와야 하는데 이는 피부가 덜 검은 쪽이 유리합니다. 바이타민 D가 부족하면 구루병 등에 걸리기 쉬우니 당연히 생존율을 낮추고 번식률도 낮추겠지요. 번식률이 만약 2% 정도 낮게 나오면 어떤 변화가 일어날까요? 100세대가 지나면 개체수가 2.7배 차이가 나고, 200세대가 지나면 7.3배, 300세대가 지나면 거의 20배 가까이 차이가 납니다. 6,000년 정도가 지나면 피부색이 밝은 이들이 20명 중 19명이고 검은 이가 1명이 되는 거지요. 번식율이 3%면 200세대, 불과 4,000년이면 20배 차이를 낳게 됩니다. 이런 과정을 통해서 유럽에서는 피부색이 밝은 사람들이 절대 다수를 차지하게 된 것입니다.

자, 이제 이를 쥐에게 적용해 볼까요? 쥐의 한 세대를 20일이라고 잡아보죠. 어떤 변이에 의해 두 집단의 번식률이 0.1% 차이가 난다면 1만 세대가 지나면 한쪽이 압도적 다수가 됩니다. 한 세대에 20일 그리고 1만 세대면 20만 일입니다. 547년이면 일어나는 일이지요. 만약 번식률 1%의 차이를 만든다면 한쪽이 146배가 되는데 1,000세대면 가능해집니다. 2만일이지요. 불과 55년 정도면 가능합니다. 인간과 비교하면 대단히 빠른 진화 속도입니다.

그러면 세균이면 어떨까요? 세균은 조건만 맞으면 무지막지하게 빠르게 번식하지만 자연이 항상 세균에게 은혜롭지만은 않으니 대략 하루에 한 세대라고 가정하면 번식률 0.1%의 차이가 압도적 변화를 만드는 데는 27년이면 가능하고 번식률 1%의 차이는 2.7년이면 됩니다. 바이러스는 이보다 더 빠릅니다. 코로나 바이러스가 등장한 것이 2019년 말 정도고 전 세계로 퍼진 건 2020년 초입니다. 그런데 1년 정도 지나자 알파변이, 베타변이, 델타변이, 감마변이 등이 쏟아졌고 이전의 바이러스를 대체했습니다. 하나의 변이가 나와 이전의 바이러스를 대체하는 데 불과 3개월 정도밖에는 걸리지 않은 거지요.

아주 작은 생존율과 번식률의 차이에 의지하며 진화는 생물의 모습을 바꾸고 생태계를 바꾸었습니다. 그리고 이에는 우리 인간도 예외가 아니지요. 인간이 현재의 모습으로 진화한 것은 최선의 방향도 아니고, 정해진 목적으로 이루어진 것도 아니지만 매 시기마다 작은 돌연변이들이 생존율과 번식률에 의해 선택되고 쌓이면서 이루어진 변화지요.

암컷과 수컷의 탄생

앞에서 생존율과 번식율의 작은 차이가 만드는 어마어마한 변화를 살펴보았습니다. 이런 생존과 번식을 위해 생물이 마련한 것이 바로 생식기관, 즉 성입니다. 생식기관에 대해서는 뒤에서 초기 다세포생물을 다루면서 이야기를 더 하도록 하고, 어떻게 암수의 구분이 생겼는지를 먼저 살펴보도록 하겠습니다. 이런 상상을 해 보죠. 감수분열을 할 때 A는 개체가 살아갈 수 있도록 생식세포에게 풍성한 영양분을 줍니다. 나중에 세포 융합을 한 뒤 풍성한 영양분을 가지고 순조롭게 살아가도록 배려를 하는 겁니다. 마치 결혼하는 자식에게 돈도 몇 억 주고 집도 한 채 장만해 주는 것처럼 말이지요. 하지만 이래서는 많은 생식세포를 만들 수가 없습니다. 그러니 자연히 수가 줄어들지요. A는 한 번에 기껏해야 하나 정도의 생식세포를 만들 뿐입니다.

B라는 생물은 반대로 아주 짠돌이 작전을 씁니다. 감수분열을 할 때 핵심은 자손에게 물려줄 염색체 즉 유전자이니 그것만 주고 나머지는 아주 필수적인 것만 주는 거지요. 결혼하는 자식에게 그저 캐리어 하나에 들어갈 만한 것만 주는 겁니다. 물론 값나가는 건 캐리어에 하나도 넣질 않고요. 이런 경우 B는 아주 많은 생식세포를 만들 수 있습니다. 대략 1억 개 정도를 만든다고 합시다(인간의 경우 한 번의 사정에서 몇 억 개의 정자가 분출되고 다른 동물들의 경우도 사정은 별다르지 않습니다). C는 어중간한 선택을 합니다. 적당히 영양분을 주는 거죠. A보다는 적게 한 천

만 원 정도를 줘서 장가 보낸다고 생각하죠. 이런 경우 생식세포를 A보다야 많이 만들 수 있지만 B보다는 훨씬 적습니다. 한 천 개 정도의 생식세포를 만든다고 가정하지요.

이제 이들 A, B, C의 생식세포들이 아주 자유롭게 서로 만난다고 생각해 봅시다. A의 생식세포는 누가 와도 잘 살 수 있습니다. 그러니 살아날 확률은 100%입니다. B의 생식세포는 어떨까요? B처럼 아무것도 가진 것 없는 생식세포를 만나면 꽝입니다. 생존율이 0%지요. 가능한 경우는 A의 생식세포를 만나는 것뿐입니다. 그러나 B의 생식세포는 워낙 수가 많으니 그 중 하나가 A를 만날 확률은 굉장히 높습니다. 앞서 이야기한 것처럼 A는 한 개, B는 1억 개, C는 천 개를 든다면 거의 99%의 확률로 B 생식세포 중 하나는 A의 생식세포를 만나는 거지요. 반면 C의 생식세포는 사정이 다릅니다. 1억 1천 1개의 생식세포 중 자기와 같이 1천 개 정도 되는 상대나 아니면 1개의 A의 생식세포를 만나야 살아갈 수 있습니다. 그러나 대부분은 1억 개나 되는 B의 생식세포를 만날 운명입니다.

결국 C와 같이 어중간하게 뭔가를 물려주는 것보다는 A나 B처럼 아예 살아가기에 충분한 영양분을 주거나, 아니면 생식세포의 수로 밀어붙이는 편이 자손의 생존확률을 훨씬 높이는 거죠. 그래서 충분한 영양분을 주는 생식세포를 낳는 암컷과 아예 생식세포의 수로 밀어붙이는 수컷 두 종류의 성이 번식에 가장 효율적이기 때문에 진핵 다세포생물은 하나의 종 안에 암컷과 수컷의 두 종류 생식기관을 가지게 됩니다. 즉, 다세포생물의 감수분열이 만들어낸 진화의 결과물인 것이죠.

그리고 이는 수컷과 암컷에서 성선택이 나타나도록 강제하지요. 인간의 경우 흔히 여성이 남성에 비해서 더 외모를 꾸민다고들 하지만 생물의 세계에선 꼭 그렇지는 않습니다. 새의 경우 화려한 외모를 자랑하는 것은 오히려 수컷인 경우가 대부분입니다. 공작도 꿩도 닭도 모두 그렇지요. 이유는 암컷에게 선택을 받기 위해서죠. 나는 천적에게 당할 위험을 무릅쓰고 이렇게 화려한 외모를 꾸몄는데도 살아남을 만큼 좋은 유전자를 가졌다고 과시하는 거죠.

이게 가능한 이유는 암컷이 자손에게 더 많은 투자를 하기 때문입니다. 앞서 이야기한 것처럼 암컷은 자손에게 더 많은 영양분을 제공하기 위해 생식세포를 아주 적게 만듭니다. 반면 수컷은 아주 많은 수의 생식세포를 만들지요. 따라서 암컷과 수컷의 전략이 달라지는 것입니다.

암컷의 경우 생식세포의 개수가 제한되니 이미 만들어진 생식세포, 그리고 그 생식세포가 세포융합을 통해서 만든 새로운 개체, 즉 자식을 잘 기르는 것이 번식을 성공시킬 확률을 높입니다. 자연히 새끼에게 더 많은 신경을 쓰는 개체가 번식률이 높고, 이런 개체가 늘어나게 되지요. 반면 수컷은 만들어내는 생식세포의 개수가 많다 보니 여러 암컷에게 자신의 생식세포를 나눠주는 쪽이 훨씬 번식률이 높습니다. 이런 상황에서 상대를 고르는 권리는 암컷에게 주어지는 게 당연하지요. 그래서 수컷은 어떻게든 암컷에게 선택되기 위해 기를 쓰고 노력합니다. 그 결과로 더 화려한 외모를 가지는 방식으로 진화를 하지요.

또 다르게는 수컷끼리의 싸움이 주된 수단이 되기도 합니다. 더 강력한 수컷이 유전적으로 우월한 자손을 물려줄 가능성이 높은 것이니 이 또한 일종의 성선택이 됩니다. 그래서 자연에서는 암컷에 비해 수컷의 덩치가 더 큰 경우가 꽤 많습니다. 주로 수컷끼리의 싸움이 치열한 경우죠. 대표적인 것이 사자입니다. 사자의 수컷이 암컷보다 덩치가 큰 건 사냥을 해서 가족을 부양한다든가 아니면 외부의 적으로부터 가족을 보호하기 위한 건 전혀 아닙니다. 사자의 경우 암컷 여러 마리가 새끼들과 무리를 이룹니다. 그리고 이 무리에 수컷 몇 마리로 이루어진 무리가 들어가죠. 이때 수컷 무리들끼리 싸움을 통해 승자를 결정하게 됩니다. 한 번 암컷 무리에 어울린다고 끝이 아닙니다. 다른 수컷 무리들이 호시탐탐 노리고 있으니까요. 결국 수컷의 덩치가 커진 것은 자기들끼리의 경쟁에 의한 진화인 거지요. 이는 들소나 사슴 등에서도 마찬가지입니다.

이런 경우의 가장 대표적인 동물은 물개입니다. 이들은 수컷 한 마리와 암컷 수십 마리가 모여 무리를 이룹니다. 이들도 태어날 때는 암수의 비율이 거의 1:1입니다. 즉 나머지 수컷 대부분은 암컷과 짝을 짓지 못한다는 거지요. 그러니 수컷은 이 할렘을 차지하기 위해 기를 쓰고 싸웁니다. 그래서 이들 수컷은 대부분 암컷에 비해 덩치가 두 배 이상 크지요. 간혹 이런 물개를 부러워하면서 물개의 생식기를 해구신이라고 해서 복용하는 사람들도 있지만, 실제 아무런 효과가 없습니다. 정력이 좋아서 그 자리를 차지한 것이 아니니 효과가 있을 리가 없지요. 또 부러워할 일도 아닌 것이 천신만고 끝에 할렘의 왕좌를 차지한 그 수컷도 고작 3, 4년쯤 뒤에는 대부분 다른 수컷에 의해 쫓겨나게 됩니다.

결국 암컷과 수컷의 탄생은 동물에게 성선택을 강요합니다. 암컷은 자손에 대한 더 많은 희생을 요구받고, 수컷은 이런 암컷의 선택을 목메고 기다리는 형편이 되었습니다만 그 모습은 각각의 조건에 따라 천차만별입니다. 물개처럼 수컷 한 마리가 암컷을 잔뜩 거느리고 나머지 수컷들은 그 모습을 멀리서 보는 할렘이 될 수도 있고, 늑대처럼 암수 한 쌍이 죽을 때까지 평생 갈 수도 있습니다. 침팬지처럼 무리를 이루며 난교를 벌일 수도 있고, 인간처럼 일부일처제를 유지할 수도 있지요. 사마귀처럼 짝짓기 후 수컷이 암컷에게 먹힐 수도 있고, 해마처럼 수컷이 임신을 할 수도 있습니다. 생태계의 다양한 조건과 이에 대한 적응과정에서 암수가 가족을 어떻게 구성하는가는 달라질 수밖에 없는 것이죠. 성선택의 일반론을 섣불리 아무렇게나 적용할 수 없는 이유입니다.

성의 다양성

성sex에는 암수의 결합이라는 스테레오 타입만 있는 것이 아닙니다. 일단 번식을 자주 더 많이 하는 생물이 결국 살아남는 건 진화의 역사를 통해 확인된 사실입니다. 그러니 여러 가지 변이 중 도움이 되는 변이는 살아남아 생물들 사이에 퍼지게 되어 있지요. 그 중 하나가 생식세포의 분열과 세포융합 이외의 방법으로 번식을 하려는 다양한 모습으로 나타납니다.

대표적인 것이 식물이지요. 그 중에서도 종자식물의 번식은 꽃가루가 암술머리에 닿아 정핵이 난핵과 합쳐져 씨앗을 만드는 것인데요, 실제로는 그 외 다양한 방법으로 번식을 합니다. 땅 속으로 줄기를 뻗어 그 줄기 마디마다 새로운 개체를 만드는 방식은 대나무를 통해서 나타나죠. 부러진 가지가 땅에 묻히면 그 가지에서 뿌리가 나고, 위로는 가지가 뻗어 새로운 개체가 되기도 합니다. 인간이 이를 보고 꺾꽂이로 응용하고 있습니다. 뿌리 일부가 끊어지면 그 뿌리에서 가지가 나기도 합니다. 이렇게 생식기관이 아닌 영양기관으로 번식을 하는 것을 영양 생식이라고 하는데 식물의 세계에선 아주 널리 퍼진 현상이지요.

동물의 세계에도 마찬가지입니다. 동물은 식물과 달라 사지의 한 부분을 잘라낸다고 새로운 개체가 생기는 경우는 거의 없습니다. 예외적으로 플라나리아란 동물은 반으로 잘리면 앞부분과 뒷부분이 다시 새로운 개체가 되기는 합니다만 그런 방법으로 번식을 하지는 않습니다. 대신 히드라랑 말미잘처럼 몸의 일부에서 혹처럼 조그마한 녀석이 나와 새로운 개체가 되는 출아법이란 방법이 있습니다. 다른 방법으로 처녀 생식이 있습니다. 도마뱀 같은 파충류의 경우 주변에 수컷이 없는 특수한 상황에서는 암컷 혼자 알을 낳는데 정자 없이 만들어진 알이 새로운 개체가 되는 경우가 처녀 생식으로 아주 흔합니다. 멕시코 북부 사막지역에 사는 '달리는 도마뱀'의 경우 아예 수컷이 하나도 없습니다. 이들은 오로지 처녀 생식으로만 번식을 합니다. 물고기 중에도 플로리다만 아래쪽에 사는 아마존 몰리라는 녀석이 이렇게 처녀 생식으로만 번식을 합니다.

곤충 중에는 처녀 생식과 유성 생식을 번갈아 하는 경우도 흔합니다. 진딧물의 경우 봄부터 여름까지는 어미 혼자 알을 낳아 계속 자기와 동일한 유전체를 가지는 새끼를 낳는 처녀 생식을 합니다. 모두 암컷이지요. 그러다 가을이 되면 수컷과 교배를 해서 새로운 유전 형질을 가진 새끼를 낳습니다. 개미나 꿀벌의 경우에는 처녀비행을 통해 여러 마리의 수개미나 수벌의 정액을 얻습니다. 그리고 둥지를 만들고 들어가서는 대개는 정자와 난자를 합쳐 암컷을 낳다가 때가 되면 난자만으로 알을 낳아 수컷을 만듭니다.

번식만 그런 것이 아닙니다. 제가 암컷, 수컷이라고 이야기했지만 그보다는 난자를 만드는 생식기관과 정자를 만드는 생식기관이라고 표현하는 것이 더 정확하겠습니다. 지렁이나 달팽이 같은 경우는 한 개체가 두 생식기관을 모두 가지고 있습니다. 이를 자웅동체라고 하지요. 그러니 이런 경우는 어느 것을 암컷 또는 수컷이라고 이야기할 수가 없지요. 식물은 수술과 암술을 한 꽃에 같이 만드는 경우가 대부분이고 그 나머지도 한 나무에서 수꽃과 암꽃이 따로 피는 자웅동주가 많습니다. 어떤 나무는 수꽃만 피고 어떤 나무는 암꽃만 피는 자웅이주, 동물로 치면 암컷과 수컷이 구별되는 은행나무 같은 경우가 오히려 드물지요.

그리고 또 하나, 암컷과 수컷이 정해지는 방법도 다양합니다. 우리야 애초에 생식세포의 성염색체가 무엇이냐에 따라 정해지지만 도마뱀이나 전복 같은 경우는 알이 부화할 때의 온도에 따라 성별이 정해지기도 합니다. 그뿐인가요? 물고기들은 자라면서 어려서는 모두 암컷이었다가 어느 정도 나이가 들면 성전환을 해서 수컷이 되는 경우나 반대로 어려서는 모두 수컷이었다가 어느 정도 나이가 들면 암컷이 되는 경우도 아주 흔합니다.

또 다르게는 작은 집단을 이루고 사는 물고기의 경우 수컷이 사라지면 집단 중에서 가장 큰 암컷이 수컷으로 성전환을 하고, 반대로 암컷이 사라지면 가장 작은 수컷이 암컷으로 성전환을 합니다. 우리가 생각했던 것만큼 암수의 전환이 어려운 건 아니라는 이야기지요.

인간의 경우 성관계나 유사 성관계를 가질 때 오르가즘을 느낍니다. 오르가즘의 진화적 기원에 대해서는 여러 가설이 존재하는데, 어느 하나가 맞다기보다는 시작은 어떤 특정 이유 때문에서였지만 시간이 지나면서 여러 이유가 들어갔다고 보는 것이 정확할 것입니다. 오르가즘의 이유 중 하나는 번식에 대한 필요성과 위험성 때문입니다. 앞서 번식을 많이 하는 종은 그렇지 않은 종보다 살아남을 확률이 더 크고, 그래서 모든 생물은 번식을 한다고 말씀드렸지만 이는 종 전체 집단으로는 맞는 이야기지만 개체로 가면 그렇지 않지요. 야생의 삶에서 짝짓기를 한다는 건 꽤 위험한 일입니다. 짝짓기를 하는데 과몰입을 한 나머지, 천적이 접근하는 걸 모르고 있다가 먹이가 되어버리는 게 흔한 현실이니까요. 또 짝짓기 자체가 개체에게는 어떤 이익도 주지 않기도 하고요.

그래서 본능적으로 특정 시기가 되면 죽자살자 짝짓기를 하는 본능이 끓어오르는 변이를 한 동물들이 그렇지 않은 동물보다 번식률이 높고 그래서 자손을 두게 됩니다. 조금이라도 더 번식에 적극적인 동물이 그렇지 않은 동물보다 늘어나면서 차츰 짝짓기는 강력한 본능이 됩니다. 이 과정을 좀 더 강화하는 건 짝짓기 과정에서 느끼는 쾌감이 되겠지요. 짝짓기 과정에서 쾌감을 느낀 동물은 그렇지 않은 동물보다 더 자주, 더 적극적으로 짝을 찾아다니고, 짝짓기를 할 터이니까요. 특히나 본능보다 학습이나 개체의 특성이 차츰 중요해지는 포유류의 경우는 더 하지요. 발정기의 고양이나 개를 보면 알수 있듯이 포유류도 기본적으로 이겨내기 힘들 정도의 번식에 대한, 짝짓기에 대한 본능을 가집니다. 그러나 영장류로 오면 이런 본능과 함께 짝짓기 자체의 쾌감을 즐기는 것이 중요한 이유가 됩니다.

그리고 포유류 중 일부가 집단생활을 하게 되면서 성생활은 또 다른 국면에 이릅니다. 소도, 말도, 사슴도 초원 지대의 초식 동물 무리가 그리하고, 영장류의 일부도 그러합니다. 물에서는 돌고래나 물개 등이 대표적인 예가 되겠지요. 조류도 바닷새나 철새의 경우 자주 무리를 이룹니다. 그리고 이들 사이에서는 인간과 마찬가지의 다양한 성적 관계가 나타납니다. 성적 접촉 자체가 일종의 커뮤니케이션이 됩니다. 대표적인 동물이 보노보죠. 보노보는 집단 안에서도 집단과 집단이 만날 때도 시도 때도 없이 성기를 접촉합니다. 그때마다 사정을 하는 건 아닙니다. 그저 친밀감을 표시하는 거죠. 마치 우리가 만나면 포옹을 하거나 가벼운 키스를 하고, 악수를 하는 등의 신체 접촉을 하는 거나 마찬가지입니다. 친밀함의 표시가 아닌 커뮤니케이션으로서의 성적 접촉도 발생합니다. 침팬지의 경우 암컷은 무리 중의 알파 수컷을 향해 유혹을 하고 짝짓기를 합니다. 또 알파 수컷은 무리 중의 암컷과 강제로 짝짓기를 하기도 합니다. 꼭 후손을 보기 위해서가 아니라 자신의 집단 내 위치를 확인하고 이를 공고히 하는 데 섹스를 이용하는 것이죠.

동성애도 자주 나타납니다. 동성애는 한 편으로는 앞서와 같은 일종의 커뮤니케이션 수단으로도 이용되지만 또 다르게는 애초에 그런 성적 지향성을 가지고 태어나는 경우도 많습니다. 소나 사슴 중 일부는 겨울 내내 암컷과 수컷이 서로 다른 무리를 지어 다닙니다. 이때 수컷 무리들 사이에서는 반드시라고 해도 좋을 정도로 동성 간 성관계가 있습니다. 그리고 친밀한 상대도 있지요. 알바트로스 같은 바닷새의 경우도 수천 마리가 같이 무리를 짓는데 그 중 동성 커플이 반드시라고 해도 좋을 정도로 있습니다. 심지어 게이 커플에게는 암컷이 와서 짝짓기를 하고 알을 낳고는 둘이 기르라고 떠납니다. 반대로 레즈비언 커플에게는 수컷이 찾아와 짝짓기를 하죠. 수컷은 떠나고 레즈비언 커플끼리 낳은 알을 돌봅니다. 짝짓기에 관심이 없는 개체들도 있고 사람과 마찬가지로 양성애도 있습니다. 이런 성의 다양성이 자연 곳곳에 나타나기 때문에, 암수끼리 이루어지는 성생활만 자연스럽다고 할 수 없는 것이지요.

세균에서 다세포생물까지

번식은 다들 아시다시피 나와 비슷한 후손을 남기는 것입니다. 이 목적에 소홀했던 생물들은 당연히 후손을 남기지 못하고 사라졌습니다. 현존하는 모든 생물이 후손을 만들기 위해, 즉 짝짓기mating에 진심인 건 바로 이런 이유 때문입니다. 그렇지 않은 생물은 진작에 사라졌으니까요. 짝짓기는 곧 번식을 목적으로 둔 행위이지만 다른 한편으로는 섹스이자 유전자재조합이기도 합니다. 두 가지 목적을 한 가지 행위로 모두 충족시키려고 하는 것이죠. 그런데 원래 성sex과 번식reproduction은 전혀 별개의 현상이었습니다. 즉 성의 목적이 번식이 아니었다는 거죠. 우리의 아주 먼 선조에게 이 두 가지는 서로 별개의 행위였습니다.

우리의 아주 먼 선조가 세균이었을 때, 이들은 번식을 세포 분열로 해결했습니다. 즉 세포 하나가 조건이 맞으면 항상 둘로 분열했고 이를 통해 원래의 자신과 거의 같은 두 개체를 만들었습니다. 새로운 두 개체도 마찬가지였죠. 틈만 나면 두 개의 세포로 분열해서 세상을 다 덮을 듯이 번식을 했지요. 물론 다행스럽게도 조건이 딱 맞아떨어지는 경우도 드물었고, 그렇게 불어난 개체를 열심히 먹어주는 천적도 있어서 세상을 다 덮어버리진 못했지만요. 세균 이전의 선조들도 마찬가지였을 겁니다. 비록 우리가 세균 이전의 생물에 대해서는 그다지 많은 정보를 가지고 있지 못하고, 또 현존하는 생물도 없어서 증거를 가지고 있지는 못하지만 어찌 되었던 세포 분열을 통해 새로운 개체를 만드는 방식으로 번식을 하는 것에는 별 변함이 없었을 겁니다.

선조 세균들이 필수적으로 해야 했던 일이 있습니다. 바로 유전자재조합genome recombination입니다. 유전자재조합은 간단히 말해서 같은 종이지만 서로 다양한 유전자를 가질 수 있도록 섞어주는 일입니다. 하나의 개체가 세포 분열을 통해 둘, 넷, 여덟, 열여섯으로 계속 불어나기만 한다면 이 종의 유전자는 한 가지 종류밖에 없게 됩니다. 이렇게 된다면 주변 환경의 변화에 대처할 수가 없습니다. 갑자기 빙하기가 닥치면 다 얼어 죽고, 이상 고온이 되면 다 익어버리게 되지요.

하지만 만약 서로 다른 유전자를 가지고 있으면 그 중 일부는 그런 환경의 변화에도 살아남을 수 있게 됩니다. 실제로 지구는 변화무쌍한 곳이어서 유전자재조합에 힘쓰지 않은 종은 소멸의 길을 걷게 됩니다. 흔히들 생태적 다양성에 대한 이야기를 하면서 생물들이 다양하게 있으면 있을수록 생태계가 더 튼튼하다고 하는데 이는 종species 내에서도 마찬가지입니다. 종 내의 다양성이 증가할수록 그 종이 변화되는 상황에서 살아남을 확률은 더욱 커지지요. 따라서 현재 지구에 살아남은 종 거의 대부분은 번식과 함께 유전자재조합에도 진심일 수밖에 없습니다.

세균들의 유전자재조합은 접합이라는 방식으로 이루어집니다. 세포 분열을 몇 번 한 세균들은 분열을 멈추고 다른 세균을 찾아 나섭니다. 둘이 만나면 서로의 세포막을 열고 유전자 일부를 교환합니다. 그리고 다시 막을 닫지요. 그야말로 유전자 교환이자 최초의 섹스입니다. 또는 다른 세균이 죽은 뒤 그 잔해를 섭취하는 과정에서 유전자를 흡수하기도 합니다. 같은 종이 아니더라도 접합을 통해 유전자재조합을 합니다.

미토콘드리아의 탄생

진화의 역사에서 가장 중요한 사건을 열 가지 꼽으라면 꼭 들어갈 일, 만약 다섯 개만 꼽으라고 해도 꼭 들어갈 일이 미토콘드리아의 탄생입니다. 앞에서 살펴보았듯이, 현존하는 생물들은 너나할 것 없이 모두ATP를 사용해서 살아갑니다. 근육이 움직일 때도, 뇌가 생각을 할 때도, 세포막 안팎의 물질을 이동할 때도, 몸에서 에너지가 들어가는 어떤 일이든 대부분 ATP를 분해할 때 생기는 에너지를 이용하는 거지요. 우리가 음식을 먹는 이유도 산소로 호흡을 하는 이유도 모두 이 ATP를 만들기 위해서입니다. 그런데 이 ATP를 만드는 방식의 혁명적 변화가 미토콘드리아로부터 이루어집니다. 아주 먼 옛날 지구상의 생물이라곤 모두 세균과 고세균만 있던 시절, 그 시절에도 에너지는 모두 ATP로 변환해서 사용하고 있었습니다. 그런데 이 시절 세균과 고세균이 ATP를 만드는 방식은 많이 비효율적이었습니다. 포도당 한 분자를 가지고 기껏해야 ATP 서너 개를 만드는 게 다였지요.

그러던 어느 날 세균 하나가 혁명적인 변화를 일으킵니다. 바로 산소를 이용해서 포도당을 분해한 거지요. 지금 우리가 하는 산소호흡의 시작이었습니다. 그러자 포도당 하나를 분해할 때 ATP가 34개씩 나오는 엄청난 생산성 향상이 이루어집니다. 사람으로 따지자면 같은 일을 하는데 월급 100만 원을 받던 사람이 갑자기 1,000만 원을 받게 된 겁니다. 그리고 고세균 중 하나가 이 세균을 집어 삼킵니다. 산소호흡을 하는 세균은 고세균 몸 안에서 산소 호흡을 통해 ATP를 마구 생산하고 그 중 일부를 고세균에게 넘깁니다. 대신 고세균은 세균에게 산소와 영양분을 공급하는 역할을 맡았습니다. 뒤에서 더 이야기하겠지만, 산소호흡을 하는 세균에게도 산소가 위험한 물질임에는 변함이 없습니다. 그러니 자신의 세포막을 직접 외부로 노출하지 않기 위해 고세균의 품 안으로 들어가지요. 고세균은 자신의 세포막을 통해 산소를 선택적으로 받아들여 미토콘드리아에게 재빨리 전달하고 주변의 영양분을 열심히 흡수하지요. 미토콘드리아는 이제 재료 구하는 일에는 일절 신경을 쓰지 않고 오직 ATP를 만드는 일에만 몰두할 수 있게 됩니다. 그리고 이 과정에서 새로운 진화가 일어나지요. 미토콘드리아의 선조가 가지고 있던 유전자, 즉 DNA 중 많은 부분을 비교적 안전한 고세균에게 옮깁니다. 고세균은 자신의 유전자를 보호하기 위해 핵막을 만들고 그 안에 보관하게 되지요. 미토콘드리아 입장에서도 핵막으로 잘 보호된 곳에 자신의 유전자를 보관하는 것이 더 마음이 놓였을 것이고요. 결국 그들은 그렇게 하나의 세포와 세포 내 소기관이 되어 진핵생물의 길을 걷게 된 것입니다.

미토콘드리아를 가지게 된 선조는 이제 진핵생물로 진화합니다. 지구상의 생물을 크게 두 종류로 나누면 원핵생물과 진핵생물로 나뉩니다. 원핵생물은 핵이 없는 생물로 세균과 고세균 두 종류가 있습니다. 동물과 식물, 균, 그리고 원생생물은 모두 핵을 가진 진핵생물이지요. 하지만 원핵생물과 진핵생물의 가장 중요한 구분은 미토콘드리아의 유무입니다. 미토콘드리아를 가진 진핵생물은 기존의 원핵생물과는 완전히 다른 삶을 살게 되었거든요.

미토콘드리아를 통해 이전에 비해 10배 가량 많은 ATP를 가질 수 있게 되자 생물은 전혀 다른 존재가 됩니다. 한 번 상상해 보세요. 월급 100만 원을 받아 월세 30만 원을 내는 작은 원룸에서 살던 사람이 어느 날 월급을 1,000만 원을 받게 되면서 가장 먼저 비좁은 원룸을 벗어나 거실도 있고 방도 두 개나 있는 빌라로 이사를 갑니다. 생물로 말하자면 이전에 비해 세포의 크기가 더 커진 거죠. 실제로 진핵생물의 세포는 원핵생물에 비해 그 부피가 약 1만 배 정도 큽니다. 사실 원룸에 살다가 대궐로 이사했다는 게 정확한 표현일 수 있겠지요. 그런데 진핵생물은 왜 이렇게 몸집이 커진 걸까요? 대충 원룸에서 단독주택 정도로만 커져도 괜찮을 듯한데 대궐이라고 표현할 정도로 커진 이유는 무엇일까요? 가장 중요하게는 세포 내 여러 소기관이 많이 생겼기 때문입니다. 월급이 열 배 오른 사람이 TV도 70인치로 바꾸고 냉장고도 큰 걸 들이고, 홈트레이닝 기구도 사고 이러다 보니 집이 좁다 생각해 이번엔 투룸으로 이사하고, 다시 거기도 좁아서 빌라로 이사를 하듯이 세포도 원핵생물일 때는 가지고 있지 않던 골지체나 소포체, 핵 등 다양한 세포 내 소기관을 여럿 가지게 되니 그에 따라 자연히 덩치가 커진 것이죠.

다양한 세포 내 소기관을 가지게 되면서 자연스레 DNA의 양도 증가합니다. 그리고 이 DNA를 안정적으로 보관하는 일이 더 중요해지지요. 원핵생물들은 사실 DNA 양을 줄이는 데 골몰하는 생물입니다. 이유는 번식 때문이지요. 워낙 ATP 생산량이 작은 원핵생물들은 영양분이 부족할 땐 번식을 하지 않다가 영양분이 풍족해지면 다른 일은 제쳐두고 번식에만 몰두하는 생활양식을 가지고 있습니다. 이들의 번식은 세포를 둘로 나누는 분열법인데요, 이 과정을 얼마나 빠르게 하느냐에 따라 번식률이 결정됩니다.

한 녀석은 1분에 한 번 분열하고 다른 녀석은 2분에 한 번 분열한다고 치면 6분 뒤에 개체수는 64마리 대 8마리가 됩니다. 이래서는 2분에 한 번 분열하는 녀석이 당해낼 재간이 없지요. 그래서 분열속도를 빠르게 하는 데 집중하는데 실제 분열과정을 보면 DNA를 복제하는 데 가장 긴 시간이 소모됩니다. 그러니 당장 살아가는 데 필수적인 것을 빼고 나머지는 일부러 버리는 일이 잦은 것이 이들 원핵생물입니다. 대신 이들 원핵생물들은 가끔씩 서로 DNA를 교환하는 과정을 통해 유전적 다양성을 확보하지요. 마치 집이 없이 사는 이들이 딱 필요한 것만 백팩에 지고 다니는 것과 비슷합니다. 하지만 진핵생물은 소기관들을 만들 설계도가 DNA니 이를 함부로 버릴 수가 없습니다. 더구나 이들은 ATP가 풍부하니 DNA 복제를 한꺼번에 진행하는 것도 어려운 일이 아니지요. 진핵생물은 DNA를 잘 보관하는 것이 오히려 생존과 번식에 도움이 됩니다. 그래서 원핵생물과 달리 핵막으로 DNA를 둘러싸서 보호하는 것이지요.

포식과 피식이 생겨났다는 것도 진핵생물이 되면서 생긴 중요한 변화입니다. 원핵생물들은 다른 생물을 잡아먹는 일을 거의 하지 않습니다. 효율적이지 않기 때문이지요. 예를 들어 사자가 들소를 사냥해서 잡아먹는 걸 생각해 보지요. 사냥하는 과정에서 사자는 이미 에너지를 많이 소비합니다. 그리고 먹은 고기를 소화하는 과정에서 또 에너지를 소비합니다. 그러고도 살아가는 건 소비한 에너지보다 고기를 통해 얻는 에너지가 더 많기 때문이지요. 하지만 원핵생물의 경우는 다릅니다. 이들은 같은 양의 양분을 얻어도 우리보다 10분의 1밖에 에너지를 만들지 못하지요. 그러니 사냥을 하고, 그 걸 다시 소화하는 과정에서 드는 에너지가 먹이로부터 얻는 에너지와 별반 다를 바가 없습니다. 그러니 사냥을 할 이유가 없는 거지요. 이들은 자연적으로 죽은 사체로부터 먹이를 구하거나 생물의 분비물로부터 먹이를 얻는 것이 훨씬 효율적인 거죠.

그래서 진정한 의미의 먹고 먹히는 관계, 즉 피식과 포식은 진핵생물의 출현으로부터 시작됩니다. 이는 생태계가 비로소 만들어진다는 의미이기도 합니다. 학교에서 배운 바와 같이 생태계는 일종의 먹이 사슬 혹은 먹이 그물로 이루어져 있습니다. 즉 식물, 좀 더 정확하게는 독립영양생물이 있고, 이들을 먹고 사는 초식동물이 있고, 이 초식동물들을 먹고 사는 육식동물이 있는 거지요. 마지막으로 이들이 죽으면 분해하는 분해자가 있습니다. 이렇게 먹고 먹히는 관계가 생태계를 구성하는 핵심 요소인데 이는 약 21억 년 전, 진핵생물이 탄생하면서 이미 시작되었다는 겁니다.

단세포에서 다세포로

초기 진핵생물은 모두 단세포생물이었습니다. 번식은 당연히 이전 세균들처럼 세포 분열을 통해 이루어지고 유전자재조합을 하게 됩니다. DNA를 안전하게 보존하게 된 건 좋은 일이지만 분열 과정은 복잡해집니다. DNA 양이 세균에 비해 폭증한 것도 한 원인입니다. 워낙 DNA사슬이 길다 보니 이를 추슬러서 만든 염색사인 채로 분열을 하기가 어려웠던 거죠. 그래서 복제된 염색사를 다시 둘둘 말아 염색체를 만들고 이 상태에서 염색체 분열을 먼저 합니다. 그 뒤 다시 세포질 분열을 통해 전체 세포 분열 과정을 마감합니다.

한편 유전자재조합 쪽은 사정이 더 심각해졌습니다. 세균의 경우 DNA사슬이 세포질에 그저 둥둥 떠다니고, 그 중 일부는 작은 고리 형태로 플라스미드plasmid란 걸 형성하고 있어서 세포막만 서로 연 채로 이 플라스미드를 교환하는 간편한 방법이었는데 상황이 바뀐 거죠. 모든 DNA는 핵막으로 둘러싸여 있으니 말입니다.

그래서 새로운 유전자재조합법이 등장합니다. 바로 감수분열이지요. 일반적인 세포 분열과는 달리 이번에는 염색체를 한 번 복제한 후 이를 가지고 네 개의 딸핵을 만듭니다. 그러니 딸핵 하나의 염색체 수는 절반으로 줄어듭니다. 이 상태를 반수체라고 합니다. 이들은 다른 반수체와 만나 하나의 세포가 됩니다. 염색체 수가 원래대로 복구가 되지요. 이제 새로운 개체는 두 선조 개체들의 염색체가 50%씩 기여한 새로운 유전자를 가집니다. 이때부터 진핵생물은 감수분열로 반수체 개체를 만든 후 하나의 세포로 융합하는 방법을 계속 사용하게 됩니다.

진핵생물이 된 선조들은 이제 다세포생물이 될 수 있는 발판을 마련했습니다. 다세포생물에는 다양한 종류가 있습니다만 흔히 말하는 다세포생물은 여러 가지 종류의 세포로 이루어진 생물입니다. 신경세포, 근육세포, 상피세포 등 각자 맡은 역할이 다른 세포들이 모여 하나의 개체를 이루는 거지요. 이렇게 다양한 종류의 세포들이 모여 하나의 개체를 이루는 데는 전제조건이 있습니다. 단세포생물일 때 생물들은 자신에게 필요한 산소와 먹이를 각자 개별적으로 구합니다. 그러나 다세포생물이 되면 먹이와 산소를 구하는 일만 하는 기관이 따로 있고 나머지 세포들은 그런 일을 하지 않습니다. 따라서 먹이와 산소를 구하는 역할을 맡은 세포 혹은 기관이 나머지 세포들이 필요로 하는 양까지 산소와 먹이를 충분히 구할 수 있어야 다세포생물이 온전히 살 수 있다는 결론이지요.

원핵생물의 경우 먹이로부터 얻는 ATP가 적으니 이 같은 역할 분담

이 불가능합니다. 하지만 진핵생물은 동일한 먹이로부터 열 배의 ATP를 얻을 수 있으니 각 세포들이 필요로 하는 양분의 양이 훨씬 줄어들어 이것이 가능해집니다. 즉, 다세포생물로 진화하는 과정에서도 미토콘드리아를 통한 ATP 생산의 고효율성이 전제로 깔려있다는 것이죠. 수십억 년 전 고세균과 산소호흡 세균의 만남이 지금의 거대한 생태계를 만들고 또 다세포생물로 진화할 토대를 만들었다는 건 참으로 놀라운 일이 아닐 수 없습니다.

진핵생물 중 일부가 다세포생물로 진화하는 과정에서의 변화는 바로 생식기관의 탄생입니다. 가령 세포 1만 개로 이루어진 생물이 있다면 이 생물이 세포 분열을 하려면 1만 개의 세포가 모두 동시에 분열하고, 따로 헤쳐 모여 새로운 개체를 만들어야 하는데 이는 말 그대로 불가능한 일이죠. 다세포생물들이 선택한 가장 보편적인 방법은 생식기관을 따로 만드는 겁니다. 즉, 몸을 구성하는 세포 중 아주 일부만 번식을 담당하고 나머지는 아예 관여를 하지 않는 것이죠. 사람으로 치면 남자의 정소, 여자의 난소가 바로 그런 기관입니다. 식물도 마찬가지입니다. 수술과 암술이 식물의 생식기관으로 번식을 담당하게 됩니다.

그런데 곤란해진 건 번식만이 아닙니다. 유전자재조합도 문제가 되지요. 온몸의 세포들이 저마다 감수분열을 하고, 다른 반수체를 찾아 결합한다는 건 말도 되질 않는 일이니까요. 그래서 유전자재조합 또한 생식기관에게 넘깁니다. 이러면서 처음으로 유전자재조합과 번식이 하나의 기관에서 만나게 됩니다. 그리고 이제 유전자재조합의 대상이 자신이 아니라 후손으로 바뀝니다. 단세포생물의 경우 접합을 하든 아니면 감수분열 후 세포 융합을 하든 유전자재조합은 개체 자체에게 즉각적으로 적용됩니다. 그러나 이제 유전자재조합의 결과는 자신에게는 영향을 미치지 않고, 자손에게만 영향을 미치게 되지요. 이렇게 다세포생물인 우리는 번식과 유전자재조합을 함께하게 된 것입니다.

산소

세균이 미토콘드리아를 가지면서 벌어진 엄청난 변화에 대해서 이야기했습니다. 그런데 왜 우리 선조는 산소호흡을 하게 되었을까요? 이번에는 이를 이야기해 보겠습니다. 아주 먼 옛날 지구가 처음 생길 무렵 대기는 수소와 헬륨 같은 지금과 전혀 다른 기체들로 가득 차 있었습니다. 계속 그랬다면 아마 지구 생명의 진화도 전혀 다른 방향으로 이루어졌을지 모릅니다. 하지만 태양이 있었지요. 초기 태양은 빛과 더불어 헬륨 원자핵이나 양성자 그리고 전자로 이루어진 태양풍을 태양계 곳곳으로 뿜어내고 있었습니다. 태양과 비교적 가까웠던 수성과 금성, 지구, 화성 등의 대기는 이런 태양풍을 이겨내지 못했죠. 지구의 대기에 있던 수소와 헬륨은 태양풍에 맞아 지구를 떠나 태양풍으로부터 비교적 자유로운 뒤쪽의 목성과 토성 등으로 떠나고 맙니다.

그러고 나서 지구 대기는 다른 모습을 가집니다. 주변의 소행성이나 혜성과의 충돌 과정에서 그리고 지구의 화산에서 뿜어져 나오는 기체들로 채워지죠. 이때 지구 대기는 주로 암모니아나 메테인, 이산화탄소 같은 기체들로 이루어집니다.

그리고 몇 억 년이 지나자 지구에 생물이 생겨납니다. 정확히 말하자면 지구의 바다에 생물들이 나타나지요. 초기 지구 바다에는 다양한 영양분들이 넘쳐났고, 최초의 생물들은 이 양분을 토대로 열심히 분열을 하며 개체수를 늘립니다. 하지만 곧 난관에 봉착하죠. 개체수가 늘어나는 만큼 빨아들이는 양분이 늘어 더 이상 공짜 음식은 없는 상황이 된 겁니다. 물론 생물이 죽고 분해되면서 새로운 양분이 생기기는 하지만 공급양보다 소비량이 늘어나니 대책을 세우지 않으면 굶어 죽게 생긴 거죠. 그러자 생물 중 일부가 독립영양생물로 진화합니다. 독립영양생물이란 다른 생물을 잡아먹지 않고 스스로 양분을 만드는 생물, 즉 식물이나 해조류 등을 지칭하는 말입니다. 이런 독립영양생물이 영양분을 만드는 방식은 크게 두 가지입니다. 하나는 화학합성이라고 해서 화학물질이 가진 에너지를 이용하는 것이고 다른 하나는 빛 에너지를 이용한 광합성입니다. 우리로선 광합성이 더 친숙하지요.

처음 광합성을 시작한 생물 중 대표적인 것이 황세균입니다. 황세균은 온천이나 화산 주변에 주로 서식합니다. 이들은 온천이나 화산에서 뿜어져 나오는 황화수소를 이용해서 광합성을 하지요. 빛 에너지를 받아 황화수소를 분리합니다. 그 중 수소는 나중에 포도당을 합성할 때 이산화탄소와 함께 재료로 이용되지요. 필요 없는 황은 그냥 주변에 버립니다. 이렇게 버려진 황들로 온천 주변이나 화산 주변은 노랗게 변하지요. 하지만 바다는 넓고 물속 화산은 아주 띄엄띄엄 있습니다. 황화수소가 나오는 주변은 얼마 지나지 않아 황세균으로 가득 차게 되었습니다. 경쟁에서 밀려난 세균들은 다른 대책을 세워야 했지요. 이들 중 일부가 황화수소 대신 물을 이용해서 광합성을 하는 방식으로 진화합니다.

황화수소와 물은 사실 분자 구조가 아주 비슷합니다. 〈그림58〉, 〈그림59〉에서 보듯이 황화수소는 황 원자(노란색)를 중심으로 수소 두 개가 붙어 있고 물 분자는 산소 원자(빨간색)를 중심으로 수소 두 개가 붙어 있지요. 그러니 황을 이용해서 광합성을 할 수 있다면 아주 조금의 변이만으로도 물을 이용해서 광합성을 할 수 있습니다. 그럼 왜 처음 광합성

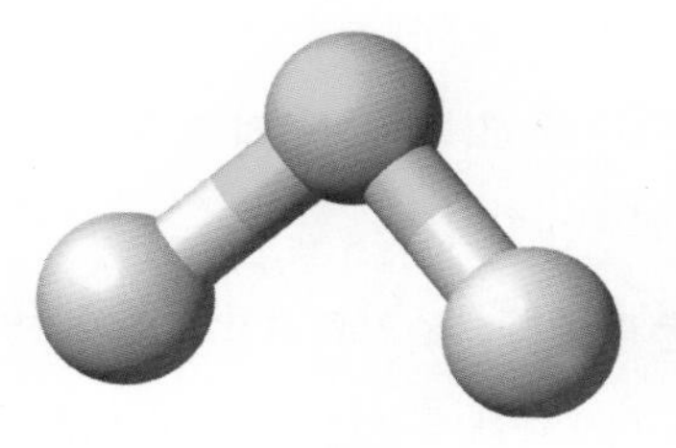

<그림58> 황화수소

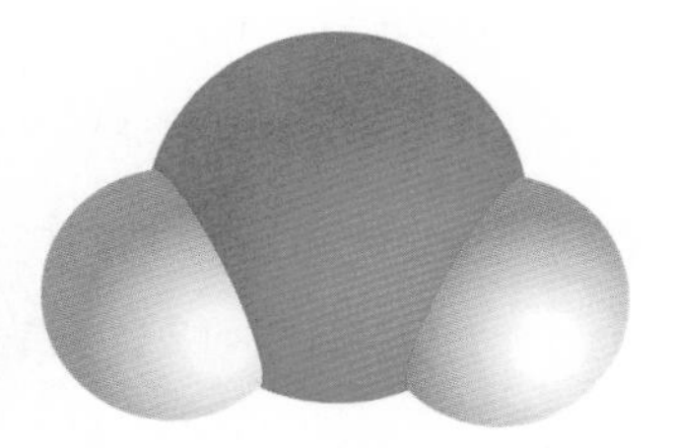

<그림59> 물 분자

을 하는 이들은 흔하디흔한 물 대신 황화수소를 이용했을까요? 황화수소에서 수소를 분리하는 것이 물 분자에서 수소를 분리하는 것보다 조금 더 쉽기 때문입니다. 진화에서는 아주 조금의 차이라도 대단히 중요하지요. 황화수소를 이용하는 것이 물을 이용하는 것보다 유리하니 처음에는 황화수소로 광합성을 하는 세균들이 더 경쟁력이 있었던 거지요. 하지만 시간이 지나면서 황화수소를 더 이상 확보할 수 없게 된 세균들은 물을 이용해 광합성을 하게 됩니다. 지금으로부터 약 35억 년에서 38억 년 정도 전의 일입니다.

황화수소를 이용할 때는 부산물이 황이었지만 물을 사용할 때는 산소가 됩니다. 세균으로서는 필요도 없고 또 위험하기까지 한 산소를 가지고 있을 이유가 없지요. 광합성을 하면서 생긴 산소는 아주 빠르게 외부로 버려집니다.

바다에는 이들이 버린 산소가 녹아들고 세상이 바뀝니다. 바닷속 산소는 일단 다양한 양이온들과 만나 앙금이 되어 바다 밑바닥에 쌓입니다. 대표적인 것이 철이지요. 이전까지 철은 바닷물에 그저 녹아 있는 경우가 대부분이었는데 산소와 만나 산화철이 되면서 대량으로 쌓입니다.

다른 양이온들도 마찬가지지요. 그러면서 바닷물에는 산소와 만나도 앙금을 만들지 않는 나트륨이나 마그네슘 같은 것들의 비율이 높아졌지요. 지금 바닷물이 짠 이유가 바로 산소 때문인 거지요.

그렇게 바닷물의 양이온들 대부분과 결합해서 가라앉아도 생물들이 내뿜는 산소는 끊임없이 증가합니다. 바닷물에 더 이상 녹을 수 없을 만큼이 되자 이제 산소는 대기 중으로 빠져나옵니다. 그때의 대기는 대부분 암모니아, 메테인, 이산화탄소 등이었지요. 하지만 산소가 등장하자 상황이 변합니다. 암모니아는 산소와 만나 물과 질소 분자가 되고 메테인은 산소와 만나 물과 이산화탄소가 됩니다. 대기 중의 암모니아와 메테인은 이 과정에서 거의 사라지고 말지요. 사실 그 이전이라고 산소가 생성되지 않았던 건 아닙니다. 자외선이 바다에 내리쬐면 물 분자를 분리해 산소를 만들긴 하니까요. 하지만 그 양이 너무 조금이라 금방 메테인이나 암모니아랑 만나 사라져버렸던 거죠. 하지만 이제 광합성을 하는 생물들이 마구 늘어나면서 내뿜는 산소의 양도 어마어마해지니 메테인과 암모니아를 모두 없애버리는 지경에 이른 것입니다. 그리고 물속 생물들이 광합성을 하면서 이산화탄소를 자꾸 흡수하자 대기 중의 이산화탄소 농도도 계속 줄어듭니다. 결국 지금처럼 질소가 3분의 2를 차지하고 산소가 3분의 1에서 조금 모자라는 비율을 차지하는 모습으로 대기의 구성이 바뀐 것이죠.

하지만 당시 생물들에게 산소는 위험한 독성 물질이었습니다. 사실 지금도 마찬가지이긴 합니다. 흔히들 활성산소가 노화를 촉진한다고 할 때 그 산소입니다. 산소는 워낙 반응성이 좋은 기체입니다. 그래서 산소가 주변의 다른 물질들과 만나면 높은 확률로 화학 반응을 합니다. 공기 중에 노출된 철이 녹스는 것도 반은 산소가 원인을 제공하는 것이죠. 이런 산소가 세포 내에 있으면 주변의 다른 세포 내 소기관이나 생체 분자들과 결합해서 부숴 버립니다. 그러니 당시 생물들로서도 산소는 한시바삐 처리해야 할 물질이었지요.

산소를 없애기 위해서 생물들은 다양한 방법을 동원하는데 그 중 하나가 광합성 과정을 담당하는 회로를 반대로 돌리는 것이었습니다. 광합성에서 산소가 발생하는 것은 캘빈회로란 곳에서의 일입니다. 이곳에서 이산화탄소와 수소로 포도당을 만드는 과정에서 분리되어 나온 것이 산소였죠. 이산화탄소 세 분자와 물 다섯 분자 그리고 수소 원자 6개가 모여 한 사이클을 돌면 3탄당 인산이라는 물질이 나오고 이 3탄당 인산 둘이 합해서 포도당이 만들어지는데 이 과정에서 산소 분자가 배출됩니다. 그러니 이 회로를 반대로 돌리면 산소를 다시 흡수할 수 있는 거죠. 그리고 그 일이 실제로 일어났습니다. 시트르산 회로는 미토콘드리아에 존재하는데 이 회로가 하는 일이 바로 3탄당에 산소를 우겨넣어 이산화탄소와 물을 만드는 일입니다. 더구나 이 회로를 구성하는 각종 물질들은 캘빈회로의 그것들과 거의 동일하고 물질들의 이동 방향만 반대로 이루어지요. 그리고 이 과정에서 생긴 물질들로 미토콘드리아는 앞서 살펴봤던 것처럼 엄청 효율적으로 ATP를 만들어냅니다. 물론 다른 방법으로 산소를 처리하는 방법이 없었던 것은 아니지만 이왕이면 산소도 처리하고 더불어 ATP도 생산할 수 있는 방법이 있으니 이를 쓸 수밖에요. 미토콘드리아의 선조 세균은 이렇게 산소 호흡의 첫발을 내디뎠습니다.

모든 생물의 공통조상

루시라는 이름을 가진 이들은 많습니다만 고인류학계에서는 인류 전체의 공통조상이라고 일컬어지는 루시가 가장 유명할 것입니다. 비틀즈의 노래 〈루시 인 더 스카이 Lucy in the Sky〉에서 땄던 이름이지요. 고인류에 대해 관심을 가진 이들은 최소한 한두 번은 들어보았을 터입니다. 그런데 혹시 루카LUCA라는 이름을 들어보셨나요? 루카라는 이름은 모든 생물의 공통조상Last Universal Common Ancestor의 앞글자를 따서 만든 조어입니다. 지금 지구상에 존재하는 모든 생물들의 공통조상이란 뜻이지요.

그런데 이름 맨 앞에 last가 들어가는 이유는 뭘까요? 이 생물은 최후의 공통조상이라는 뜻입니다. 즉 최초의 생명에서부터 이어지는 여러 갈래가 있었을 터인데 후손을 남기지 못한 이들은 대가 다 끊어졌을 터입니다. 후손이 현재 살아남은 모든 생물의 대代를 쭉 쫓아가다 보면 만나게 되는 첫 생물을 일컫는 말입니다.

저와 제 사촌을 예로 들면 바로 위는 삼촌과 숙모 그리고 제 아버지와 어머니인데 이 분들은 사촌과 저의 공통조상은 아니지요. 하지만 삼촌과 제 아버지의 아버지인 할아버지와 할머니는 우리 둘의 공통조상이 됩니다. 팔촌과 저라면 공통조상 중 가장 가까운 이는 고조 할아버지와 고조 할머니가 되겠죠. 물론 그 위로도 모두 공통조상이긴 하지만요. 그렇다면 모든 인류의 대를 쫓아 위로 올라가다 보면 한 명 혹은 한 집단으로 모이게 되는데 그가 루시라는 이야기지요.

마찬가지로 지구상에 있었던 모든 생명의 대를 위로 거슬러 올라가다 보면 단 하나 혹은 단 한 집단에서 모이는데 이를 루카라고 합니다. 그런 의미에서 루카는 현존하는 모든 생물이 가지는 공통점을 가진 존재이기도 합니다. 루카는 약 35억 년에서 38억 년 사이에 출현한 것으로 과학자들은 생각합니다.

루카라는 개념은 찰스 다윈으로부터 시작하는데, 1859년에 나온 책『종의 기원』에서 보편적 공통조상 이론을 제시합니다. "그러므로 나는 아마 지구상에 살았던 모든 유기적인 존재가 지나간 처음 살았던 원시적인 형태가 존재할 것이라고 추측한다", "생물의 힘에 대한 위대함엔 몇 개 혹은 하나의 존재가 숨 쉬고 있는 걸 볼 수 있다". 물론 그때 다윈은 루카가 그렇게나 오래된 존재라고는 생각도 하지 못했겠지만 말이지요.

그럼 루카는 어떤 특징을 가지고 있는 걸까요? 현존하는 모든 생명이 가진 공통점을 살펴보면 루카의 특징을 알 수 있다고 과학자들은 말합니다. 어떤 모습이 모든 생명에서 공통적으로 발견된다면 그건 자연히 루카로부터 물려받은 거라고 볼 수 있다는 거지요. 결국 루카의 특징은 어찌 보면 현존하는 지구의 생명으로부터 뽑아낸 귀납적 정의로서의 '생명'이라고 볼 수 있습니다. 한번 살펴볼까요?

일단 오늘날 현존하는 모든 생물의 유전 암호는 DNA를 기반으로 합니다. 단 하나의 예외도 없지요. DNA는 인산과 염기가 리보스라는 5탄당을 중심으로 결합한 구조입니다. 그리고 모든 생물의 DNA는 동일한 네 종류의 염기, 구아닌(G), 티민(T), 시토신(C), 아데닌(A)을 가지고 있습니다. 또한 모든 생물의 DNA는 이중나선 구조를 그리고 있다는 점에서도 동일하지요. 단지 생물마다 다른 것은 구아닌, 티민, 시토신, 아데닌의 순서와 비율, 그리고 DNA 사슬의 길이일 뿐입니다. 그리고 DNA를 합성해서 이중나선구조를 만들기 위해 DNA중합효소를 쓴다는 것도 모두 같습니다.

생물에서 DNA는 유전암호이기도 하지만 단백질을 만드는 설계도이기도 합니다. 단백질을 만들기 위해 먼저 DNA의 암호는 RNA로 복제되는데 이를 전사transcription라고 합니다. 이 RNA는 리보솜이란 세포 내 소기관에 얹히고 여기에 암호에 맞는 아미노산을 끌고 와서 단백질을 만들게 되지요. 이 과정 또한 모든 생물에서 동일하게 이루어집니다.

또 모든 생물은 에너지원으로 포도당을 이용합니다. 물론 포도당 말고 다른 영양분을 이용하지 않는 건 아니지만 모두 포도당을 이용할 수 있도록 기본 시스템이 설치되어 있고, 포도당이 없는 경우 다른 물질도 사용하는 거지요. 그리고 이런 에너지원에서 생체 내 활동에 필요한 에너지 형태인 ATP를 만들어내는 것도 같습니다. 좀 더 깊이 들어가 보자면 ATP를 만드는 과정에서 인지질로 된 막의 내부와 외부의 전위차를 이용하는 것 또한 모든 생물에서 공통적으로 나타나는 현상입니다. 원핵생물들은 모두 세포막을 통해 ATP를 만들고 진핵생물들은 미토콘드리아의 막을 통해 ATP를 확보합니다.

모든 생명은 단 하나의 예외도 없이 세포로 이루어져 있습니다. 세포 하나가 개체인 단세포생물도, 세포 여러 개가 모여 하나의 개체를 이루는 다세포생물도 그 기본이 세포인 것에는 차이가 없습니다, 그래서 세포를 생명의 기본 단위라고 하지요. 또 모든 세포는 이중의 인지질로 된 세포막을 가지고 있습니다. 종류에 따라 세포막에 분포하는 물질이 조금씩 다르긴 하지만 인지질로 된 이중막이 근간을 이루는 것 또한 예외가 없습니다. 그리고 모든 생물의 세포막에는 단백질로 구성된 나트륨-칼륨 펌프가 있습니다. 이를 통해 세포들은 내부를 나트륨 농도가 낮고 칼륨 농도가 높도록 유지하고 있습니다.

또한 세포가 늘어나는 것은 세포 분열을 통해 이루어집니다. 단세포 생물은 이를 통해 번식을 하고, 다세포생물은 이를 통해 생장을 하지만 근본은 같은 거지요. 세포 분열 과정 또한 기본적으로는 같습니다. 우선 DNA를 복제해서 두 배로 늘리고 이 DNA가 먼저 두 개로 분리됩니다. 이후 DNA를 감싼 세포질이 둘로 나눠지는 것이지요.

대단하지 않습니까? 이렇게나 많은 부분이 모든 생물에서 공통적으로 나타난다는 사실이 말이지요. 이런 많은 공통점이 현재 지구상의 모든 생물이 루카라는 한 생물의 후손임을 보여주는 것이라고 과학자들은 말합니다. 하지만 하나 아쉬운 것이 있다면, 루카의 실체를 화석으로나마 만나볼 수 있을 가능성이 아주, 아주 아주 작다는 거지요. 지금의 세균 정도만큼이나 작았을 터이니 맨 눈으로 볼 수도 없고요. 딱딱한 신체도 없었을 터이니 화석이 되기도 어려웠을 거고, 그 사이 수많은 지각 변동에 의해 만들어졌더라도 사라졌을 가능성이 더 크기 때문이지요.

그런데 잠깐, 지구 모든 생물의 공통점이 또 하나 있습니다. 조금 전문적인 이야기인데요. 단백질을 만드는 아미노산으로 생물들은 모두 L형 아미노산을 이용합니다. 아미노산에는 두 가지 거울상 이성질체가 있습니다. 하나는 L형이고 다른 하나는 D형입니다. 마치 우리 두 손을 보면 왼손과 오른손이 모양이나 크기가 같지만 두 손이 포개지지 않는 것처럼 말이지요. 그런데 우리가 사용하는 건 모두 L형이라는 거지요.

자연 상태에서 만들어지는 아미노산은 확률적으로 L형과 D형이 반

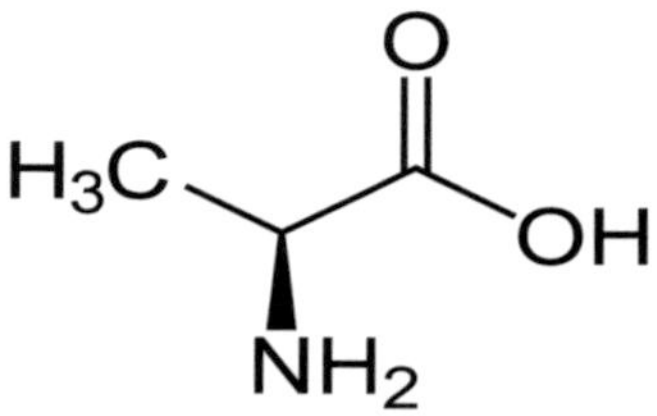

<그림60> L형 아미노산

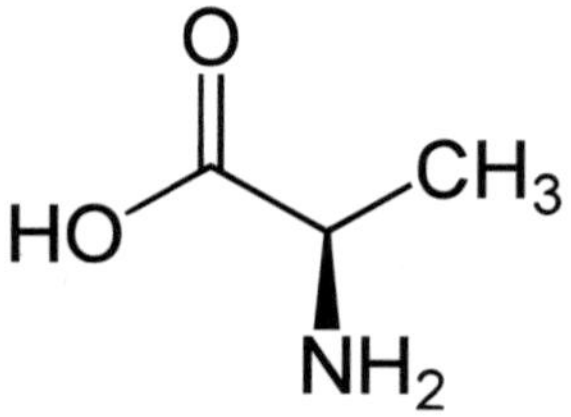

<그림61> D형 아미노산

반씩 섞여 있습니다. 실험실에서 아미노산을 합성할 때도 마찬가지로 절반씩 나옵니다. 그런데 지구상의 생물은 대부분 L형 아미노산만을 이용하는 거지요. 한두 생물도 아니고 대부분의 생물이 대부분의 아미노산을 L형만 사용한다는 것은 현존하는 모든 생명의 공통조상이 L형 아미노산을 사용했기 때문이라고 과학자들은 판단합니다.

우리나라를 포함한 대부분의 나라는 운전석이 차의 왼쪽에 있고, 일본이나 영국은 오른쪽에 있지요. 처음에는 둘 중 어떤 쪽이든 크게 상관이 없었을 겁니다. 그러나 한 번 운전석의 위치가 정해지면 우리나라에서 만들거나 우리나라로 보내지는 차는 운전석이 왼쪽에 있을 수밖에 없습니다. 반대로 일본이나 영국의 차는 모두 오른쪽에 운전석이 있게 됩니다. 이처럼 처음에 우연히 혹은 뭔가의 이유로 우리 모두의 최종 조상 혹은 그 이전의 조상이 L형 아미노산만 쓰기 시작하자 그 후손들은 더 이상 D형을 쓸 수가 없게 된 것이지요. 루카가 어떤 존재인지 우린 추정만 할 수 있지만, 후손인 우리 모두에게 남긴 흔적은 계속해서 전해질 것입니다.

7장

다시 인간을 생각하다

AB

인간의 문명에서 시작해서 지구의 역사를 거슬러 올라가며 현재의 인간을 만들었던 진화를 살펴보는 긴 여행이 끝났습니다. 그 모습을 기억하며 이제 다시 인간에 대해 생각해 보기로 하지요. 개체로서의 인간의 특징을 만든 것은 8할 정도는 진화와 유전일 겁니다. 직립보행을 하며, 털이 아주 얇고 가늘며 200만 개 정도의 땀샘을 가지고 신체에 비해 꽤 큰 그리고 전두엽이 발달한 뇌를 가지고 있고, 알 대신 새끼를 낳으며 말을 하고 다양한 감각을 가지고 있는 그 모습 말이지요. 이런 모습은 그러나 10만 년 전의 호모 사피엔스와 비교하면 겉모습은 별로 다르지 않을 겁니다.

하지만 머릿속을 들여다 보면 10만 년 전의 조상과 현대의 우리는 꽤나 다른 생각과 감정, 습관 등을 가지고 있을 것이 분명합니다. 그래서인지 다윈이 진화를 이야기한 지 어연 백 년이 훌쩍 넘었지만 많은 이들이 이제 인간은 생태계의 진화에서 조금 벗어난 존재라는 생각을 여전히 하고 있습니다. 진화가 인류의 모든 것을 규정하지는 않지만 우리는 여전히 진화적 존재입니다. 이번 장에서는 현대를 살아가는 우리 인간의 진화적 존재로서의 모습을 한 번 살펴보고자 합니다.

퍽 대단히 무척 성공했지만

지금 이 글을 읽는 여러분과 나 모두는 대단히 성공적인 개체입니다. 최초의 생물로부터 시작해서 지금 당신과 나에 이르기까지 단 한 번도 대가 끊이지 않아야 우리가 있기 때문이죠. 그런데 이 지구에는 이렇게 성공적인 생물들이 엄청나게 많이 있습니다. 지금 생존한 모든 생물이 한 번도 대가 끊이지 않은 존재들이죠.

이게 얼마나 대단한 확률인지 살펴볼까요? 인류의 선조가 생존해서 자손을 볼 확률이 만약 80%라고만 가정합시다. 실제로는 이보다 훨씬 낮았을 겁니다. 20년을 한 주기로 세대가 이어진다고 하면 영장류와 갈라져 인류로서의 진화를 시작한 이래 20만 세대 정도가 지난 셈입니다. 앞서의 확률대로라면 30세대가 끊이지 않고 이어질 확률은 1% 정도가 됩니다. 60세대면 만분의 1, 90세대면 100만 분의 1입니다. 그러니 20만 세대라면 우리 각자는 엄청나게 낮은 확률을 뚫고 살아남은 이들의 자손인 것이죠. 아마 벼락을 백 번쯤 맞고도 살아남을 확률과 비슷하지 않을까 생각합니다.

물론 여기에는 함정이 있습니다. 한 개체가 하나만 낳는 것은 아니죠. 남녀가 평생 10명을 자손을 낳는다고 생각해봅시다. 그 10명은 다시 50명의 자손을 낳고, 50명은 250명을, 250명은 1250명의 자손을 낳습니다. 그래서 앞서의 압도적으로 낮은 확률에도 불구하고 인류 종 전체의 숫자는 늘어나지요. 하지만 그렇다고 앞서의 낮은 확률이 틀린 것은 아닙니다. 그만큼 많은 인간 개체가 태어났고, 자손을 남기지 못하고 사라졌다는 걸 반증할 뿐이죠. 우리의 조상들은 자손을 남기기 전에는 절대로 죽지 않았던 불굴의 번식 의지를 가진 이들이었습니다.

하지만 우리 조상들이 이미 자손을 남기지 못하고 사라진 다른 조상들보다 엄청나게 뛰어난 능력을 가진 존재라는 의미는 아닙니다. 우리 선조들 중 일부는 평온한 평생을 보냈겠지만 아주 힘든 일생을 보낸 이들도 많을 것입니다. 지금처럼 의학이 발달하지 않았던 옛날에는 출산은 목숨을 건 일이었습니다. 또한 출산 후 생후 1년이 될 때까지 살아남는 비율도 지금처럼 높지 않았습니다. 돌잔치를 따로 여는 풍습은 조선 시대까지도 돌이 되기 전 죽는 비율이 높았기 때문이지요. 그리고 가끔씩 도는 돌림병도 피했고, 기근과 전쟁에서도 살아남았겠지요. 이는 개인의 능력 이전에 일종의 운이라고 볼 수밖에 없습니다. 다른 생물들도 마찬가지지요. 결국 지금 지상의 모든 생물들은 아주 운이 좋은 선조들의 후손인 셈이지요. 그렇다고 우리 모두가 마냥 계속 운이 좋을 리는 없습니다만 우리 중의 일부가 확실히 그런 행운을 가질 것은 명확한 거지요.

그리고 또 하나 이렇게 성공한 우리 인간은 대단히 많습니다. 2021년 6월 26일 기준으로 세계 인구는 약 78억 7천만 명에 이릅니다. 인구가 이렇게 급속히 느는 데는 이유가 있지요. 개인으로서의 우리는 충분히 운이 좋은 존재지만 집단으로서의 우리 인간은 운만으로 이렇게 많아질 수 없지요. 가장 먼저는 앞서 이야기했던 몇 번의 도약을 걸쳐 우리 인류 전체가 먹을 수 있을 만큼의 식량을 생산할 수 있다는 사실입니다. 지금도 전 세계 곳곳에서 기아에 시달리는 이들이 있지만 그건 식량의 절대량이 부족해서가 아니라 분배의 문제입니다. 아마 인구가 100억이 된다고 하더라도 우리는 우리 스스로를 먹여 살릴 만큼의 충분한 식량을 만들 수 있을 겁니다. 또한 인간은 이제 더 이상 천적이 없습니다. 오직 인간만이 인간의 천적이지요. 그러니 생태계의 다른 생물들처럼 개체수를 조절해줄 수 없습니다.

두 번째는 더 오래 살게 된 것에 기인합니다. 인간의 평균 수명은 20세기 초까지 대략 40세 정도였습니다. 물론 서유럽 등은 더 길었지만 인류 전체로 보면 약 1만 년의 역사 동안 거의 40세 정도가 평균 수명이었고 20세기 초도 마찬가지입니다. 하지만 21세기 전 세계를 돌아보면 그렇지 않습니다. 20세기 내내 인류의 평균 수명은 지속적으로 상승하여 1990년대에는 약 64세 정도가 되었습니다. 그리고 단 30년 만에 다시 8년 정도가 더 증가해서 2019년 전 세계 평균 기대수명은 72.6세가 되었습니다. 약 100년 만에 인류의 수명이 두 배 가까이 증가한 것이지요. 그러니 당연히 인구가 늘 수밖에 없습니다. 지금도 인류의 기대수명은 계속 오르고 있습니다. 한국과 일본, 서유럽의 많은 나라들은 이미 평균 수명이 80대 초중반이며 느리지만 조금씩 늘어나고 있습니다. 그리고 저개발국과 개발도상국의 평균 수명은 이보다 낮지만 역시 꾸준히 증가합니다. 그러니 앞으로도 당분간은 인구 수가 줄어들지는 않을 겁니다.

생태계의 적이 되다

하지만 이렇게 인간이 번성한 결과는 지구 생태계의 큰 적이 되었다는 이야기기도 합니다. 인류 100억 시대를 목전에 둔 우리의 수 자체가 문제입니다. 이제껏 인간의 진화를 이야기하면서 인간은 이제 생태계에서 최상위 포식자라고 했습니다. 최상위 포식자면 그 위치에 맞는 역할을 해야 하지요, 가령 호랑이는 가끔 풀을 뜯기는 하지만 그렇다고 초식동물의 위치를 탐내진 않습니다. 토끼가 육식동물의 위치를 탐내지도 않지요. 생태계는 무시로 경쟁이 일어나긴 하지만, 경쟁 대상은 그 역할에 맞춰 정해져 있지요.

그런데 인간은 생태계의 모든 역할을 탐내고 경쟁하고, 마침내 이기고 맙니다. 먼저 우리는 최상위 포식자지요 그에 걸맞게 소, 양, 염소 같은 대형 초식동물을 먹습니다. 그런데 우리 인간이 너무 많다 보니, 생태계의 대형 초식동물만으로는 수를 채울 수가 없어 넓은 초지에 소며, 양이며 염소, 돼지나 닭을 길러 먹습니다. 마치 다른 대형 육식동물과 경쟁하지 않겠다는 듯이요. 하지만 사실 이 자체가 경쟁입니다. 대형 육식동물은 넓은 면적의 사냥터를 가져야 하는데, 인간이 자신의 가축을 기르기 위해 이 초지를 차지해버리니 이들이 살아갈 방법이 없습니다. 인간의 도시, 인간의 농촌, 인간의 대지를 벗어난 곳에서야 살 수 있지요. 그 결과로 대부분의 나라에서 대형 육식동물은 동물원에서나 볼 수 있는 존재고, 그렇지 않은 곳에서도 자연보호구역이나 국립공원 등에서나 볼 수 있습니다.

또 우리는 초식동물과도 경쟁을 합니다. 방금 이야기한 것처럼 초식동물들은 풀이나 나뭇잎을 먹기 위해 초원이나 숲이 필요하지요. 그런데 우리는 그들을 몰아내고 그곳에 콩이며, 옥수수, 벼나 밀 등을 심고 있습니다. 우린 이미 충분히 많은 땅에서 70억의 인구를 먹여 살릴 식량을 재배하고 있지요. 그 대가는 그 땅에서 밀려난 초식동물들이 치르고 있습니다. 마찬가지로 우린 풀이나 나무와도 경쟁합니다. 그들이 자라는 땅을 빼앗아 그곳에 도시를 세우고, 도로를 건설하고, 아파트와 상가를 짓고, 우리에게 필요한 곡물을 재배합니다. 그 결과로 식물들이 자라는 숲과 초원은 점점 줄어들지요. 바다도 마찬가지입니다. 우리는 참치 등을 잡으며 해양 육식동물인 돌고래나 상어 등과 경쟁하고 이기며, 고등어나 정어리를 잡으면서 펭귄과 물개 등과 경쟁하고, 멸치나 앤초비를 잡으면서 고등어나 정어리와 경쟁하고, 크릴이나 새우를 잡으면서 고래와 경쟁하지요.

이렇게 인간이 생태계의 모든 생물들과 경쟁하고 또 승리하면서 자연스레 다양한 생물들이 멸종의 길을 걷고 있습니다. 과학자들은 이를 제6의 대멸종이라 부릅니다. 앞서 페름기 대멸종이 지금껏 가장 큰 규모의 대멸종이라 했는데, 지금 특히 18세기 이후 지구상에서 벌어지고 있는 대멸종은 이전의 모든 멸종보다 더 빠르게 진행되고 있습니다. 22세기가 되기 전 우리는 이 지구상의 포유류, 파충류, 양서류, 절지동물과 연체동물 중 과연 몇 퍼센트나 남겨놓게 될까요?

인종이라는 허깨비

새로운 종이 생성되면 처음에는 유전자 풀이 아주 좁습니다. 즉 유전적 다양성이 작다는 것이지요. 하지만 시간이 흐르고 개체가 늘어나면 유전적 다양성은 조금씩 증가하게 됩니다. 어떤 개체든 유성생식을 하는 경우 태어날 때 아빠와 엄마의 유전자를 절반씩 가지고 태어나지만 완전히 절반은 아닌 것이 돌연변이를 가지기 때문입니다. 인류도 마찬가지고 다른 동물들도 마찬가지지요. 이중 아주 해로운 돌연변이는 가지고 있는 개체가 생존할 확률이 적으니 자연히 사라집니다만 살아가는데 문제가 되지 않는 돌연변이는 살아남게 되지요. 이런 돌연변이가 세대가 지나면서 축적이 되고 늘어나면서 자연스럽게 자연스럽게 유전적 다양성은 늘어납니다.

하지만 연구에 따르면 인류는 다른 동물에 비해 인류는 유전적 다양성이 대단히 작은 것으로 밝혀졌습니다. 간단한 예로 아프리카 열대우림에 사는 한 3km 정도 떨어진 두 침팬지 집단 사이의 유전적 다양성이 인류 전체의 유전적 다양성보다 더 크다고 합니다. 인간의 모습은 침팬지보다 훨씬 다양하지요. 피부색도 다르고 얼굴 형태도 다르고 몸매도 다릅니다. 그럼에도 불구하고 인류는 동물 전체를 통틀어 유전적 다양성이 가장 작은 존재 중 하나입니다.

그렇다면 왜 우리 인류는 이렇게 좁은 유전자풀을 가지게 된 걸까요? 인간 이외에도 유전자풀이 대단히 협소한 생물들이 몇 있는데요. 치타와 고래가 대표적입니다. 이들의 유전자풀이 협소한 이유는 한 때 멸종에 이를 만큼 개체수가 줄어들었기 때문입니다. 다양한 유전자를 가졌던 많은 개체들이 자손을 남기지 못하고 죽어버리고 남은 몇 안 되는 개체들로부터 다시 자손들이 늘어나다 보니 유전자풀이 협소해졌다는 거지요. 물론 이런 경우도 시간이 지나면 유전자풀은 다시 넓어지지만 아직 그 정도로 시간이 흐르지 않았다는 거지요.

그렇다면 인류도 한 때 멸종의 위기를 겪었다는 이야기가 됩니다. 과학자들은 약 10만 년 전 어떤 이유에선지 갑자기 인구가 급격히 줄어든 것이 원인이라고 판단합니다. 대략 5천 명에서 1만 명 정도로 줄어들었다는 거지요. 그 원인에 대해선 다양한 가설이 존재합니다. 우선 기원전 13만 5,000년에서 9만 년 사이에 아프리카 대륙이 건조해지면서 심한 가뭄에 시달렸다는 겁니다. 또 하나는 수마트라 섬의 토바 화산 분출이 원인으로 꼽히기도 합니다. 슈퍼화산이었던 토바 화산 폭발로 지구 대기 전체에 화산재가 퍼지면서 햇빛을 차단했고 그에 따라 기후가 갑자기 변하면서 당시 살던 인류의 조상 대부분이 죽고 일부만 기적적으로 살아남았다는 거지요. 혹은 급속히 번창한 감염병 때문일 수도 있다는 주장도 있습니다.

그 원인이 무엇이든 인류는 10만 년 전 기적적으로 살아남은 이들의 후손이죠. 그 5천 명에서 1만 명, 지금으로 치면 서울의 대규모 아파트 한 단지 정도의 인구로부터 한국인, 미국인, 나이지리아인, 러시아인, 남미 원주민들이 태어난 것입니다. 그런데 무슨 인종이 있겠습니까?

더구나 그 인종을 나누는 걸 피부색으로 한다는 건 더 웃긴 일입니다. 현재 전 세계에서 피부색이 검은 사람들을 집단으로 나누어 보면 북아프리카 원주민, 남아프리카 원주민, 멜라네시아 원주민, 오스트레일리아 원주민, 남아메리카 원주민 정도로 나눌 수 있습니다. 그런데 이들이 같은 인종일까요? 21세기 과학의 최대 성과 중 하나가 인간 게놈 프로젝트입니다. 인간의 유전자를 하나도 남김없이 다 풀어낸 것이죠. 유전자의 기능을 다 알았다는 것이 아니라 DNA 염기 서열을 다 알았다는 것이 정확합니다. 마치 미지의 고대 문서를 발견했는데 꽁꽁 묶여 있어 어떤 글이 있는지 몰랐다가 이제 막 문서를 풀어 처음부터 끝까지 글자를 확인한 정도입니다.

물론 그 글자들을 알아도 단어의 뜻과 문법을 완전히 몰라서 아직 다 해독하지 못한 상태이긴 하지요. 아주 일부만 해독한 상태라고 볼 수 있습니다. 어찌 되었건 그후 염기 서열을 분석하는 기술이 나날이 늘어서 이제는 아주 쉬운 일이 되었습니다. 그러니 각 지역의 원주민들 유전자 분석을 당연히 해 봤겠죠. 그 결과 과학자들로서는 아주 당연한, 그러나 일부 차별주의자들에게는 아주 안타까운 결론이 나타납니다.

전 세계 인류 집단 중 다른 집단과 가장 거리가 먼 집단은 남아프리카 사람들로 드러났습니다. 북아프리카 원주민들은 남아프리카 원주민보다 오히려 서아시아나 남유럽 사람들과 더 유전적으로 가까웠지요. 그리고 멜라네시아와 오스트레일리아의 원주민들은 타이완이나 태국의 원주민들과 가장 가까웠습니다. 남아메리카 원주민들은 북아메리카 원주민, 그리고 이누이트와 시베리아 원주민과 아주 가까웠지요.

황인종이라 흔히 지칭하는 아시아 사람들도 마찬가지입니다. 몽골이나 시베리아 원주민들이 한 부류이고 중국의 한족이 또 한 부류입니다. 그리고 동남아시아 사람들은 이들과 유전적으로 많이 멀지요. 인도 사람들도 또 다른 아시아인들보다 유럽인에게 가깝습니다. 흔히 백인이라고 하는 유럽인들은 다를까요? 그렇지 않습니다. 북유럽인들은 남유럽의 라틴 민족들과 저만치 거리가 있고, 핀란드나 헝가리 사람들은 동아시아인들과 오히려 가깝습니다.

우리는 인종을 나누면서 그 기준을 외모, 특히 피부색을 기준으로 삼습니다. 결국 이러한 구분은 하얀 피부보다 검은 피부가 열등하다는 식의 차별로도 이어졌지요. 하지만 피부색이 다른 것은 인종이 달라서가 아니라, 앞서 보았듯이 사는 환경에 따른 결과입니다. 과학자들의 연구에 따르면, 까만 피부가 환경의 영향을 받아 하얗게 되거나 반대로 하얀 피부를 가진 이들이 까맣게 되는 데는 불과 몇천 년 정도만 소요될 뿐이라고 합니다. 단지 수백 세대의 조상들이 살던 곳이 어디인가에 따라 실제 피부색이 다를 뿐이지요. 그러니 피부색으로 인간을 구분하는 것처럼 어리석은 일이 어디있겠습니까? 흔히들 말하는 것처럼 '인종은 없고 인종주의자만 있다'는 말이 딱 맞는 것이지요.

내 몸 안의 네안데르탈인

앞서 살펴본 대로, 현생인류 즉 호모 사피엔스의 유전자에는 네안데르탈인의 유전자가 일부 섞여 있습니다. 현재까지의 연구에 따르면 네안데르탈인 유전자가 전혀 발견되지 않는 건 사하라 이남의 아프리카 지역 원주민들밖에 없습니다. 앞서 제가 남아프리카 원주민들이 다른 인류 집단과 가장 다르다고 했던 근거 중의 하나이기도 합니다.

아직 연구가 활발히 진행되고 있어서 확정적으로 이야기할 순 없지만 최소한 5만 년에서 10만 년 정도 사이에 호모 사피엔스와 네안데르탈인의 교잡이 유럽과 중앙 아시아 등지에서 꽤 있었던 것은 사실입니다. 실제로 어떤 화석은 데니소바인과 네안데르탈인의 1대 1 혼혈임이 확실한 것으로 확정되기도 합니다. 그런데 이렇게 현생 인류의 유전자에 네안데르탈인과 데니소바인의 유전자가 섞여 있다는 건 뭘 의미할까요?

가장 먼저는 종species의 문제입니다. 종이란 생물을 분류할 때 가장 기초가 되는 단위입니다. 그 위는 속genus이라고 하지요. 이 둘로 생물학에서는 학명을 붙입니다. 인간을 호모 사피엔스Homo sapience라고 할 때 호모Homo는 속이고 사피엔스sapience는 종이 됩니다. 개는 학명으로 카니스 루푸스Canis Lupus라고 부르는데 이는 개속Canis 회색늑대Lupus종이란 뜻이죠. 즉 종으로 봤을 때 개와 회색늑대는 같은 종입니다. 개를 굳이 회색늑대와 구분할 때는 아종이란 구분을 넣습니다. 학명으로는 카니스 루푸스 파밀리아리스Canis Lupus familiaris라고 하지요. 그렇다고 개가 회색늑대종이 아니라는 뜻은 아닙니다. 다만 인간과 같이 산 역사가 근 1만 년에 가까워지고 그 사이 늑대와의 교배가 거의 없다 보니 개 특유의 유전적 특징을 가지게 되었다는 뜻이지요.

종의 구분은 사실 식물과 동물, 세균과 원생 생물 등에서 조금 애매한 부분이 있습니다만 일단 포유류로 한정하자면 생식능력이 큰 기준입니다. 같은 종끼리 교배를 하여 낳은 새끼가 생식능력을 가집니다. 가령 들고양이와 집고양이가 짝짓기를 해서 낳은 새끼 고양이도 다시 새끼를 낳을 수 있고, 회색늑대와 개가 짝짓기를 해서 낳은 강아지도 새끼를 낳을 수 있습니다. 마찬가지로 푸들과 진돗개가 짝짓기를 해서 낳은 믹스견도 새끼를 낳습니다. 물론 같은 속이면 교배를 해서 새끼를 낳을 수 있습니다만 이 경우에는 낳은 새끼는 생식능력이 없습니다. 가령 닭과 꿩은 같은 속이지만 종이 달라 이 둘을 교배해 낳은 닭꿩(실제 이름이 닭꿩입니다)은 생식능력이 없죠. 마찬가지로 말과 당나귀는 속은 같지만 종이 달라 이 둘을 교배해서 낳은 노새는 생식능력이 없습니다.

그렇다면 현생인류, 즉 호모 사피엔스와 네안데르탈인은 어떤 관계인 걸까요? 네안데르탈인의 유전자가 우리에게 있다는 건 이 둘이 짝짓기가 가능했고 그 자손이 생식능력이 있다는 걸 뜻합니다. 즉, 호모 사피엔스와 호모 네안데르탈인은 생물학적으로 같은 종이라는 뜻이지요. 데니소바인과의 관계도 마찬가지입니다. 즉 네안데르탈인과 데니소바인과 우리는 마치 개와 회색늑대, 집고양이와 들고양이 정도의 관계라는 것이죠. 네안데르탈인이나 데니소바인과의 차이가 이 정도인데, 같은 호모 사피엔스끼리 또 다시 인종을 나누는 것에 과연 의미가 있을까요? 게다가 호모 속의 유일한 종인 우리끼리 서로 차별한다는 것은, 민망하고도 부끄러운 일일 것입니다.

앞으로의 생존과 번식

앞으로 우리 인간은 어떻게 살게 될까요? 지금까지 어떻게 살아왔는지를 진화의 관점에서 살펴보았으니 훗날의 우리의 모습도 궁금하실 것입니다. 인간은 앞으로 어떻게 진화할 것인지를 재미삼아 다루는 뉴스나 글들을 보면 인간은 머리는 더 커지고 손발은 잘 사용하지 않아 가늘게 퇴화된다는 식으로 상상하기도 합니다만, 사실 진화에 있어서 가장 중요한 두 가지는 살아남기와 번식하기입니다. 어떤 유전적 특징이 생존율을 높이고, 번식률을 높인다면 그 특징은 살아남게 됩니다. 그렇지 못하면 사라지겠지요. 이번에는 이 두 가지 관점에서 인간의 생존과 번식을 보도록 하지요.

먼저 생존율을 생각해봅니다. 잘 사는 나라일수록 평균 수명이 높습니다. 이 점에서 우리나라는 충분히 선진국이지요. 하지만 진화의 관점에서 바라보면 먼저 가임 능력이 있는 시점까지의 생존율이 중요합니다. 한참 번식을 활발하게 할 수 있을 때까지 잘 살아남을 수 있다면 그 뒤는 언제 죽어도 진화와는 아무 상관이 없지요. 나이가 들면서 생기는 질환들 중 많은 것이 젊었을 때 생존율과 번식률을 높이는 데 일조하는 경우도 있습니다. 고혈압의 경우 젊은 시절에는 혈압이 높은 것이 건강에 나쁜 경우가 별로 없죠. 오히려 혈압이 높으면 젊은 시절에는 피가 온몸 구석구석을 잘 돌아 신진대사가 활발해지고 오히려 건강을 유지시켜 주는 측면이 있습니다. 진화에서는 그러면 되는 거지요. 어찌 되었건 아이를 낳을 때까지의 생존율을 높인다는 측면에서 보자면 현재 인간의 건강 수준은 전 세계 대부분의 지역의 경우 충분히 조건을 만족합니다. 한 50살 정도까지만 살아도 아이를 낳는 시기는 다 사는 것이지요. 다만 항상적으로 기아에 시달리는 지역과 내전 등 전쟁에 시달리는 지역은 문제가 되겠지요. 어릴 때부터 기아에 시달리면 당연히 건강에 심각한 문제가 생길 수밖에 없고, 전쟁이 일어나면 어린이나 노약자 등이 생존을 유지하기 힘든 법이니까요. 앞서 생존율은 아이를 낳을 수 있는 나이까지만 의미가 있다고 했지만, 낳은 아이가 충분히 앞가림을 할 수 있을 정도의 나이까지 뒷배가 되어주어야 하니까요. 그런 의미에서 65세 정도까지는 건강하게 생존하는 것이 훨씬 유리합니다. 한국처럼 아이를 낳는 연령이 더 늦어지면 조금 더 건강하게 생존해야 하지만 그래도 70세 정도까지면 대부분 충분하지요. 우리나라 평균 수명은 80세가 넘으니 이는 충분히 만족합니다. 따라서 이제 생물학적 특징들이 생존율을 크게 좌우하지 않는 시대가 되었습니다. 물론 아주 허약하게 태어나면 그는 문제가 되겠지만 조금의 차이는 현대 의학이 커버할 수 있으니까요. 그리고 평균 수명이 이제 충분히 길어졌으니 그 또한 문제가 되질 않습니다. 즉 어떤 생물학적 차이가 진화의 중요한 요인이 되질 않는다는 거지요.

그렇다면 어떤 요인이 더 중요할까요? 개별 가정으로 보면 부모의 소득입니다. 통계에 따르면 전체 인구 중 소득이 상위 10% 이내에 드는 이들은 소득이 하위 10%에 드는 이들보다 유의미하게 더 오래 생존합니다. 더구나 낳는 아이의 수도 유의미하게 더 많습니다. 또 하나 소득이 높은 이들의 자녀들이 소득이 낮은 이들의 자녀보다 더 좋은 교육을 받고 그 결과로 더 소득이 높은 직종에 취업을 합니다. 이 또한 통계가 보여주고 있습니다. 따라서 소득이 높은 부모를 만난 자녀는 역시 소득이 높을 확률이 높고, 높은 소득만큼 더 많은 자녀를 낳을 확률 또한 높아지지요. 돈도 없는 흥부는 자식을 줄줄이 낳고 돈 많은 놀부는 자식도 없는 식의 이야기는 흘러간 옛 이야기에 불과합니다. 하지만 진화는 개체를 중심으로 보지 않고 집단을 중심으로 봅니다. 그런데 실제로 결혼을 하는 이들을 보면 비슷한 사회적 지위와 소득 수준을 이루는 이들끼리의 결혼(동류혼)이 그렇지 않은 경우보다 더 많습니다. 즉 소득 수준이 높고, 학력이 높은 이들은 그들끼리, 소득이 낮고 학력도 낮은 이들은 또 그들끼리 주로 결혼을 하고 아이를 낳는다는 거지요. 흔히 이를 계층 대물림이라고도 하고, 세습이라고도 하지요.

그래서 부자는 계속 자손이 늘고 가난한 이들은 자손이 줄어듭니다. 세대를 거듭하면 이는 더 증폭되겠지요. 물론 부자의 자녀 중에도 짝짓기에 실패하는 경우가 있고, 가난한 이의 자녀 중에도 짝짓기에 성공하며 자녀를 더 많이 둘 수도 있습니다만 문제는 확률이니까요. 그래서 앞으로 잘 사는 이들은 많은 자식을 낳고 가난한 이들은 자식을 낳지 않거나 낳아도 한 명 정도를 낳는 일이 계속 되면 이 나라는 잘 사는 이들의 자식으로만 채워지겠지요. 잘 사는 게 유전이 되냐고요? 지금까지의 통계는 잘 사는 건 완벽하지는 않지만 확률적으로 유전되는 게 맞습니다.

그러면 나중에는 모두 부자만 남게 될까요? 생존율과 번식률*은 그렇다고 말하는데 실제로 그렇게 될지는 모르지요. 사회는 진화론으로만

---

* 원래 사람에게는 출산율이라는 말을 써야 하지만 여기서는 진화의 관점에서 번식률이라고 쓰겠습니다.

이야기할 순 없는 거니까요. 그리고 다행히도 우리 중에는 이렇게 부가 유전되는 것이 사회적으로 큰 문제가 된다고 생각하는 이들이 있고 이런 빈부 격차를 줄이려는 움직임도 있지요. 이런 움직임이 어떻게 전개되느냐에 따라 부자와 가난한 이의 생존율과 번식률에 유의미한 변화가 생길 지도 모르지요.

전 세계적으로 놓고 보면 가난한 이들의 증가율이 더 높습니다. 왜 그럴까요? 가난한 나라의 번식률이 더 높기 때문입니다. 현재 지구상에서 가장 인구가 빠르게 증가하는 곳은 주로 아프리카 사하라 이남 지역과 중남미, 중동지방과 인도 등입니다. 소득 수준이 가장 낮은 나라들이지요. 이미 선진국에서는 평균 수명이 늘어나는 정도가 그리 높지 않은데 이들 나라는 위생 조건과 의료 환경, 소득 수준이 이전에 비해선 높아지면서 평균 수명이 아주 빠르게 늘고 있습니다. 거기다 전통적으로 농업 위주의 국가는 자녀를 많이 낳지요. 그래서 선진국의 인구 증가율이 아주 낮은 데 비해 이들 나라들의 인구 증가율은 무서울 정도로 높습니다. 한국이 20세기 후반에 그랬던 것처럼요. 그래서 전 세계적으로는 부자의 증가율보다 가난한 이들의 증가율이 더 높습니다. 하지만 이들 나라들도 모두 평균 수명이 선진국에 근접하고 출산율도 낮아지면 그때는 어떻게 될까요? 이는 진화론의 영역이 아니라 사회학이나 경제학 혹은 또 다른 사회과학분야의 영역이니 여기에서 답을 내리는 것은 적절한 태도가 아니겠습니다.

진화로 우리가 알 수 있는 것들

지금까지 문명을 이룩하게 된 인간에서 생명의 시작까지 시간을 거슬러 가면서 살펴보았습니다. 독자 분들이 재미있게 읽으면서 진화에 대한 놀랍고 흥미로운 사실을 알 수 있었다면, 이 책이 바라던 바가 이루어진 것이겠지요. 그러나 더 많은 것이 궁금할 법도 합니다. 예컨대 이런 질문들이 책을 읽어나가면서 생길 수 있겠지요. '그래서 우리는 진화를 통해 무엇을 알 수 있을까? 그리고 진화가 우리에게 주는 교훈은 무엇일까?'

이런 질문에 어떤 대답을 드리기에는 조금 주저하는 바가 있습니다. 진화의 역사를 다루면서 선택적으로 특정한 메시지를 취하는 것은 크게 의미가 없거나, 지나치게 편향적일 수도 있기 때문이지요. 어떤 면에서는 위험하기까지 합니다. 특정 이념이나 당대 주류의 시각에서 진화론이 취사선택되거나 악용되어 왔던 역사가 있기 때문이지요. 그래서 저는 이 책을 읽으면서 얻게 될 각자의 교훈과 메시지는 여러분의 몫으로 남겨두되, 여전히 곳곳에 유통되는 진화에 대한 잘못된 통념과 잘못된 시각들을 조금 짚으면서 마무리하고 싶습니다.

'진화는 진보인가? 목적이나 목표가 있는 것인가?' 강연을 할 때 가장 많이 질문을 받는 내용인데, 제 대답은 항상 '진화는 목적이 없다. 진화는 우연의 산물일 뿐이다'입니다. 앞에서도 줄곧 말씀드렸듯이 같은 종이라도 개체마다 조금씩 서로 다른 유전자를 가지고 있고, 그래서 모습이나 행태도 많이 다릅니다. 인간은 모두 같은 종이지만 몸무게도 키도, 손발 길이도 다르고, 음식에 따라 소화시키는 능력이나 호흡량, 심장 박동 수가 다른 것처럼요. 그 중 어떤 개체가 더 잘 살아남고 번식을 많이 하는지는 그 당시 환경에 따라 다르지요. 초원이면 초원 생태계에 맞게, 열대우림이면 열대우림 생태계에 맞게 일어난 변이를 가진 개체가 종 내에서 더 많이 퍼집니다. 진화는 딱 그 결과일 뿐이죠. 어떤 개체에게 어떤 변이가 일어날 지는 순전히 우연이고 따라서 어떤 개체가 살아남을지도 우연이며 결국 진화의 결과 또한 우연입니다.

그런데 많은 분들이 진화가 진보라고 여기고 또 어떤 목적이 있다고 여기는 데는 다른 이유가 있지요. 영어로 진보는 progress이고 진화는 evolution이니 철자도, 어원도 완전히 다릅니다. 그런데 이를 번역하면서 둘 다 '나아갈 진進'을 쓰는 바람에 생긴 오해가 하나 있습니다. 그러나 정작 영어를 쓰는 나라에서도 진보와 진화를 바꿔 쓰는 경우가 자주 있는 걸 보면 번역의 문제만은 아니기도 합니다. 인터넷에서 진화를 검색하면 가장 많이 나타나는 그림이 꾸부정하고 작은 덩치의 원숭이에서 똑바로 서고 키가 큰 사람으로 점점 변하는 모습입니다. 그런데 이 그림 자체가 오해를 불러일으킵니다. 마치 원숭이에서 인간으로 진화한 것으로 여겨지는 거지요. 그리고 인간이 원숭이보다 더 진화한 생물처럼 여기기도 합니다. 흔히들 털 많은 사람을 '진화가 덜 되었다'면서 놀리는 것과 일맥상통하지요. 그러나 더 진화한 종과 덜 진화한 종이 있는 건 아닙니다. 각각의 종들은 자신이 처한 생태계에 최적화된 모습으로 진화한 것이지요. 소나무도, 이끼도, 사람도, 토끼도, 미역도 각기 자신이 속한 곳에서 역할에 맞게 진화된 존재이며 어떤 종이 다른 종보다 우월한 종은 아닙니다. 종의 우열을 가리는 버릇은 우리가 인간을 중심으로 사고하는 '인간중심주의'에 매몰된 탓이라고 볼 수 있습니다.

이런 오해를 더 부추긴 건 19세기에서 20세기 초에 이르는 기간 동안 나타난 우생학이나 골상학 그리고 사회진화론 등의 과학을 가장한 거짓말들입니다. 당시 세계를 식민지로 만들었던 서유럽의 제국주의자들은 자신들의 지배를 정당화할 이데올로기가 필요했지요. 이에 적극적으로 부응했던, 그리고 스스로도 그렇게 믿었던 과학자나 사회학자들이 있었습니다. 이들은 앞서 이야기한 잘못된 개념으로 가장 덜 진화한 침팬지로부터 흑인, 동양인 그리고 완벽하게 진화한 백인을 내세우는 식으로 백인의 지배를 정당화했지요.

또 누군가는 '약육강식'이 마치 진화론의 핵심인양 이야기합니다. 『종의 기원』을 쓴 찰스 다윈을 비롯해 이제까지의 어떤 진화학자도 말하지 않았는데도 말이지요. 진화론을 근거로 강한 사람, 강한 집단, 강한 국가가 약한 사람, 집단, 국가를 지배하는 것이 당연한 듯이 이야기하죠. 하지만 진화론에는 '약육강식'은 존재하지 않습니다. 예를 들어 바다에서 가장 거대하고 강한 종은 혹등고래입니다. 하지만 이들이 자신보다 약한 돌고래를 잡아먹거나 거느리지 않지요. 오히려 반대로 돌고래나 범고래가 혹등고래의 새끼를 사냥합니다. 사자는 코끼리나 기린, 코뿔소보다 약하지만 그들의 새끼나 아주 나이든 개체를 사냥하지요. 약육강식이 아니라 생태계에서의 역할이 무엇이냐, 어떤 먹이를 먹고 사느냐가 결정하는 거지요. 그리고 이들은 같은 종을 사냥하지도 않습니다. 인간이 같은 종을 지배하는 것을 진화론으로 정당화하는 걸 보면 기가 차지요.

강연 때 또 많이 받는 질문 중 하나는 '진화의 최종 승자는 인류일 것인가?'입니다. 인간이 최종 진화한 종이며 그래서 가장 고등한 생명체라고 하는 것은 진화론을 완전히 오해한 것이지요. 앞서 말씀드린 것처럼 진화는 100미터 달리기나 노래경연대회가 아닙니다. 진화에 목적이 없다고 했던 것처럼 진화에는 승자와 패자 또한 없습니다. 가령 호모 에렉투스가 호모 사피엔스로 진화했다고 할 때 이는 호모 에렉투스였던 이들의 자손 일부가 부모와 조금 다른 변이를 가지게 되다는 것은 이런 변이가 세대가 지나면서 차츰 쌓여서 최초의 조상과 전혀 다른 모습을 가지게 되었다는 의미이기도 하지만, 호모 에렉투스와 같은 모습을 하던 이들은 같은 종끼리의 혹은 다른 종 간의 경쟁에 의해 사라졌다는 뜻이기도 합니다. 그래서 진화는 동시에 멸종이기도 합니다. 어떤 분들은 멸종한 종은 패배하고 진화한 종은 승리한 것이 아니냐고 반문하실 수도 있겠지만, 진화했다는 사실 자체가 동일한 시공간에서의 이전 종의 멸종을 전제로 한 것입니다. 부모가 사라지고 자식이 남았다고 부모가 패배하고 자식이 승리한 것이 아니듯이 진화는 그저 시간에 따른 변화일 뿐입니다.

다른 의미에서 우리 인간은 승자라고 볼 수도 있지 않을까요? 인간은 처음 직립보행을 했을 때 조개를 캐고, 시체를 먹는 청소부적인 역할이었지만, 생태계의 최종포식자가 되었으니까요. 하지만 이마저도 승리라고 볼 순 없습니다. 우리가 인간 사회를 바라보는 방식으로 자연을 바라보는 것에 익숙하기 때문에 오해를 하는 것이죠. 자연에서는 청소부건, 포식자이건 피식자이건 어느 종이 다른 종을 지배하지 않습니다. 그저 생태계의 일부를 이룰 뿐이지요. 따라서 포식자가 되었다고 신분이 상승하는 건 아닙니다. 한번 더 말씀드리자면, 지금 지구의 모든 생물은 최선을 다해 각자의 자리에서 진화했고 인간은 그저 그 중 하나일 뿐입니다.

인간의 진화만이 아주 특별하다고 볼 이유가 진화론에는 전혀 없습니다.

우리가 인간이라는 것에 자부심을 가지고, 다른 생물과 차원이 다른 존재임을 증명하고 싶으면 다른 방식, 다른 접근이 좋겠습니다. 가령 우리는 우리가 지구상에 사는 다른 모든 생명과 별다를 바 없다는 사실을 깨달은 최초의 종입니다. 여기에는 자부심을 느낄 수 있겠지요. 또 우리는 '인간 중심주의'가 객관적 현실을 자의적으로 재단하는 오해를 제공한다는 것 또한 깨닫고 있습니다. 이 또한 자부심을 가질 수 있습니다. 그리고 우리는 피부색이나 생김새가 다르다고 같은 인간을 차별하면 안 된다는 데에 (모든 이가 그렇게 생각하지는 않지만) 사회적으로 합의를 이루어 나가고 있는 최초의 생물이기도 할 겁니다.

물론 우리가 지구상의 생물 중 최초로 지구 생태계 전체를 위기에 빠트리는 제6의 대멸종을 이끌고, 기후위기로 생태계를 완전히 뒤집어 놓을 수도 있다는 점은 모든 지구 생물에 대해 미안해야 될 일이지만요. 머지 않은 훗날, 한 100년 뒤의 우리 후손이 기후위기와 제6의 대멸종을 아슬아슬하게나마 극복하면서 슬기롭게 헤쳐 나왔다고 안도의 한숨을 쉴 수 있으면 좋겠습니다.

글을 마치며

이 책을 쓰는 내내 즐거웠습니다. 처음 책을 구상할 때부터 마치는 글을 쓸 때까지 큰 고비 없이 원고가 잘 써진 것은 거의 처음이었습니다. 처음 책을 구상할 때도 별 어려움 없이 대강의 얼개가 짜졌고, 이후 글을 쓸 때도 몇 가지 수정은 있었지만 전체 목차는 큰 변화가 없었습니다. 아마도 이전에 『멸종』, 『짝짓기』, 『경계』, 『모든 진화는 공진화다』 등 진화와 관련된 네 권의 책을 쓰면서 갖추었던 자료들과 집필 경험도 큰 도움이 되었고, 또 『우주의 역사 최대한 쉽게 설명해 드립니다』라는 빅히스토리를 다룬 책을 쓰면서 강연을 한 경험도 많은 참고가 되었기 때문이겠지요.

진화는 정말 흥미로운 주제입니다. 제가 약 8년 정도 사이 네 권의 책을 썼고 이제 막 다섯 번째 책을 펴냈지만 아직 여러분과 나누고 싶은 많은 이야기가 있습니다. 38억년에 이르는 지구 생명의 진화과정을 책 몇 권으로 모두 풀어낼 수 없는 건 어찌 보면 당연한 일이기도 하겠습니다.

분량의 문제로 몇 가지 주제를 처음부터 포기하게 되어 아쉬움이 남습니다. 뇌와 신경계의 탄생과 진화 감각 기관에 대한 더 자세한 이야기, 호르몬과 각종 내분비 기관에 대한 기가 막힌 사연들과 세포 안의 소기관에 대한 좀 더 깊은 속사정 등이 그것이지요. 또한 오스트랄로피테쿠스에서 호모 사피엔스에 이르기까지의 진화 과정에 대해서도 그리고 호모 사피엔스와 동 시대를 살았던 다른 인류 종에 대해서도 더 다양한 이야기가 남아 있습니다. 이렇게 남은 미련도 있지만 새로운 책에서 그 이야기를 함께 나눌 기회를 기약하기로 합니다.

참고 도서

『공룡 이후』 도널드 R. 프로세로 지음, 김정은 옮김, 뿌리와이파리(2013)

『공생자 행성』 린 마굴리스 지음, 이한음 옮김, 사이언스북스(2007)

『나의 생명 수업』 김성호 지음, 웅진지식하우스(2011)

『노래하는 네안데르탈인』 스티븐 미슨, 김명주 옮김, 뿌리와파리(2008)

『눈의 탄생』 앤드류 파커 지음, 오은숙 옮김, 뿌리와이파리(2007)

『마이크로 코스모스』 린 마굴리스·도리언 세이건 지음, 홍욱희 옮김, 김영사(2011)

『미생물학』 한국미생물학회 지음, 범문에듀게이션(2020)

『미토콘드리아』 닉 레인 지음, 김정은 옮김, 뿌리와이파리(2009)

『생명이란 무엇인가』, 린 마굴리스·도리언 세이건 지음, 김영 옮김, 리수(2016)

『생명 최초의 30억 년』 앤드류 H. 놀 지음, 김명주 옮김, 뿌리와이파리(2007)

『생태학』 토마스 M. 스미스 지음, 강혜순 옮김, 라이프사이언스(2016)

『선사시대 101가지 이야기』 프레데만 슈렌트·슈테파니 뮐러 지음, 배진아 옮김, 플래닛미디어(2007)

『세포생물학』 자넷 이와사·월래스 마셜 지음, 고용 등 옮김, 월드 사이언스(2019)

『우리 몸 연대기』 대니얼 리버먼 지음, 김명주 옮김, 웅진지식하우스(2018)

『우리 몸 오류 보고서』 네이선 렌츠 지음, 노승영 옮김, 까치(2018)

『우리 몸은 석기시대』 데트레프 간텐 지음, 조경수 옮김, 중앙북스(2011)

『인간이 된다는 것의 의미』 리처드 포츠·크리스토퍼 슬론 지음, 배기동 옮김, 주류성(2013)

『인체 생리학』 디 U. 실버쏜 지음, 고영규 옮김, 라이프사이언스(2017)

『인체 생물학』 실비아 S. 매이더 지음, 김영화 옮김, 학지사메디컬(2019)

『조상 이야기』 리처드 도킨스·옌 웡 지음, 이한음 옮김, 까치(2018)

『지구 이야기』 로버트 M. 헤이즌 지음, 김미선 옮김, 뿌리와이파리(2014)

『진화의 산증인, 화석 25』 도널드 R. 프로세로 지음, 김정은 옮김, 뿌리와이파리(2015)

『진화의 키, 산소농도』 **피터 워드 지음, 김미선 옮김, 뿌리와이파리(2012)**

『진화학』 먼로 W. 스트릭베르거 지음, 김창배 등 옮김, 월드사이언스(2014)

『하리하라의 눈 이야기』 이은희 지음, 한겨레출판사(2016)

『경계』 박재용 지음, MID(2016)

『멸종』 박재용지음, MID(2014)

『모든 진화는 공진화다』 박재용 지음, MID(2017)

『우주의 역사 최대한 쉽게 설명해 드립니다』 박재용 지음, 이화북스(2021)

『짝짓기』 박재용 지음, MID(2015)

이렇게 인간이 되었습니다

거꾸로 본 인간의 진화

초판 1쇄 인쇄 2022년 1월 17일
초판 1쇄 발행 2022년 1월 25일

지은이 박재용
펴낸이 최종현
기획 김동출 이휘주 최종현
편집 이휘주
교정 김한나 이휘주
경영지원 유정훈
디자인·표지 일러스트 김진희

펴낸곳 (주)엠아이디미디어
주소 서울특별시 마포구 신촌로 162 1202호
전화 (02) 704-3448 **팩스** (02) 6351-3448
이메일 mid@bookmid.com **홈페이지** www.bookmid.com
등록 제2011 - 000250호

ISBN 979-11-90116-47-3 03420